烟台市水产研究所
山东省刺参产业创新团队烟台综合试验站　组织编写

刺参育养加工技术与营养文化

主　　编：姜作真　赵　强
副主编：王力勇　胡丽萍　张金浩　王　鹤
编写人员：（按姓氏笔画排序）
王　亮　王　鹤　王力勇　王文豪
王田田　张金浩　赵　强　胡丽萍
柯　可　姜作真　贺加贝　黄　华
主　　审：陈相堂

中国海洋大学出版社
·青岛·

图书在版编目(CIP)数据

刺参育养加工技术与营养文化 / 姜作真,赵强主编 .
—青岛:中国海洋大学出版社,2018. 6 (2023.12重印)
ISBN 978-7-5670-1953-9

Ⅰ. ①刺… Ⅱ. ①姜… ②赵… Ⅲ. ①海参纲—海水养殖②海参纲—食品加工③海参纲—食品营养 Ⅳ. ①S968. 9

中国版本图书馆 CIP 数据核字(2018)第 194247 号

出版发行 中国海洋大学出版社
社 址 青岛市香港东路 23 号 邮政编码 266071
出 版 人 杨立敏
网 址 http://www.ouc-press.com
订购电话 0532-82032573(传真)
策划编辑 韩玉堂
责任编辑 董 超 电 话 0532-85902342
印 制 蓬莱利华印刷有限公司
版 次 2019 年 1 月第 1 版
印 次 2023 年 12 月第 2 次印刷
成品尺寸 185 mm ×260 mm
印 张 14. 75
字 数 326 千
印 数 1 001—1 500
定 价 69. 00 元

发现印装质量问题,请致电 0535-5651533,由印刷厂负责调换。

序

刺参规模化育苗与养殖业兴起于20世纪90年代，经过20多年的快速发展，现已成为我国海水养殖业的重要组成部分，形成了较为完善的育苗、养殖、加工和营销的全产业链体系。刺参产业已成为渔业经济的重要支柱产业之一，年直接经济产值约300亿元，从业人员70余万人，具有巨大的经济效益和社会效益。

烟台市作为山东省乃至全国的刺参主产区，具有发展刺参养殖得天独厚的资源和地域等优越条件。早在20世纪70年代，烟台市水产研究所就率先在全国突破了刺参人工育苗技术。进入21世纪以来，烟台市充分发挥资源和地域优势，沿海群众对养殖刺参的积极性高涨，呈现出池塘养殖、围堰养殖、围网养殖、底播增养殖及工厂化养殖等多种模式齐头并进的良好局面，形成了较为系统的苗种繁育和养殖技术操作规程。在刺参的产业发展方面积累了丰富的科技成果和管理经验。但随着产业发展的不断壮大，也出现了一些新的问题。在传统养殖环节，优良苗种培育技术相对滞后，养殖水平和养殖工艺比较低，疾病防控技术各不相同；而在加工和销售环节，营养研究相对滞后，产品开发特点不鲜明，科技附加值较少；同时，从业人员素质水平的参差不齐也是影响行业发展的一大制约因素。这些问题严重影响了行业的健康可持续发展，需要较为成熟的科研、管理、培训等技术的支撑才能得以解决。

烟台市水产研究所是一个集水产科研与开发、渔技推广与示范、水产品质量检测与病害防治、渔业职业技能鉴定与培训、渔业资源调查统计与评估于一体的公益性科研机构。立足于烟台市海洋渔业的生产实际，多年来，持续开展了刺参的苗种培育、病害防控、饲料营养、精深加工等技术研究，取得了一系列较为成熟的科研成果。同时，侧重成熟技术的转化与推广应用，为烟台市乃至山东省刺参产业的健康可持续发展做出了巨大贡献。

《刺参育养加工技术与营养文化》一书概括了烟台市在刺参产业方面较为成熟的科研、生产和管理技术，是烟台市水产研究所科技人员多年来的科研成果结晶。同时本书还介绍了刺参的营养分析、烹饪流行方法、品质鉴别关键点等生活中较为实用的技巧，具有较强的科研价值和实用价值。

该书的出版，概括了刺参产业较新的理论技术成果，为刺参产业的健康可持续发展提供了重要的技术支撑。同时，在我国经济进入新常态的大背景下，本书也可为行业内逐步淘汰落后产能、深化产业结构调整、提升创新技术研发等提供理论参考，推进区域渔业经济的健康长远发展。

烟台市水产研究所所长　陈相堂

2018年8月

前　言

刺参(*Apostichopus japonicus*),也称仿刺参,属于棘皮动物门海参纲。我国目前有海参140多种,其中可食用的海参有20余种,以刺参的品质最好。刺参是我国目前大规模繁育和增养殖的最主要海参种类,列为“海产八珍”之一,具有“海中人参”的美誉。刺参养殖现已形成山东、辽宁、河北沿海为主产区,并以“北参南移”“东参西养”的形式逐步延伸到闽、浙、粤沿海,形成年产值300多亿元的产业,是我国海水养殖业中单品种产值最高的种类,为沿海经济结构调整和渔民就业增收开辟了一条新途径,产生了巨大的经济效益和社会效益。

伴随刺参产业高速发展,不同行业人员加入其中,加之受养殖病害发生和养殖环境变化等因素影响,出现了养殖技术参差不齐、系统管理不够成熟等现象,对刺参养殖的可持续发展构成威胁。因此,普及先进技术,推广较为成熟的管理模式必将成为刺参产业健康发展的必然选择。

为了满足广大养殖业者的技术需求和产业健康发展的需要,编者依据20多年对刺参养殖和病害防控技术的研究和积累,吸收了国内外最新的研究成果,结合烟台市刺参产业发展实际情况,立足刺参苗种繁育、增养殖技术工艺、病害防控技术以及加工技术等方面,编辑了《刺参育养加工技术与营养文化》一书,以期为刺参行业面临的技术和产业问题提供技术参考。

本书的内容涵盖了刺参生物学特征、刺参人工苗种培育技术、刺参增养殖技术、刺参加工技术、刺参营养分析及药用价值、刺参涨发技术与鉴别方法、刺参食用方法、刺参产业分布与发展规划、刺参品牌文化与历史渊源和刺参相关技术标准摘录10个部分,较系统地介绍了关于刺参生物学特征、苗种繁育、养殖管理和操作工艺、常见疾病特征、营养食用方法等关键点,具有较强的科学性、先进性和实用性。

本书由主编姜作真提出编写提纲,由编委会全体成员分工编写,最后由主编完成审稿、修改和统稿工作。编写的具体分工是:第一章“刺参生物学特征”和第五章“刺参营养分析与药用价值”由胡丽萍、黄华编写；第二章“刺参人工苗种培育技术”和第三章“刺参增养殖技术”由赵强、王力勇、王亮、张金浩编写；第四章“刺参加工技术”和第六章“刺参涨发技术与鉴别方法”由王亮、王田田、柯可、张金浩编写；第七章“刺参食用方法”和第九章“刺参品牌文化与历史渊源”由王鹤编写，第八章“烟台刺参产业分布与发展规划”由姜作真、张金浩编写；附录标准由贺加贝、王文豪收集摘录。本书由烟台市水产研究所陈相堂所长审阅，并结合多年来一线科研生产和管理经验，对本书提出了许多宝贵的意见和建议，编委会成员在此表示衷心的感谢！

本书的定位在于成熟技术的推广与生活实际应用相结合，注重内容的科学性和实用性，既有理论价值，又能够指导养殖生产实践，主要面向广大刺参养殖、加工从业人员，也可为水产养殖学及相关专业的大专院校师生、科技工作者、渔业管理工作者及普通读者等提供参考。

本书在编写过程中，引用或参考了同行的文献资料，因篇幅所限，在参考文献部分未能全部列出，在此向未列出文献的作者致以歉意，并向本书所有文献的作者致以真诚的感谢。参加本书编写的都是多年从事刺参科研生产和疾病防控等技术研究的一线科技人员，但因水平有限，书中的不妥和错漏之处在所难免，衷心希望广大读者给予批评指正。

《刺参育养加工技术与营养文化》编委会

2018年8月

目　录

第一章　刺参生物学特征

第二章　刺参人工苗种培育技术

第三章　刺参增养殖技术

第九章 刺参品牌文化与历史渊源

附 录

参考文献

第一章 刺参生物学特征

第一节　海参概论

海参，属于棘皮动物门海参纲（Holothuroidea），生活在潮间带至水深 8 000 m 的海域，距今已有 6 亿多年的历史。海参以底栖藻类和浮游生物为食，广布于世界各海洋中。在我国海参同人参、燕窝、鱼翅齐名，是八大食珍之一。海参不仅是珍贵的食品，也是名贵的药材。据《本草纲目拾遗》中记载："海参，味甘咸，补肾，益精髓，摄小便，壮阳疗痿，其性温补，足抵人参，故名海参。"随着海参营养知识的普及，海参逐渐走上百姓餐桌，同时，市场对海参的养殖产量需求及质量要求也随之提高。

一、我国可食用海参类群

据资料记载，全世界有 1 300 多种海参，我国有 140 多种，绝大多数海参不能食用。据统计，全世界有 40 多种可食用海参，我国可食用海参有 21 种，隶属于 3 个目 4 个科。

枝手目（Dendrochirota）：瓜参科（Cucumariidae）——方柱五角瓜参（*Peniacia quadrangularis*）、瘤五角瓜参（*P. anceps*）、裸五角瓜参（*Acolochirus inornatus*）。

楯手目（Aspidocchirota）：海参科（Holothuriidae）——图纹白尼参（*Bohadschia marmorata*）、蛇目白尼参（*B. argus*）、格式白尼参（*B. graeffei*）、辐肛参（*Actinopyga lecanora*）、乌皱辐肛参（*A. miliaris*）、白底辐肛参（*A. mauritiana*）、黑乳参（*Holothuria nobilis*）、玉足海参（*H. leucospilota*）、糙海参（*H. scabra*）。刺参科（*Stichopodidae*）——刺参（*Apostichopus japonicus*）、梅花参（*Thelenota ananas*）、巨梅花参（*Thelenota anax*）、绿刺参（*Stichopus chloronotus*）、花刺参（*S. variegatus*）、糙刺参（*S. horrens*）、松刺参（*S. flaccus*）。

芋参目（Molpadonia）：芋参科（Molpadiidae）——海地瓜（*Acaudina molpadioides*）、海棒槌（*Paracaudina chinensis* var. *ransonnetii*）。

需要指出的是，在商品流通领域和烹饪文献中，常根据海参背面是否有圆锥肉刺状的疣足，将海参分为“刺参类”和“光参类”两大类。其中，“刺参类”主要是刺参科的种类，“光参类”主要是瓜参科、海参科和芋参科的种类。

二、我国主要食用海参类群的分布

1. 刺参科

（1）刺参。又称灰刺参、仿刺参、灰参、海鼠。广泛分布于西北太平洋浅海水域，在我国主要分布于辽宁大连到江苏车牛山岛沿海。是我国有记载的21种食用海参中唯一分布于黄渤海区的温带种类。仿刺参主要摄食底栖硅藻和沉淀的有机碎屑，它生活在有岩礁底的浅海中，特别喜欢在海藻繁茂的地方生活。捕捞期分春、秋两季，现已人工养殖。仿刺参体壁厚而软糯，是北部沿海食用海参中质量最好的一种。

（2）梅花参。又称凤梨参。分布于太平洋西南部，在我国梅花参主要产于南海的西沙群岛。梅花参喜栖于水深3～10 m的珊瑚礁沙质底质。体大肉厚，品质佳，是我国南海食用海参中最好的一种海参。

（3）绿刺参。又称方柱参、方刺参。分布于西太平洋，在我国绿刺参主要产于西沙群岛、南沙群岛和海南岛南部。品质较好，但过于软嫩，为南海的食用海参之一，产量较高。

（4）花刺参。又称黄肉参、方参、白刺参。分布于西太平洋区域，在我国花刺参主要产于北部湾、西沙群岛、南沙群岛、海南岛和雷州半岛等沿岸浅海。生活在珊瑚礁边或石块下，大的个体多在海水较深处。肉质软嫩，优于绿刺参，为南海很普通的一种食用海参。

2. 海参科

（1）图纹白尼参。又称二斑白尼参、白瓜参、白乳参、白尼参、二斑参、二斑布氏参。生活于珊瑚礁沙底，在我国图纹白尼参主要分布于西沙群岛、南沙群岛和海南大洲岛等。肉质厚嫩，品质较好，是一种大型食用海参。

（2）蛇目白尼参。又称蛇目参、蛇目布氏参、豹纹鱼、斑鱼。生活于热带珊瑚礁内有少数海藻的沙底，水深6～18 m。在我国蛇目白尼参主要分布于西沙群岛和南沙群岛等海域。肉质厚嫩，品质较好，是一种大型食用海参。

（3）辐肛参。又称石参、黄瓜参、子安贝参。在我国辐肛参分布于西沙群岛和南沙群岛。品质较好。

（4）白底辐肛参。又称白底靴参、靴参、靴海参。生活在热带珊瑚礁海域，在国外白底辐肛参分布于印度和日本南部海域，在我国白底辐肛参分布于南海的西沙群岛、南沙群岛和海南岛南部。质量较好，是一种大型食用海参。

（5）乌皱辐肛参。又称乌皱参、乌参。在我国乌皱辐肛参分布于南海的西沙群岛。干制品体壁厚而硬，品质较好，但产量较小。

（6）黑海参。又称黑狗参、黑参、黑怪参。生活在热带珊瑚礁沙底，常成群出现，大型个体常栖息在水深4～6 m或更深一些的海底。在我国的西沙群岛、南沙群岛和海南岛南部海域出产很多。品质不佳，是一种很普通的食用海参。

（7）玉足海参。又称荡皮参、乌参、红参、乌虫参。多生活在潮间带珊瑚礁上或石堆多的水洼中，有“冬眠”现象。在我国玉足海参主要分布于西沙群岛、海南岛、广东至福建东山等沿海。肉薄，品质较次，是我国南海最普通的食用海参之一。

（8）黑乳参。又称开乌参、乌参、大乌参，乌尼参、乌圆参、乳房鱼。生活在热带珊瑚礁内有少数海藻的沙底，分布于印度－西太平洋，在我国黑乳参产于西沙群岛和海南岛南部海域。体壁厚实，骨片较多，是一种品质优良的大型食用海参。

（9）糙海参。又称糙参、明玉参、白参。生活于沿岸沙底，分布于印度－西太平洋，在我国糙海参主要产于西沙、南沙和海南岛。产量较高，体壁较厚，但骨片较多，表面粗糙，为南海常见的一种重要食用海参。

3. 瓜参科

（1）方柱五角瓜参。生活于潮间带，在我国方柱五角瓜参主要产于福建、广东、台湾海峡、海南、南沙群岛附近海域。体壁硬，食用品质较差。

（2）裸五角瓜参。在我国裸五角瓜参主要产于山东青岛、浙江嵊泗列岛、福建厦门、东山附近海域。体壁较硬，食用品质较差。

（3）瘤五角瓜参。在我国瘤五角瓜参主要产于福建、广东、台湾海峡、南沙群岛附近海域。体壁较硬，食用品质较差。

4. 芋参科

（1）海地瓜。又称乌虫参、茄参、南参、海茄子。穴居于浅海泥沙中，在我国沿海以及日本、菲律宾、印度尼西亚等地浅海均有分布。体壁很薄，品质较差。

（2）海棒槌。又称海老鼠。潜居浅海泥沙中，在我国南北沿海的浅海均常见。体壁很薄，品质较差，食用价值很低。

三、刺参分类地位

刺参又称仿刺参，属于棘皮动物门（Echinodermata）游走亚门（Eleutherozoa）海参纲（Holothuroidea）楯手目（Aspidochiroda）刺参科（Stichopodidae）仿刺参属（*Apostichopus*）。以前曾把刺参放在刺参属（*Stichopus*），后来廖玉麟发现，刺参属的鉴别特征并不适于刺参，于是，将刺参从刺参属中分离出来，建立仿刺参属。

四、烟台刺参

1. 胶东刺参

据《本草纲目拾遗》记载：“海参生东海中。”这里所说的东海就是指现在的山东半岛沿海，海参是指刺参。山东半岛沿海是我国刺参的主要产区之一，刺参年产量达 10 万余吨。山东沿海已连续多年进行胶东刺参的大规模人工渔礁增养殖，捕捞产量逐年增长。

胶东半岛生长了 5 a 以上的野生仿刺参，称为贡参。据清乾隆赵学敏《本草纲目拾遗》的记载，“海参亦出登州海中，所产海参亦佳”，又记“福山陈良翰云：刺参生北海者佳，为天下第一”。《药性考》上记载，山东半岛海域内的刺参为国内最佳者。胶东半岛有得天独厚的优质刺参，食刺参的历史也较其他地区更为久远。

胶东刺参系横跨黄、渤海的长山列岛所产的4～6排刺天然野生刺参，主要包括了烟台、威海以及青岛等地的刺参。

2. 烟台刺参

烟台刺参主要分布在长岛、蓬莱、牟平、芝罘等沿海一带，多栖息于海水中的岩礁、乱石或泥沙底，伴有大型藻类从生且无淡水注入的海域。

烟台具有发展刺参养殖得天独厚的优越条件，是我国刺参主产区。进入20世纪以来，全市充分发挥资源和地域优势，沿海群众对养殖刺参的积极性高涨，呈现出池塘养殖、围堰养殖、围网养殖、底播增殖及工厂化养殖等多种模式齐头并进的良好局面，形成了较为系统的苗种繁育和养殖技术操作规程。2016年全市刺参养殖实现产值54.1亿元，占海水养殖总产值的50.3%。整个刺参产业链包括苗种、养殖、加工、流通，实现产值150余亿元，产业规模约占全国的1/6，占全市渔业总产值的1/4。

名声在外的烟台刺参主要有长岛刺参、崆峒岛刺参和养马岛刺参。

（1）长岛刺参。长岛海域具有独特的地理位置、优质的水源以及富含营养物质的海泥，这些条件使得长岛刺参在经历3～5 a的生长周期，具备了更高的蛋白质含量及营养价值。长岛刺参多采用渔民的传统方式进行加工，曾为历朝贡品。

（2）崆峒岛刺参。为海岛深海域刺参，采用传统加工方法，含盐量极低，质量稳定，营养不损失，涨发后体壁肥厚、肉质柔软而有弹性，口感好，味道鲜美。

（3）养马岛刺参。养马岛位于渤、黄海交界处，优异的海域环境和特殊气候使其盛产海参。养马岛刺参被誉为珍品中的珍品。

第二节　刺参的形态特征

一、外部形态

刺参体呈扁的圆筒形，两端稍细，成参体长20～40 cm，体宽3～6 cm，身体柔软，伸缩性大。身体分为背面和腹面，左右对称。背面稍微隆起，有2个步带区和3个间步带区，具4～6行大小不等、排列不规则的圆锥状的疣足，形成突起的肉刺。腹面则比较平坦，有3个步带区和2个间步带区，整个腹面有密集的管足，在腹面大致排成3个不规则的纵带，用于吸附岩礁或匍匐爬行。口位于身体前端，偏于腹面，位于围口膜中央，其入口处呈环状突起。触手为楯状触手，位于体前端腹面，呈环状排列在口的周围，分支呈楯状，具一短柄，顶端有许多水平分支。肛门位于体后端且稍偏于背面。生殖孔位于身体前端背中线距口部1～3 cm的间步带区，第一对较大的疣足前后，呈一凹孔；生殖季节明显可见，生殖孔处色素较深，直径为3～4 mm，中间有一生殖疣，在繁殖季节可见到开启的生殖孔。

二、体色特征

刺参能随着栖息环境而变化体色。生活在岩礁区的刺参，体色多为棕色或淡蓝色；而栖息在海藻、海草中的刺参则多为绿色。刺参的这种体色变化，可以有效地帮助其躲避天敌的伤害。

三、解剖特征

将刺参从肛门到口的体壁剪开，从背面可以看到一条呈顺时针环绕的消化道，根据其附着的位置和延伸的方向分为前肠、中肠和后肠。它们分别附着在背肠系膜、侧肠系膜和腹肠系膜上，前肠从口部向下延伸，快到泄殖腔处向左侧拐弯然后向上延伸变成中肠，至咽部下方再沿腹部向下延伸至肛门。呼吸树的左支和中肠密切相连，开口于肛门处，生殖腺也附着在背肠系膜上。

1. 体壁结构

刺参体壁的最外层为上皮层，由单层的表皮细胞组成，具有保护作用。上皮层之下为皮层，由厚的结缔组织构成，富含胶质，其间有无数的小型骨片。皮层里面是肌肉层，由环肌及纵肌两层组成。外层为环肌，内层为纵肌；纵肌 5 束，分居于五步带区，背面 2 束，腹面 3 束，前端固着于石灰环上，后端固着于肛门周围。刺参依靠肌肉的伸缩和管足的配合蠕动爬行。在环肌与纵肌之下，有一层薄膜附在体腔表面，称为体腔膜。体腔膜可延伸与肠相连，称悬肠膜。悬肠膜有 3 片，即左悬肠膜、右悬肠膜和背悬肠膜。体腔膜内有诸多脏器，构成体腔。体腔内有体腔液，当身体收缩时，可做不定向流动。

2. 消化系统

刺参的消化系统由口、咽、食道、胃、肠和排泄腔组成。刺参的口呈圆形，位于身体腹面前端围口膜中央，口的边缘有一圈触手，依靠触手将食物连同泥沙一起送入口中。口无咀嚼器，食物经咽进入食道。食道周围有 10 片石灰质骨片，5 片位于主步带区，另外 5 片位于间步带区。这些骨片都为白色，为 5 束强大纵肌的固着点。刺参食道较短，下面接着胃和肠。肠在体内呈顺时针环绕，首先沿着背部中间向下延伸称第一下降部，然后转向左边往上延伸至环水管附近为上升部，沿腹中线至肛门称第二下降部，分别称之为前肠、中肠和后肠。消化道靠肠系膜附着于体壁上，背肠系膜支持前肠，左肠系膜支持中肠，支持后肠的称为腹肠系膜。后肠后端膨大成总排泄腔，其末端开口即肛门。肠是消化吸收的主要部位，肠的长短和粗细与摄食强度的大小有关，在正常摄食情况下，肠的长度为体长的 3 倍以上，这样有利于大量摄取食物，获得足够的营养。刺参在夏眠时，肠萎缩变细，呈透明的线状。

刺参消化道的组织学结构一般由 5 层构成，即上皮、内层结缔组织、肌肉层（环肌和纵肌）、外层结缔组织和纤毛腹膜。咽和胃的内壁有纵的褶壁，并衬有角质层，角质层常延伸至肠管。

3. 呼吸和排泄系统

刺参的呼吸树、皮肤和管足具有呼吸作用。呼吸树是指从泄殖腔壁延伸出的一条短而粗的薄壁管，浮于体腔之中，由此管分出左、右两个分支的盲囊，外观呈树枝状，末端有许多小囊状的分枝，是刺参呼吸的主要器官。呼吸树的组织学和消化道相似，实际上是消化道的突出部分，由外向内依次为上皮组织、肌肉层、血腔和内皮层。内皮是其完成气体交换的场所。呼吸树的中央腔和泄殖腔相通,海水由泄殖腔进入呼吸树。泄殖腔的收缩与舒张使海水不断进入呼吸树腔体内,海水中高浓度的溶解氧与呼吸树腔内高浓度的二氧化碳进行双向扩散。

刺参是低等动物,没有分化出专用的类似于高等动物肾的排泄器官,而是由呼吸器官行使排泄功能。

4. 循环系统

刺参的循环系统较为发达,包括血管和血窦(也称异网),主要由包围咽的环血管及其分支和沿着消化道的肠血管组成,没有心脏。环血管分出5条辐射血管,沿步带区分布,埋于皮肤的肌肉层中,一直延伸到身体的后端;肠血管有两条,一条为腹肠血管,在无肠系膜附着的消化道腹面,另一条为背肠血管在有肠系膜附着的消化道背面。这两条肠血管又有许多分支,形成血管网,分布于肠曲折之间。呼吸树的左支与背肠血管所形成的血管网紧密相连。

5. 水管系统

刺参的水管系统以五辐射对称结构排列,主要由位于咽部附近的环水管和分布于体壁的5条辐水管组成。环水管贴着口咽部向前方分出5个大而明显的辐水管,辐水管沿着石灰环辅板的内侧发出分支通向口周围的触手,然后辅水管变细并通过石灰环辅板的前端凹陷,沿着身体的各个步带区向后延伸,位于步带区的辐水管再发出分支通向体壁上的管足和疣足。环水管位于咽附近石灰环稍后方,环绕食道和咽部相连的部位,较为宽阔。从组织学观察,环水管的衬里是纤毛上皮,下方为环肌纤维,再接有结缔组织。结缔组织有体腔细胞和骨片存在,环水管的外面为体腔上皮。环水管具有两种附属物:一种是波里氏囊(polian vesicles),另一种是石管(stone canal)。波里氏囊悬挂于体腔中,呈长瓶形,具一狭窄的颈部和环水管相接,可以调节液体在水管内的运输。波里氏囊壁的组织学和环水管相似,但壁较薄,内含体腔细胞。石管是具钙化壁的小管,从环水管分出,末端为筛板,或为具穿孔和管道的膨胀体。刺参的筛板与体壁层完全分离,成为体腔中游离的物体,为一个穿有许多小孔的白色石灰板,开口于体腔内。水管系统不和外界海水相通,而是和体腔内的体腔液相通。触手相当于水管系统的管足,故也可以称其为口管足,是体壁中空延伸部分,具内腔属于水管系统。刺参体壁上的疣和管足都是同源的,因此,又称为疣足,也称为"肉刺"。位于步带区的辅水管在辅神经和纵肌带中间,并向两侧发出分支到疣足或管足。

6. 神经系统

刺参的神经组织是由网状神经纤维构成神经丛,再由神经丛构成神经系统。由外神经系统和深层神经系统两部分组成。外神经系统又称口神经系统,主司感觉,由围绕口部的神经环发出5条辐神经沿步带区分布,构成辐神经的外带。神经环位于食道骨片内面,分出五辐神经,向前分支入触手;向后沿步带区而分支于管足、坛囊等处。触手神经有分支通到触手细分支的末端感觉板上。辐神经位于体壁和纵肌之间,四周被一层结缔组织薄膜包围。深层神经系统主司运动,无神经环,位于口神经系统之内,构成辐神经的内带,有分支通向体壁、水管系统和消化道等的肌肉纤维，其分支分布于环肌、纵肌上。

7. 生殖系统

刺参为雌雄异体，很难通过外观特征判别性别，只能在生殖季节通过解剖鉴别雌雄，在生殖期，雌性刺参生殖腺呈黄色或橘红色，雄性呈淡乳黄色或白色，生殖腺俗称“参花”。刺参生殖腺位于食道悬垂膜的两侧，为一束树枝状细管，外形呈簇状的盲囊结构。其主分支由 11～13 条分支组成，分支很长，在生殖季节有的分支可达 20～30 cm，各分支又可以分出次级小分支；各分支在围食道处汇聚成总管，叫作生殖管，一般为 1 条，偶尔可见 2～3 条。总管向前通向生殖孔，生殖孔一般 1 个，偶尔 2～3 个，位于头背部触手的基部、距前端 1～3 cm 处的生殖疣上。在通常情况下，生殖疣向内凹陷、色素加深。当精子或卵子排放时，生殖疣向体外突出呈疣状，此时可以清楚地分辨出生殖孔的确切位置。

8. 石灰环和骨片

刺参的石灰环（俗称“牙”）位于食道前端，系一膨大不透明的球状体，由 5 个主辅和 5 个间辐组成的 10 个大型骨板结合成包围咽部的咽球，形成一个石灰质的环状结构，起到支持咽部，神经环、环水管等软组织的作用，还有支撑和保护消化管的作用。辐板通常比间辐板大。石灰环具有支持咽部、神经环和水管系统的作用。刺参没有分化出骨骼，其真皮的表层包含称之为骨片或骨针的内骨骼。骨片的形状、大小常随种类而异，并且十分稳定，极少数刺参没有骨片。因此，骨片是刺参纲分类的重要依据。刺参幼参的骨片主要有 5 种，即桌形体、管足支持杆状体、触手支持杆状体、泄殖腔的复杂骨片和管足吸盘下的大型骨片。幼参的桌形体底部呈圆盘形，有辐射状的孔状结构，桌形体的塔部较高，由 4 个立柱和 1～3 个横梁构成；成参的桌形体塔部逐渐退化，成为不完全的桌形体，另外，还有较大的纺锤形穿孔板等；管足和庞足的末端有管足支持杆状体，管足的吸盘下有大型的穿孔板骨片；触手的末端有触手支持杆状体。此外，泄殖腔的皮层中还有其特有的复杂骨片。

9. 体腔和体腔液

刺参从石灰环到泄殖腔的体壁与消化道之间有很大的体腔。体腔被消化道的肠系膜分隔为不完全的三部分，内充满体腔液。研究显示刺参体腔液中有多种生物活性物质，对某些细菌有抑制作用，对体内微生物组成和数量有一定的调节控制作用。刺参的体腔液和周围海水可以自由渗透，但体腔液的缓冲作用要大于海水。体腔液的盐度等指标与海水相似，而 pH 则低于海水，K^+ 的浓度大于海水。体腔液中曾检出微量的蛋白质、氨基酸和黏多糖，体腔液暴露于空气中会出现凝固现象。

第三节　刺参的生态习性

刺参主要分布于北纬 35°～44° 的西北太平洋沿岸，北起俄罗斯远东沿海，经日本海、朝鲜半岛到我国黄海和渤海，江苏省连云港市东部的北平岛是刺参在我国自然分布的南限。

一、生活环境

刺参多栖息于水流缓稳、无淡水注入、海藻茂盛的岩礁底或者大型藻类丛生的底质较硬的泥沙底，盐度在 28 以上，pH 7. 9～8. 4，水温不高于 28 ℃，冬季不结冰的海区。其活动受光照强度的影响明显，在早、晚的活动与摄食强度大于白天。夏季水温达到 20 ℃时行夏眠。环境不适时有排脏现象。再生能力很强，在受到损伤或被切割后都能再生。

（一）水温

刺参是寒温带种类，水温过低或过高的海域都不适应，最适生长水温为 8 ℃～15 ℃。海水温度低于 3 ℃时，刺参摄食量减少，活动迟缓，逐渐处于半休眠状态；水温升至 17 ℃时，刺参摄食强度又开始下降，日趋不活跃；水温超过 20 ℃以后逐渐进入夏眠。刺参夏眠的适宜水温与刺参的年龄有很大关系。幼参耐高温能力较强，而成参对高温的耐受能力逐渐下降，即随着个体的长大，刺参开始夏眠的水温也越来越低、时间也越早。长期处于过高或过低水温环境中，刺参很难进行正常的生长发育。在人工养殖条件下，发现温度对刺参的影响会有偏差，个别个体在水温为 17 ℃～18 ℃时仍表现得活力很强。

（二）盐度

一般生活于盐度正常的海区，适盐范围狭窄，刺参的适盐范围是 26. 2～39. 3，最适盐度为28～32。长期生活在不同环境条件下的刺参各自对栖息的环境产生了一定的适应性。生活于岩礁、乱石底质的刺参体色多呈红棕色、棕红色（红参），要求的盐度也较高；生活于有海草丛生的沙泥底质的刺参，体色呈黄绿色、绿褐色（绿参），要求的盐度要偏低一些，多分布于易受陆地淡水影响的内湾。刺参耳状幼体在盐度 10 以下，1 h 后全部死亡；在盐度 20 以下，12 h 后有近半数个体死亡。稚参（体长 0. 4 mm）在水温为 15 ℃，盐度为 25 以上未见有死亡个体，在盐度 20 以下则有死亡个体出现；在水温 20 ℃～25 ℃，盐度为 20 以上无死亡个体。体长为 5 mm 的个体，在水温 15 ℃、盐度 20 以上无死亡个体；而在水温 20 ℃～25 ℃、盐度 15 以上时，亦无死亡个体。

近几年的养殖实践表明，刺参对低盐度有一定的耐受力，稚参、幼参和成参对低盐度的耐受程度不同。

（三）水深

刺参一般分布于从潮间带直至水深 30 m 的浅海海底，其中水深为 5～15 m 的海底分布较多，水深 15 m 以上海域因饵料缺乏等原因分布量逐渐减少。一般小个体生活在较浅水域，大个体生活在较深水域。体长 3～4 cm 的幼参多栖息于潮间带低潮线附近的岩礁区；体重 50 g 以下的个体分布于靠沿岸的浅水区；50～100 g 的个体分布于水深 5 m 以内；体重 100～150 g 的个体分布于水深 5～10 m 的水域；体重 150～200 g 的个体分布于水深 10～15 m 的水域；体重 200g 以上的个体多分布于水深 15 m 以上的水域。

（四）溶解氧

溶解氧是刺参赖以生存的必要条件之一，从生态学角度分析刺参养殖条件下的水质溶解氧含量应保持在 4 mg/L 以上，这对于调整刺参养殖水环境中众多物质的氧化分解起着主导作用。一般情况下，午后到傍晚的溶解氧最高，而黎明前的溶解氧最低。在阴雨天气，浮游生物光合作用较弱，产生的氧气较少，而夜间这些浮游生物就与刺参同时消耗大量的氧，这就容易造成刺参缺氧发病或死亡。刺参呼吸是依靠体内呼吸树和体表同时利用溶解于水中的氧进行呼吸活动。但是，在水中的溶解氧并不一致，这与水温、盐度、大气中气体的压力、浮游生物的种类与数量和刺参的排泄物残饵等有着直接的关系。

据有关资料介绍，刺参在不同的温度下，单位时间耗氧量与个体的大小成正比，单位体壁重的耗氧量与个体大小成反比。耗氧量与体壁的各对数之间成直线关系，这与鱼类和其他无脊椎动物的实验结果相似。在正常范围内，成体刺参耗氧量为 0. 4～0. 8 mg/h，刺参的呼吸是靠呼吸树和体表同时进行呼吸活动，在呼吸过程中是无数次吸水之后才有一次呼水作用，每次呼水随水温升高而缩短。水温在 11 ℃～14 ℃，每 9 次或 10 次就进行一次呼水；水温在 19 ℃～22 ℃，每 9～15 次吸水进行一次呼水；当水温 8 ℃左右时仅仅是肛门有轻微的开闭活动，很难区别是吸水还是呼水。为测定皮肤呼吸所占比例，摘除呼吸树测定其耗氧率。皮肤呼吸所占比例在水温 8. 5 ℃～13. 5 ℃下为 39%～52%，18. 5 ℃时急剧增加到 60%～90%，水温再增加其所占比例则变化不大。

（五）氨氮

氨氮是水产养殖中重要的水体环境污染指标。养殖水体中，由于养殖动物的排泄和残饵的氨化作用，造成氨氮、硫化氢以及亚硝酸氮等不断积累，影响养殖生物的生长，甚至发生毒害，氨氮已成为水产养殖系统中最普遍的毒性物质。有研究表明氨氮和亚硝态氮污染是导致养殖生物免疫能力降低、疾病发生的重要外部因子之一，并可引起生理生化因子、组织结构及免疫抗病能力有关酶类的活性的改变。还有研究则认为氨氮胁迫也会提高动物的免疫功能。刘洪展在实验室条件下通过观测刺参在不同浓度的氨氮连续作用下的若干非特异性免疫指标的变化，得出以下结论：适宜浓度的氨氮处理可增强刺参的免疫力，从而减轻病菌感染对刺参造成的免疫功能损伤和提高刺参抗病力。

二、刺参的运动

刺参的运动主要依靠腹部密生的管足和身体横纹肌、纵纹肌的伸缩，进行缓慢而有节奏的运动。刺参没有视觉器官，刺参的触手、疣足和腹部的管足主司感觉。刺参背部疣足顶端有伸缩能力很强的“尖棘”，伸出长度 1 mm 左右，在外界弱光和声响等刺激下，立即缩回疣足内，体形迅速做出相应变化。

在平坦底质上刺参的运动没有方向性，运动是偶然的。而在沙石、岩礁裂缝处等不平坦地形上，刺参有时沿地形运动，然后通常转向另一个方向。由于刺参运动轨迹可转向不同方向，再加上个体的昼夜活动区域不大，所以运动通常不超过几十平方米。在相对平坦的底质上，刺参摄食时一般在原地不动，只弯曲着前半截身体。在多数情况下，刺参所完成的一致性的迁移是与食物的获取相关的，这种现象称为饵料性迁移。刺参在有很好饵料层的淤泥底较饵料层薄的沙石或混合底的运动速度要慢得多。刺参行动缓慢，10 min 可以运动 1 m。在饵料丰富、环境适宜的地方，则移动范围更小。一昼夜的徘徊范围也只有 5 m 左右，若食物缺乏、生活环境条件不良，刺参则可进行相当大范围的移动，有的个体甚至出现全身放松、随波逐流的现象。人工饲养条件下，身体下垂漂浮于近水表面，这种漂浮现象多发生于夜间或者凌晨。

刺参的运动和觅食与水温变化有一定关系。4 月上旬，海水温度上升，刺参活动增加，在海底的礁石上、沙泥滩上、海藻丛中到处可以看到刺参的粪便。这时候刺参觅食频繁，刺参口周围的 20 条触手伸得很长，展开面很宽，摄食强度较大。进入 6 月下旬，海水温度上升到 15 ℃左右，成体刺参个体的运动能力和触手的伸展能力明显减弱，摄食活动减少，进入繁殖期，陆续产卵、排精，随后进入“夏眠期”。10 月下旬，水温降至 18 ℃左右，刺参结束夏眠，重新开始运动和觅食，但是秋季刺参的运动能力和觅食活动已不如春季。进入冬季后，由于水温较低，加之风浪较多，刺参活动减少，在风浪到来之前往往钻进石缝、洞穴中躲藏起来，只在洞穴周围运动和摄食。刺参对天气变化有一定的预感力，当强风或暴雨等恶劣天气来临前，它常躲藏到石缝或刺参礁等安全的地方，待风浪平静后，再从隐藏处爬出来活动和摄食。富有经验的老捕参员有“刺参大风未到先入洞”的说法。

第四节　刺参的摄食和生长

一、刺参的摄食

（一）刺参的食性

刺参的饵料是泥沙中的有孔虫、腹足类及桡足类、硅藻类、鱼卵、动物的幼体、混在泥沙里的大型藻类的碎片、虾蟹蜕下的壳、腐殖质以及其他有机碎屑等。刺参消化道的内含物除了上述种类外，还有大量的泥沙、贝壳等，与栖息场所有直接关系。稚、幼参的食性与其生活场所的生态条件密切相关，稚、幼参一般生活在潮间带的岩石下，在大型海藻或海草的茎上营附着生活。因此，稚、幼参消化道的内含物除了少量的泥沙外，大部分都是附着性藻类。这种消化道的内含物组成一直维持到幼参体重为 2. 0～2. 5 g 时为止。随着个体的增长，消化管内容物中泥沙的比例也有所增加。

（二）摄食方式

刺参捕食时借助触手把饵料连同泥沙一并送入口中。刺参摄食没有选择性，凡是能够黏在触手上的一切物质都会被送入口中。摄食活动是在海底等底面上一边缓慢地爬行一边将触手不断地交替伸缩，将触手前端黏上的物质送入口中。

（三）食物来源的季节变化

有研究基于脂肪酸标志法对刺参的食物来源进行了分析，以刺参体壁中 7 种脂肪酸标志（硅藻类、鞭毛藻类、大型绿藻、褐藻和细菌类）的含量或比值为变量，对不同时期采集的刺参样品进行主成分分析，综合分析得出了刺参食物组成的季节变化。刺参在 1 月的主要食物组成是硅藻、鞭毛藻或原生动物、褐藻、细菌及变形细菌。3月的主要食物组成是硅藻、鞭毛藻或原生动物和大型绿藻。6月的食物来源中占据较大比重的是大型绿藻。7月的食物来源中占较大比重的是噬纤维菌-黄杆菌类和大型绿藻。8～9月的食物组成中噬纤维菌-黄杆菌类占得比重较大。10～11月的食物组成中褐藻和变形细菌贡献较大。

（四）摄食强度的变化

刺参的摄食是昼夜不断进行的。刺参白天不活跃，经常匍匐不动，所以白天的摄食量少。夜间刺参比较活跃，摄食量也大。刺参昼夜摄食量的比例为(3～4):(6～7)。刺参所摄食的饵料在消化道内滞留的时间大约为2 h。刺参的摄食及其消化道的长度与重量，随着不同季节海水温度的变化而出现周期性变化。刺参进入夏眠期，潜入礁石底、岩缝及其他隐蔽场所，躯体收缩不活动、不摄食，消化道内无食物，完全退化成最短、最轻的直线状。夏眠期过后，刺参开始活动、摄食，进入身体的恢复期，消化道也逐渐恢复，长度和重量也不断增加。在冬季水温降到3℃以下，活动再次受阻，春季水温达到8 ℃～10℃是刺参进入活动的最旺盛期，摄食量显著增加，消化道长度可以达到体长的5.7～6.4倍。17 ℃～19℃时刺参进入繁殖季节，摄食量逐渐减少，消化道也开始退化。

（五）对食物的消化吸收率

干重20 g的刺参消化植物性食物的效率为(67.5±7.3)%，有机物的吸收率达到15%。小个体(体重3 g)对饵料的摄食效率较高，为(76.4±6.8)%。刺参尤其能够消化细菌细胞，细菌占据了刺参摄食需求食物的70%以上，细菌对于幼参营养价值更大。

二、刺参的生长

自然水域中刺参在一年中正常活动、摄食的时间仅有半年左右，因此，刺参的生长速度是很缓慢的。据观测，6月初孵化的刺参满1龄时体长才达到5.9 cm，体重15.5 g；2龄时体长13.3 cm，体重122.4 g；3龄时体长达到17.6 cm，体重307.1 g；4龄时体长20.8 cm，体重472.5 g。刺参的消化管很长，在体内回折两次，其长度与体长和摄食强度有一定的关系。6月刺参体长11～15 cm时，肠管长度达到32～45 cm，肠管长度是体长的3倍；11月刺参体长11～23 cm时，肠管长度达到38.5～47 cm，肠管长度是体长的3.4倍。刺参体壁与肠管重也有一定的关系，6月和11月有较大的差异。6月刺参肠管重16～27 g，体壁重均在75 g以内；11月肠管重仅有10～17 g，而体壁重70～105 g。由此可见，6月刺参因产卵体壁消瘦变轻，其重量只有肠管重的2.5倍。6月前由于摄食强度大、肠内充满食物，因而使肠管的重量较平时增加许多。

三、刺参的寿命

目前，刺参的年龄多根据体长和体重进行推断，缺乏科学依据。近年来，有研究学者从骨片的形状变化及石灰环结构的变化进行年龄的辨别研究。据国外相关研究，刺参至少能活5 a，一般在8～10 a。

一般来说，刺参的大小与其年龄呈正相关。在自然海区中，发现其体长达到40～

50 cm 的大个体刺参。深海以及偏远岛屿区域的刺参因为受采捕活动的影响较小，5 龄以上刺参出现的比例较高；相比较而言，浅海以及池塘养殖刺参因为受收获和清池时间间隔等因素的影响较大，大个体刺参一般以 4～5 龄为主。

第五节　刺参的繁殖习性

一、繁殖能力

刺参种群的雌雄比例近似 1∶1。怀卵量很大，雌体成熟的生殖腺 1 g 中含有 $1.83\times10^5\sim2.63\times10^5$ 个卵子。刺参 2～3 龄就可以进入繁殖期。

二、生殖腺发育

刺参生殖腺发育的快慢受多种因素的影响，其中与个体大小、水温高低、饵料营养与多寡等因素密切相关，养殖池塘由于水温回升较快，刺参生殖腺成熟一般较自然海区要早。

生殖腺指数（gonad index, GI）通常被用来衡量刺参生殖腺的发育情况，也即用生殖腺重量（gonad weight, GW）与刺参体壁重量（body weight, BW）的比值来表示其生殖腺变化的相对值。生殖腺指数的计算公式为：

$$GI = GW/BW \times 100\%$$

根据组织学观察和生殖腺指数，一般将生殖腺的发育阶段分为 5 期：

（1）休止期。一般为 7～11 月（参考烟台地区，下同）。从外观上看，生殖腺呈透明状细丝，量极少，一般生殖腺重量在 0.2 g 以内或者难以看见，肉眼难以分辨出雌雄。雄性和雌性的生殖腺上皮沿管状壁均没有凹凸，雄性生殖腺上皮由 1～3 层精原细胞或精母细胞组成，而雌性生殖腺上皮多为 1 层，有时由 2 层卵母细胞组成，卵径大约为 10 μm 或更小。

（2）增殖期（恢复期）。从 12 月到翌年 3 月，生殖腺多呈无色透明或淡黄色，部分雌雄可辨，发育较慢，生殖腺重量一般在 0.2～2.0 g，生殖腺指数在 1% 以内。雌雄生殖腺上皮均显著生长，在生殖管内沿管壁出现凹凸褶皱。其中雄性精子尚未形成，而雌性生殖腺横断面呈花瓣状，卵母细胞直径在 30～50 μm。

（3）生长期（发育期）。可分发育Ⅰ期和发育Ⅱ期。一般在 3～5 月上旬为发育Ⅰ期，生殖腺逐渐增粗，分支增多。雌性生殖腺呈杏黄色或浅橘红色，雌雄肉眼可辨，生殖腺重量多为 2～5 g，生殖腺指数为 1%～3%。5 月下旬进入发育Ⅱ期，生殖腺迅速发育，颜色变深。雌雄明显可辨，生殖腺重量急剧增加，一般为 3～13 g，7 g 以上者占总数的 70% 以上，生殖腺指数上升为 7% 左右。精巢精母细胞增殖明显，生殖上皮有数层相同的精母细胞组成，从生殖腺的横断面可见许多褶沟向管腔内侧迂回曲折。在生殖上皮管腔内侧有少数精母细胞，精子已经形成，在管腔内有精子出现。卵巢卵母细胞进一步成长，卵母细胞充满整个卵巢，卵径在 60～90 μm。

（4）成熟期。一般在 5 月下旬至 6 月，雌性的生殖腺变粗，颜色加深，精巢呈乳黄色，卵巢呈橘红色半透明状，卵粒清晰可见。生殖腺重 10 g 以上的刺参占总数的 50%，约一半

个体的生殖腺指数达10%。雄性的生殖腺各分支肥大，整个精巢腔内充满精子，生殖上皮仍有多数的精母细胞。雌性的卵母细胞直径达110～130 μm，卵母细胞充满于整个卵巢内，出现成熟卵。

（5）排放期（生殖期）。6月上旬开始进入排放期，出现自然排精、产卵现象，亲体越大、成熟越早，排放精子和卵子的时间也越早。雄性刺参精巢腔内出现空腔，已有部分精子排出，但由于生殖上皮由许多精母细胞组成，故依然具有一定厚度。雌性刺参在排卵后的卵巢腔内存在仍未产出的卵细胞，在产卵期过后，其残留卵继续解体散失。若温度等条件适宜，成熟亲参可进行多次产卵、排精。排放期后，水温升高，刺参停止摄食，逐渐进入夏眠状态，生殖腺迅速退化进入休止期。

三、生殖习性

刺参在我国辽宁、山东与江苏北部沿海岛屿均有分布。其繁殖季节，一般南部地区早于北部地区，潮间带早于潮下带。就是在同一地区繁殖季节也会随年份的不同而有所变动，水温是其产生变动的主要原因。在山东半岛南部沿海，产卵期为5月底～7月中旬；在山东半岛北部沿海的蓬莱、烟台、威海等地，为6月上旬～7月中旬；在辽宁大连，为6月下旬～8月上旬。各地产卵水温在15 ℃～23 ℃，多为18 ℃～20 ℃。

刺参排放精子和卵子，一般在20～24点，有时在下半夜，甚至凌晨3～4点也有排放现象。产卵、排精前雌雄亲参活动频繁，不断地将头部抬起，左右摇摆。几乎都是雄性亲参先排放精子，排精持续0.5 h以后，雌性亲参才开始产卵。排精时，生殖疣突出，精子由生殖孔排出，呈一缕乳白色的雾状徐徐散开。产卵时，生殖疣突出，卵子从生殖孔产出后呈一条橘红色线状波浪似地喷出，然后慢慢散开沉于池底。一般雌参产卵可持续0.5 h以上，产卵量一般在1.0×10^6～2.0×10^6粒，多者达4.0×10^6～5.0×10^6粒，个别个体较大的雌参产卵量可超过1.0×10^7粒。

刺参性成熟年龄为2龄，而且往往与个体体重有很大关系。个体较小，即使满2龄，生殖腺仍然不发育或不成熟。在人工养殖控温的条件下，即使不足2龄，体重达到250 g以上的个体生殖腺发育依然很好。体重200～300 g的亲参怀卵量一般为3.5×10^6～5.0×10^6粒。

第六节　刺参的个体发育

刺参的个体发育指从受精卵到成体的发育过程，包括胚胎发育期、浮游幼体期和底栖生长期，各期之间有变态过程。受精卵经历胚胎发育（图1-1）和幼体发育（图1-2）变态为稚参。

一、刺参胚胎发育

1. 受精

受精作用是两性生殖细胞的结合现象，从精子入卵直至雌性生殖细胞完全同化为止。

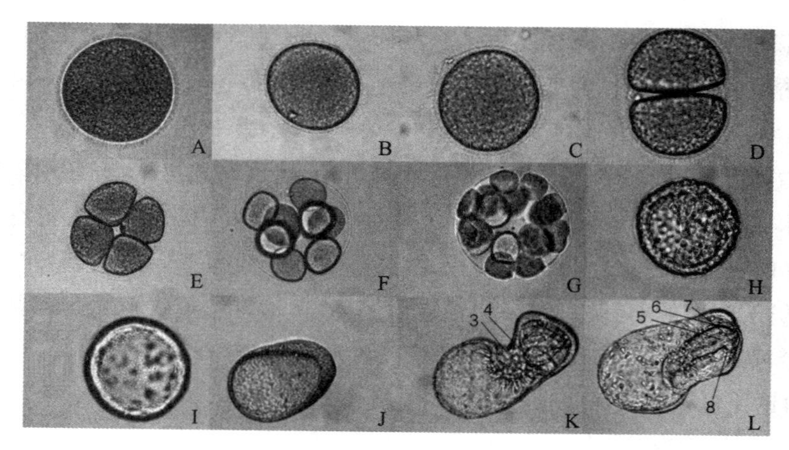

图 1-1　刺参胚胎发育过程

A. 卵膜举起　B. 第一极体产生　C. 第二极体产生　D. 2 细胞　E. 4 细胞　F. 8 细胞　G. 16 细胞　H. 囊胚期　I. 旋转脱膜囊胚　J. 指环期　K. 原肠期腹部下凹　L. 原肠后期侧面

大多数海参类卵子是产出后在水中受精并进行发育，刺参也是属于此种类型。刺参卵子为均黄卵，卵黄含量少，在细胞内分布较均匀，极性不明显，成熟卵卵径在 140～170 μm，属于沉性卵。刺参的精、卵成熟后排出体外进行体外受精。在环境条件合适的情况下，受精能否成功的关键在于精、卵的成熟度，未成熟或过度成熟都不能受精。刺参受精是在第一次成熟分裂的中期进行的，为单精受精类型。卵子受精后，受精膜举起，一般以此作为卵子受精的标志。

2. 卵裂

卵裂的意义在于产生足量的细胞，为胚胎进一步发育做好物质准备。卵裂为有丝分裂，卵裂产生的细胞称为分裂球，分裂球之间的缝隙称为分裂沟。卵裂根据卵黄含量的多少及在卵中的分布分为完全卵裂和不完全卵裂。刺参卵裂属于辐射等裂和全裂，其特点是分割沟遍及整个卵子，分裂球大小相等。水温 21 ℃～23 ℃，刺参卵子受精后 15～20 min，放出第一极体；40～45 min 放出第二极体，然后进入卵裂期。卵裂的结果，从动物极看分裂球呈辐射状排列。第一次分裂为纵裂，分裂面通过卵子动物极和植物极，两个分裂球大小相等；第二次分裂也为纵裂，分裂面仍与卵轴平行，与第一次分裂面相垂直，产生 4 个大小相等的分裂球；第三次分裂为横裂，分裂面位于卵子赤道线附近，产生 8 个全等细胞，排列 2 层，而后的卵裂，基本上以纵裂和横裂交替的方式进行。卵裂的结果是细胞数量不断增加，细胞体积越来越小。然而，当出现受精卵成熟度不够、多精受精或机械损伤时，会发现卵裂细胞大小不等现象，进而影响后期胚胎发育。

3. 囊胚期

刺参的受精卵经过多次分裂，当分裂球细胞达 512 个时，进入囊胚期。刺参囊胚属于有腔囊胚，囊胚胚体中央出现一个大而圆的空腔称为囊胚腔。囊胚外形仍为圆球形，直径为 190 μm 左右，周身遍生纤毛。之后胚体开始在动物极和植物极方向上延伸拉长，并在卵膜内转动。囊胚期后期，胚体在膜内旋转不久就脱膜而出，在水体中继续旋转，称为脱膜旋转囊胚。囊胚是卵裂的结果，是一个由单细胞的受精卵经一系列重复分裂而形成的多细胞胚体。

4. 原肠期

原肠通过内陷法形成。在受精后 14～17 h，拉长的囊胚先在植物极变为扁平，而后逐渐内陷，内陷程度由浅到深，经内陷后形成的腔称为原肠腔。与胚体外相通的口，称为原口，整个内陷的过程称为原肠作用。到了原肠后期，原肠腔由原来直立方向逐渐向腔体一侧倾斜，此处将成为幼体腹侧，最后原肠的顶端成直角弯曲，并逐渐与腹面形成的凹陷相接近，这一凹陷称为口凹，原来的原口形成肛门。

二、刺参幼体发育

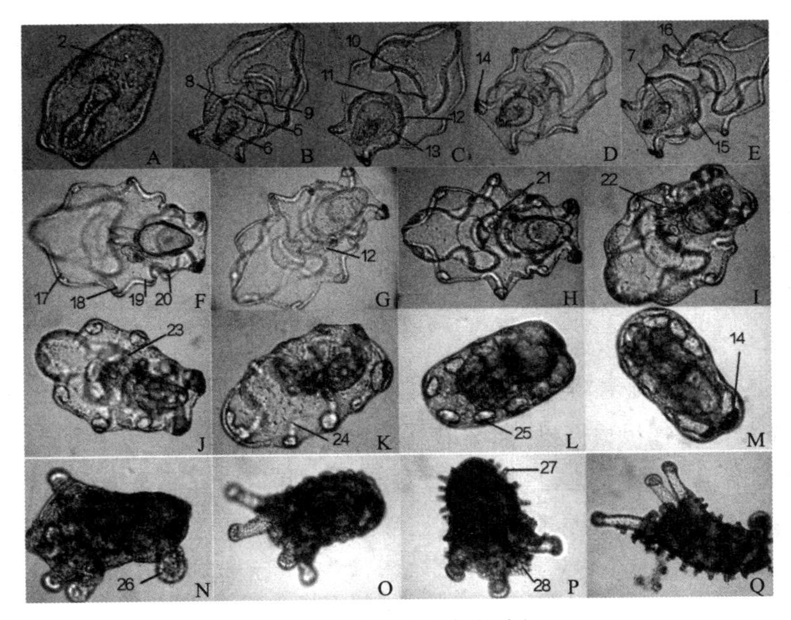

图 1-2　刺参幼体发育过程

A. 初耳状幼体腹面　B. 3 日龄幼体背面　C. 4 日龄中耳状幼体　D. 5 日龄中耳状幼体　E. 6 日龄中耳状幼体　F. 7 日龄幼体早期　G. 7 日龄幼体晚期　H. 8 日龄大耳状幼体　I. 8 日龄大耳状幼体晚期　J. 9 日龄樽形幼体初期　K. 9～10 日龄樽形幼体　L. 10 日龄樽形幼体　M. 樽形幼体末期　N. 10-11 日龄五触手幼体　O. 11 日龄五触手幼体　P～Q. 12 日龄稚参　1. 胚孔　2. 间质细胞　3. 口　4. 体腔囊　5. 胃　6. 肠　7. 肛门　8. 水管　9. 食道　10. 口前环　11. 肛前环　12. 水体腔　13. 左体腔　14. 钙质骨片　15，19. 口后臂　16. 口前臂　17. 前背臂　18. 间背臂　20. 后侧臂　21. 初级口触手　22. 辅水管　23. 口触手　24. 环状纤毛带　25. 球状体　26. 第一管足　27. 棘状肉刺　28. 板状骨片

刺参的幼体发育过程分为浮游幼体期和底栖生长期，两个发育期之间有变态过程。刺参浮游幼体期的发育形态为间接发生，个体发育成为耳状幼体进行浮游生活并摄食生长，然后变态成为樽形幼体，再经变态成为五触手幼体，再变态成为稚参。

1. 耳状幼体

由原肠期继续发育的幼体从侧面看很像人的耳朵，故称之为耳状幼体。胚体经

40～48 h发育到耳状幼体期。在一定温度范围内，温度越高发育越快。耳状幼体背腹扁平，外部形态较以前有明显的变化。耳状幼体又被分为初耳状幼体、中耳状幼体和大耳状幼体。① 初耳状幼体结构简单，幼体臂刚长出，只有口前臂和口后臂，消化道已明显分为口、食道、胃、肠、肛门，在胃与食道交界处的左侧有体腔囊，体长约为400 μm，宽约为280 μm。由于消化道开通，幼体开始从外界摄取食物。② 中耳状幼体有6对粗壮明显的幼体臂，在食道与胃交界处的水体腔呈扁囊状并且拉长，体长为500～700 μm。③ 大耳状幼体有6对幼体臂，身体两侧即后背、间背、前背、后侧臂及额区背部上方，出现5对年轮状球状体，水体腔进一步发育长出5个囊状初级口触手原基和交互排列的辐水管原基，后侧臂的下端一侧出现一个石灰质的幼体骨片。体长为800～1 000 μm。

2. 樽形幼体

为刺参幼体变态的开始期。随着耳状幼体的进一步发育，幼体由背腹扁平逐渐变为圆桶形，形状非常像被囊动物的海樽，因此称为樽形幼体。在耳状幼体向樽形幼体变化的过程中，幼体的形状和结构发生了很大的变化。直观上的突出展示是幼体体长急剧地收缩变小，幼体几乎变为原来大耳状幼体的一半大小，体色由透明变为暗灰色，内部结构从外观上已辨别不清，但仍可见5对环状体。樽形幼体在早期阶段可以游动，多分布于培育水体的中、上层，有选择附着位置的功能；但樽形幼体在后期阶段由于纤毛运动减弱，多转入底层，活动很缓慢，这时若培育饵料和附着基不适宜，将会导致大量死亡。

3. 五触手幼体

也称为五腕幼体。随着樽形幼体的发育，纤毛环的纤毛逐渐消失，额区缩小，口几乎移到前端，5条触手能伸出前庭，因此称为五触手幼体。这个阶段幼体形态主要发生如下变化：纤毛环逐渐退化，最后完全消失；口凹腔加宽，肛门消失后又重新形成，5条触手从前庭伸出并逐渐生出侧支；消化道逐渐伸长弯曲，排泄腔一侧生出囊管，以后发育成呼吸树。靠近左右体腔的腹面上皮层产生一团细胞，以后这团细胞向后体腔伸展，并分化为生殖腺的原基，细胞团一端开口与外界相通，一端发育为生殖腺管。本期幼体最显著的变化之一是体部石灰质骨片的形成。石灰质骨片在体壁由间叶细胞开始形成，且呈X形骨片。X形骨片增加，同时各骨片的分支互相延伸而结合成为板状，逐渐形成具有种间特征的骨片。

4. 稚参

当幼体成为稚参时即为幼体变态的结束。五触手幼体后期在形态上基本构成了刺参的雏形，外形和生活习性均与成参相似，故称稚参。幼体又开始拉长并在体表形成一些外形似蜂窝状的石灰质骨片。同时，在幼体腹面的后端、肛门的下方生出第一管足。初期的稚参同五触手幼体没有多大差别，但随着个体的生长幼体开始变长，骨片的形成加快。在体表形成外形似蜂窝状的石灰质骨片，同时次级触手及管足数目也在不断增加。刚变态的稚参体色发白，呈半透明状（俗称“小白点”），内部器官清晰可见；以后随着色素的增加体色逐渐变成红色或红褐色。从这一时期开始，稚参由浮游生活转变为附着性生活，管足和触手是稚参主要的附着和运动器官，但拥有一个管足的稚参活动能力仍然较弱，活动和摄食的范围很小，因而在这种情况下稚参可以摄食到的食物必须适宜并且充足。

刺参的胚胎及幼体发育时序情况见表 1-1。

表 1-1　刺参胚胎及幼体发育时序（水温 20 ℃～22 ℃）

序　号	受精时间	发育阶段	体长（μm）
1	20～30 min	极体出现	140～170
2	43～48 min	第一次分裂	140～170
3	48～53 min	第二次分裂	140～170
4	60～90 min	第三次分裂	140～170
5	220～340 min	囊胚期	200 左右
6	720～860 min	脱膜旋转囊胚	200 左右
7	880～1 060 min	原肠初期	260 左右
8	1 060～1 520 min	原肠期	280 左右
9	1 520～1 890 min	初耳状幼体	360～430
10	5～6 d	中耳状幼体	500～700
11	8～9 d	大耳状幼体	800～1000
12	10 d 左右	樽形幼体	400～500
13	11 d 左右	五触手幼体	300～400
14	12～13 d	稚参	300～500

第七节　刺参特异生理活动

一、排脏

排脏是刺参在受到强烈刺激时，常常把内脏包括胃、肠、呼吸树、背血管丛、生殖腺等排出体外的现象。刺参的排脏现象比其他海参要显著得多，排脏常常是紧接着体壁的强烈收缩，内脏通过总排泄腔经过肛门排出体外。引起排脏的不良环境条件，主要包括人为的干扰、温度的急剧上升或下降、水质的污染以及其他物理、化学刺激等。排脏是刺参自我保护的一种方式。

刺参排脏机制非常复杂，现在一般认为是和韧带、泄殖腔、肠系膜等快速软化有关，体壁和泄殖腔的肌肉强烈收缩，使肌肉及泄殖腔断裂，并排出失去韧带连接的内脏。一些研究结果表明韧带肌肉的软化以及结缔组织的调节与体壁中含有的小分子神经肽有关。刺参排脏后，经过一定的时间，内脏还可以再生。

二、再生

棘皮动物一般都具有较强的再生能力，海参类也不例外。刺参的再生能力很强，肠、表皮、疣足、触手等均可再生。据报道，排脏后 14 d 刚形成的消化管薄而脆弱，形成了连续的腔；排脏后 21 d，形成了典型的肠襻结构，但不完善；排脏 28～35 d，肠未出现显著变化。

若将刺参体背部表皮切开，一周后色素开始沉着，幼小个体的色素沉着比成体明显，45 d 后体背色素的变化难以识别。若将刺参的疣足切除，5 d 后在切除的部位会再生出小的隆起，这些小的隆起经过 30 d 的时间就可以长到 1～2 mm。若将刺参的管足切除，一周后在切除部位会出现带有色素的隆起，30 d 后完成再生的全过程。若将刺参的触手切除，7 d 后伤口愈合处会出现突出的隆起，25 d 后就会长成和原来同等长度的新触手，并且能进行正常的摄食活动。若在刺参身体的背部或腹部切开 2～4 cm 长的伤口，经过 5～7 d 的时间伤口会自行愈合，且背部伤口愈合较快，腹部伤口愈合较慢，这可能由于切口损伤了纵肌所致。将刺参拦腰横切成两段，虽然切断处的伤口经过 5～7 d 可以愈合，但是多数情况是不能正常愈合，因此造成死亡的情况也比较多。将刺参切断后 32～79 d 的成活率不超过 11.8%。另外，刺参身体的前部和后部的再生能力也不一样，身体后部的再生能力要大于身体前部。消化道、呼吸树的再生速度，随刺参个体所处的不同生活时期而有所不同。在刺参生活的恢复期再生速度特别快，25～33 d 就能够再生出机能完善的消化道和呼吸树，而在其他生活时期再生则需要 8 周甚至更长的时间。

刺参排脏后的残留物，包括完全的体壁、肌肉和部分生殖腺等得以存留并再生出其丢失的部分，这就是刺参排脏后的再生。分为四个阶段：① 原基形成阶段，排脏后食道和胃残余的组织结构呈现去分化现象；② 肠腔形成阶段；③ 分化阶段，食道和胃组织开始再生；④ 生长阶段，消化道的组织结构已分化完全，随着个体的生长，消化道逐渐增粗、增长。刺参再生出肠管大约需要 2 周，而达到正常的水平一般需要 35 d。相关研究表明，刺参的肠系膜、体腔上皮及泄殖腔或食道是其排脏后再生的细胞来源部位。

三、夏眠和冬眠

刺参的生活周期与生活环境中的水温有着密切的关系。在水温较高时，刺参就会迁移到海水较深、环境比较安静的岩石间，既不活动也不摄取食物，这种现象叫作刺参的“夏眠”。夏眠是刺参主要的自然习性之一，也是相当重要的一个特殊时期。一般刺参的夏眠时间在 100 d 左右。夏眠的持续时间与高温期的持续时间相关，高温期越长，刺参夏眠的时间也就越长。

大量的研究资料表明，刺参夏眠的主要原因是水温，同时也与刺参大小有关。水温升至 19 ℃以上时，刺参活动明显迟钝，摄食减少，消化道开始退化；水温达到 21 ℃以上时，刺参停止摄食，排空消化道，陆续潜伏到礁石底下或缝中等隐蔽场所开始夏眠。刺参开始夏眠的水温也因为刺参的年龄、个体大小而有所不同。总的趋势是刺参的年龄越大、个体越大，开始夏眠的水温就越低。成参或高龄参夏眠时，常到水深处或钻入石堆内部；幼小个体夏眠的海水较浅。夏眠期的长短也与个体大小有关，大个体夏眠时间长，小个体夏眠时间短，当年繁育的幼参不夏眠。一般秋季当水温降至 19 ℃～20 ℃后，刺参结束夏眠开始复苏，陆陆续续地从隐蔽的场所爬出，开始活动并摄食。在整个夏眠期内刺参为维持最低代谢要消耗自身机体的能量，体重明显减轻。

关于刺参夏眠的临界水温，不同研究得出不同的结论。日本七尾湾青刺参夏眠开始和结束的临界水温均为20 ℃，而北海道、宫城、爱知、德岛、鹿儿岛诸县的刺参在19 ℃～22 ℃开始夏眠，18 ℃～23 ℃终止夏眠。在中国北方海域，刺参进入夏眠的日期随着纬度的增加而推迟，如在山东南部沿海为6月中下旬，北部沿海为7月上中旬，而在辽东半岛刺参于8月中旬才进入夏眠；夏眠结束的日期各地大致相同，一般在10月下旬到11月初。隋锡林总结了日本和我国学者的研究成果，认为刺参的夏眠临界温度为20 ℃～24.5 ℃，差异主要取决于刺参的栖息地和个体质量的不同。

刺参夏眠由内因和外因共同促成，内因是长期形成的生物习性，外因仅从其他动物冬(夏)眠原因的三要素食物、光线、温度来看，水温是最直接的主要原因。养殖条件下，在刺参将要进入夏眠时，它们对诸如天气的阴晴、风力的大小、光线的强弱变化反应特别敏感，在连续阴天、风平浪静、光线较弱的条件下，已经夏眠的刺参仍可出来摄食和活动。研究表明，在高水温期采用低温饲育办法，水温在(10±1)℃的条件下各年龄组群的刺参能够正常摄食。在温度比较恒定的条件下，每头刺参的摄食量没有明显的差异。在自然水温条件下，随着温度的升高各年龄组群刺参的摄食量相应减少，直到停止摄食进入夏眠状态。水温条件不同，导致其内部器官的外部形态及内部组织结构也出现明显差异，从而形成了不同水温条件下刺参的活动、摄食、成长的显著反差。即使是经过产卵排精的亲参，在其排放后立即放入低温环境中仍然能够活动、摄食，不会出现夏眠现象。因此，水温是刺参夏眠的主要外在原因，在高水温期采用低温处理可以使刺参不出现夏眠。

刺参在水温低于3 ℃时，活动显著减弱，出现几乎不摄食的生理现象，称之为半休眠状态，渔民称之为“冬眠”。这可能是由于冬季温度较低，刺参的新陈代谢速度下降所引起的。

四、自溶

刺参是一种自溶能力极强的海洋生物，在外界环境及化学因子的刺激下，经过表皮破坏、排脏、溶解等过程，可以将自身完全降解，这一独特的生理现象称为“自溶”。自溶给刺参的保鲜、贮藏、运输和加工带来诸多不便，造成极大的营养和经济损失。长期以来，自溶严重制约和困扰刺参的深加工。

一直以来，研究学者将刺参的自溶视为其对外界刺激所产生的应激效应，所以从动物学角度分析了刺参自身的神经传导及自我修复能力。朱蓓薇等的研究成果揭示了海参自溶的本质是其自身存在的海参自溶酶的作用。海参自溶酶是具有蛋白酶、纤维素酶、果胶酶、淀粉酶、褐藻酸酶和脂肪酶活力的复杂酶系。可通过控制温度、时间、pH等条件，并使用酶抑制剂、金属离子及射线照射等手段，实现对自溶过程的发生、进行和终止的控制。

第八节　刺参的敌害

刺参养殖过程中常见的敌害生物有桡足类、海鞘、海绵、麦秆虫、海星、水母、蟹类和凶猛鱼类。其中，以桡足类和海鞘的发生率最高，危害严重。

一、桡足类

某些桡足类如猛水蚤，对刺参尤其是稚参的危害较大。猛水蚤的某些生态特点与稚参有很多相吻合的地方，如稚参的饵料是单细胞藻类和有机碎屑，而单细胞藻类和有机碎屑也是猛水蚤的适宜饵料；稚参和猛水蚤都具有底栖生活的习性，而且猛水蚤的繁殖周期比较短，生长速度快。

在刺参育苗期或者养殖期，一旦有猛水蚤等桡足类进入到培育池，即可在短短的几天时间内达到相当大的数量，大量的虫体繁殖可以使水体呈乳白色。一是导致水体溶氧量降低，水质恶化；二是桡足类的附肢能够刺伤刺参幼体表皮，造成刺参的体表溃烂和继发性感染死亡，造成刺参、幼参成活率显著降低。猛水蚤危害的重点是体长0.5 cm以下的稚参，对于体长大于0.5 cm的参苗也有一定程度的危害，即使是体长2～5 cm的稚参仍有部分个体体表被猛水蚤刺伤。

二、麦秆虫

麦秆虫俗称海螳螂、骨虾，广泛生存在浅海沿岸，在春季、夏季和秋季出现较多，常栖息于养殖筏架、网箱、浮标等养殖设施上以及海藻、水螅间。麦秆虫有尖锐的附肢，能钩附在刺参体表，形成伤口，引起继发性感染和溃疡，严重时可造成刺参死亡。对于麦秆虫较多的海域，养殖用水需过滤，以防止麦秆虫成体及其卵进入养殖系统。

三、海鞘

海鞘在稚参和幼参苗种池、浮筏养殖吊笼、养殖网箱和围堰养殖池塘中比较常见。主要危害品种有玻璃海鞘（*Ciona intestinalis*）等。海鞘常附着于水中的硬质物体，营固着生活；体壁能分泌一种类似于植物纤维素的被囊鞘，被囊是透明的，其内脏团清晰可见。在北方地区，5～6月是海鞘繁殖的高峰期，海鞘的发生与周围海区海鞘生物资源量、季节、水质条件和进水方式有关。

海鞘的大量繁殖，不仅会与刺参争夺生活空间和饵料，而且会大量消耗溶解氧，同时向水中排泄代谢物，从而影响刺参的生长和养殖效益。在养殖网箱和吊笼上大量附着海鞘能直接影响水流交换，进而影响网箱和吊笼内的水质，导致刺参发生疾病，成活率降低。

四、水母

主要对稚参和幼参产生危害。在刺参室内苗种培育过程中，由于养殖用水过滤不当，水母的卵或幼体进入池内，在池内生长，达到较大密度。由于水母的数量多，生长速度快，摄食量大，所以在投饵后，争夺刺参的饵料，严重影响刺参的正常摄食和生长。

五、海绵

刺参育苗期，常见海绵类主要有两种：一种是日本毛壶（*Grantia nipponica*），另一种是软节蜂海绵（*Haliclona subarmifera*）。

1. 日本毛壶

日本毛壶。外形为管状、白色，辐射对称，营单体生活；体基本呈树枝状吸附于附着物上；顶端开口为出水孔；体表嵌有单轴及三轴骨针。8～9月是其生长的高峰，一般在投入波纹板附着基后的15～20 d内日本毛壶开始在波纹板上大量附着，占据了刺参的生长空间；日本毛壶体表突出的骨针很容易刺伤稚参和幼参的表皮，造成继发性细菌感染；日本毛壶通过水沟系统进行呼吸、摄食和排泄，大量消耗水中溶解氧同时其代谢废物也会污染水质。日本毛壶在波纹板遗留圆形附着基，给刺参养殖生产带来不便。

2. 软节蜂海绵

软节蜂海绵。体表呈灰白色，可在附着基和池壁等固着物上连片生长，部分软节蜂海绵体聚集形成花瓣状。体表边缘锋利，骨骼为网状结构。软节蜂海绵对温度的耐受性比较高，存活水温为10 ℃～30 ℃。水温20 ℃时，繁殖迅速，密集黏附在刺参附着基或者池壁上，能够缠绕稚参和幼参，阻碍刺参的活动和摄食。其边缘骨针锋利，容易造成刺参表皮的划伤，引起细菌的激发感染而造成刺参死亡。同时，软节蜂海绵会迅速地占据刺参的栖息空间，软节蜂海绵生长的地方几乎看不到刺参。

六、其他敌害

除上述敌害以外，幼参和成参的敌害种类还有肉食性鱼类、蟹类、美人虾、海星等。

第二章

刺参人工苗种培育技术

第一节　刺参人工苗种培育的设施

海产动物的人工苗种繁育，是在人工可控条件下完成繁育对象的繁殖、幼体的生长发育，直至成为养殖所需苗种的全部过程。刺参人工苗种培育的基础设施，主要包括育苗室、饵料室、供排水系统、供气系统、控温系统、水质分析检验系统等。

一、育苗室

育苗场地的选择应该充分考虑海水水质、环境、交通等多方面的因素。应选在水清澈、海水没有污染、风浪小、交通便利的海边，淡水资源有保障的地方建设。育苗室要光线柔和、保温效果好，避免直射光线入室，最好是泥瓦盖顶，室内光线控制在 1 000～2 000 lx。育苗池一般可采用砖石水泥或钢筋混凝土结构，池子以长方形、圆形或椭圆形为宜，育苗池的深度在 1 m 左右，容积在 15 ～30 m^3。育苗室的光照不宜太强，幼体培育阶段一般应控制在 1 600 lx 以下，一般以 700 lx 为好。稚参后期可适当增加光照强度，以利促进稚参的变色和附着硅藻的繁殖。特别是在前期，由于幼体具趋光性，为避免过分集中于某处，育苗室的光照应尽量柔和、均匀，但也不要太暗，太暗不利于饵料的繁殖，整个育苗期间应避免直射光。

二、饵料室

饵料室要有保种间和单细胞藻类大量培养室，饵料培育池与育苗池水体的比例以 1∶4～1∶3 为宜。饵料培养室要求透光好、通风好，光线均匀、可调，饵料培养池还可作为稚参所需底栖硅藻培养池。饵料培养池一般为长方形，5～10 m^3，池深不超过 1 m 即可。近些年，由于人工饲料的开发应用，饵料室大多转为育苗室使用。

三、供排水系统

1. 沉淀池

自然海水中往往含有浮泥、有机碎屑和各种浮游生物等，会败坏水质，必须加以清除，沉淀池可使其中的大部分沉淀下来并除去。沉淀池要求有盖，除能挡风遮雨外，还能造成黑暗环境，促使浮游生物沉淀到池底。沉淀一般要求在 24 h 以上。沉淀池最好建在地下，以使海水在沉淀过程中不受气温影响而改变温度。在地下施工有困难时，要注意做好顶盖和向阳面的隔热处理，以减少夏季强光照射的影响，为不使水温升高，这一点对较小的沉淀池尤为重要。沉淀池最好建在地势较高的地方，这样在使用沉淀海水时不需动力会直接进入育苗室或饵料室。淀池中的污物日久天长会腐败分解，产生硫化氢、氨等有害物质，因此，最好每隔一周左右清底一次。特殊情况如大风浪过后，应立即清扫，沉淀池应在最低位置设排污阀。沉淀池的总容量应为育苗水体的 2～3 倍，沉淀池应分成 2～3 个独立的单元，以便交替使用。

2. 过滤设备

经过沉淀后的海水还需过滤后方可供育苗使用。过滤的目的就是除去水体有害、有毒物质。目前我国多数海水育苗场使用沙作为滤料，过滤设备一般为沙滤池或沙滤罐。

沙滤池是靠水的自重通过滤料层。滤料采用沙、石分层铺放。一般先铺卵石、依次向上铺砾石、沙粒、细沙等。每层厚度 10～20 cm，但细沙层应厚些，可增至 40～60 cm。近年来，多使用自净式无阀滤池，滤料均为细沙，原理是通过沙层的水流因污物堆积而受阻，可自动进行反冲，效果较好。海水自上而下流过沙层，将悬浮物质阻拦在细沙层上，除去污物的海水经过滤层从池底的管道流出，注入培养池。这种自重式过滤池的优点是构造简单，施工容易，投资少。由于过滤时没有外加压力，在滤料相同的情况下，滤净效果要强于加压过滤罐。缺点是由于没有外加压力，水流速度小，单位面积的滤水量小，因此，要有较大的过滤面积，滤料用量也较大。

沙滤罐是在封闭系统中，海水在较大压力下通过沙滤层进行过滤。其工作压力是靠水泵向罐内送水，或靠高位沉淀池中海水的重力落差而来。经过滤的海水，从出口通入净水池或直接进入育苗池。沙滤罐可用铁板焊接而成，也可用钢筋水泥筑成，多数为圆柱形，焊接后再在内、外涂上防锈漆，或在内部铺设一层玻璃钢树脂保护层。罐接近底部设筛板，石子和沙铺在筛板上。也有的为了防止漏沙，在筛绢的四周要用胀圈将筛绢挤紧。需要注意的是，在沙滤罐投入使用时，要首先按反冲时的进水方向缓慢地把水灌满，然后才能正式工作，否则，直接从上方灌水会使沙层破坏。

育苗室内要有良好的供排水系统，供排水系统要充分考虑培育水体及生产工艺要求，合理配备管道口径及排水能力，最好能在 4 h 内将池水全部注满或排空。

四、供气系统

供气系统包括罗茨鼓风机、气管和气石等。供气系统设计应注意充气均匀，充气量便于调节。在大型育苗场可配置多个不同规格的空气压缩机，根据需要调配使用，避免电力浪费。

五、控温系统

近年来，由于提早采卵的需要，通常要进行亲参的人工升温促熟，根据需要采用电热或锅炉加热。目前，由于刺参人工育苗多数使用贝类、虾蟹类育苗室，一般具有供热设备。电热是利用加热线或加热棒来提高海水的温度，这种方法供热方便，便于温度自动控制，适用于小型育苗室，但成本太高。锅炉加热是利用锅炉进行升温，可以利用预热池预热，也可以直接在培育池设加热盘管加热，这种方法加热较慢，但成本低，比较安全、稳定，适用于大规模育苗。

六、水质检测

养殖生产成功的关键在于水，只有管好水，养殖的成功才有保障。保持良好的水质环境，水质检测是至关重要的。水质检测的方法有很多，从传统的经验方法到化学方法再到目前正在推广的仪器方法，经历了漫长的三个阶段。

（一）传统经验方法

是指养殖人员凭借多年的工作经验，人为地判断水质的各项指标。如水色、气味等指标。

（二）化学方法

在很多人依靠经验判断水质好坏的时候，采用化学方法检测水质还不被广泛利用，这一方法的最大优势就是检测数据准确可靠，但化学方法的检测过程比较复杂，需要较长的时间，要求检测人员具备相当的专业技能，才能准确地检测，如化学滴定法。

（三）仪器方法

水质的检测非常重要，检测的方法又需要快速和简便。多年以来，不少企业都在进行研制开发相关设备的工作，市场上已经出现了运用电极法对水质进行检测的仪器。这类仪器还不是很成熟，但它具备了化学法无法比拟的优点。

一是这类仪器多为便携式，体积小巧，便于携带和使用，特别适合养殖现场的水质检测，对于工厂化养殖车间的众多养殖池的水质检测也是非常方便的，免去了取样带来的不便。

二是这类仪器多为按键式操作面板，中文显示屏，操作简单，检测结果清晰直观。

三是这类仪器检测的水质指标主要针对养殖行业的需要而设计，实用性强，项目齐全，并且可以灵活组合。

第二节　亲参的采捕和蓄养

一、亲参采捕

质量优良、数量充足的亲参是获得大量受精卵的前提条件，是刺参培育技术的关键之一。

1. 采捕时间

掌握好亲参生殖腺发育规律和采捕的时间，是获得生殖腺发育良好的亲参的关键。过早采捕，亲参生殖腺发育不良。蓄养时间过长，容易导致生殖腺萎缩或产卵量减少，而且会增加管理费用。采捕过晚，刺参在自然海区已经排放生殖腺产物，将会失去获卵的机会，即使能获得卵，卵量也会减少，而且质量难以保证，加大了幼体培养的难度。亲参的采捕应在产卵盛期前 7～10 d 为宜。海水底层水温上升至 15 ℃～17℃时，即是亲参采捕的时期；当 50%采捕亲参的生殖腺指数（生殖腺重 / 体重 ×100%）达到或超过 10%时，生殖腺发育良好，可着手采捕亲参。具体可以通过采捕少量刺参，解剖观察其生殖腺的发育情况来决定采捕时间。由于各地水温的回升不同，所以采捕的最佳时间也不同。一般大连地区、黄海北部沿海在 6 月下旬～7 月初，青岛地区在 5 月下旬～6 月上旬，山东北部沿海在 6 月初采捕较为合适。各地区水温回升快慢不一，同一地区不同年份海水温度回升速度也可能有差异，因此要灵活掌握，因地制宜。

2. 采捕规格

胴体重在 130～255 g 的刺参个体，生殖腺平均重为 34. 7 g，生殖腺指数平均为 16. 6%；胴体重在 115～200 g 的刺参个体，生殖腺平均重在 17. 6 g；胴体重在 80～120 g 的刺参个体，生殖腺平均重 5. 6 g。亲参的采捕规格应在体重 250 g（胴体重在 130 g)左右为宜，一般成熟亲参的胴体重与生殖腺重、生殖腺指数与怀卵量成正比。一般情况下，亲参个体越大成熟越早，在上述规格范围内，尽可能采捕大规格的个体。

3. 采捕注意事项

（1）避免机械刺激和损伤。采捕亲参多数由潜水员采捕，应防止一次采捕过多，亲参之间相互挤压使亲参排脏或排精产卵。采捕的亲参在船上暂养应经常换水，暂养密度控制在 30 头 / 立方米以内；避免高温和日晒，防止水温急剧变化和直射光的照射。为防止亲参因相互挤压而造成排脏，运输途中所用容器最好分层。

（2）避免与油物接触。刺参与油物接触容易自溶，造成皮肤溃烂、感染或死亡。

（3）保证海上暂养槽内水的清洁。亲参由潜水员捕获后，通常不能立即送往陆上育苗室内蓄养，而暂养必须保持水的清洁，应及时换水，避免水温的急剧变化。

（4）做好亲参选择。近年来，由于养殖规模的扩大和养殖苗种需求增加，也有的养殖场将人工养殖的刺参选作亲参，这样虽然使用起来比较方便，但是在提高刺参种质、健康苗种培育方面是有缺陷的。

4. 亲参的运输

采捕的亲参以 2 头 / 升置放于塑料袋内，放入保温箱保持水的温度，尽快运回育苗场。运送过程中不需充气，避免亲参体表黏液混合海水形成泡沫而污染水。短途采用干运的办法，在保温箱内铺设湿毛巾、纱布、大叶藻等，将刺参放在上面，封箱运输。

二、亲参蓄养

亲参蓄养的目的是为亲参提供适宜的培养条件，使亲参生殖腺发育成熟，从而获得足够数量的优质卵子和精子。如果亲参生殖腺发育已经成熟、采捕时机控制得好，经过采捕和运输的刺激，亲参当晚即可产卵，然而一般情况下亲参需要蓄养一段时间后才能产卵。如果为了升温育苗，提前采捕亲参，亲参蓄养更是育苗过程中不可缺少的重要环节。

1. 水温调节

亲参采捕季节往往由于气温较自然海区的水温回升得快，致使蓄养水温高于亲参采捕海区的水温。蓄养水温过高刺参将难以适应，反而延误产卵时间，影响卵子质量。因此，应采取调控措施，使亲参蓄养初始水温与亲参采捕海区的温差缩小，尽量控制在 3 ℃以内，为亲参提供一个对水温的适应过程。蓄养期间，水温不宜超过 20 ℃。若水温超过 20 ℃，实际上进入了刺参夏眠的水温，刺参难以适应，将影响刺参正常产卵。如计划当年培育大规格苗种，提早育苗，可提前采捕亲参，水温应逐渐递升，采卵以前控温在 14 ℃～15 ℃，临近采卵时间再按计划进行升温。

2. 合理密度

控制亲参蓄养密度是维持水环境处于良好状态的重要措施，有利于亲参生殖腺的正常发育。亲参蓄养密度应适当，密度过大，会导致水体溶解氧下降。亲参长期处于低溶氧环境，对生殖腺发育存在不利影响，不能正常排放精卵，同时会出现一些异常行为，如参体卷曲、翻转等。持续缺氧，当溶解氧降至 0. 6 mg/L 时，亲参会因缺氧窒息而滑落池底，躯体僵直，呈麻木状态，部分个体会因此而排脏，甚至会出现溃烂死亡。亲参蓄养密度一般控制在 20～30 个 / 立方米；蓄养池较大，如容积在 10 m^3 以上，可适当减小密度，蓄养池容积小，可适当增加密度。如果蓄养用水水温较高和亲参个体较大，也应适当降低蓄养密度。提早育苗、提前采捕亲参，蓄养亲参时间较长，蓄养密度可适当减小，控制在 20 个 / 立方米左右。

3. 饲料投喂

亲参蓄养期间一般不投喂饲料，但如果采捕过早，蓄养时间很长，为避免亲参体力过度消耗、生殖腺退化，应适量投喂。另外，为了提前培育苗种，在亲参升温促熟培育过程中，也应投喂饲料。饲料应是沉降性的，如悬浮在水中，亲参难以采食，造成饲料浪费并污染水质。饲料种类有配合饲料、鼠尾藻粉等；投喂量可以灵活掌握，依下次投喂时有少量饲料剩余为宜。为了保证刺参正常摄食，水温应控制在 17 ℃以下，超过 17 ℃，由于接近夏眠水温，摄食减少，超过 20 ℃刺参一般停止摄食。

4. 及时换水

换水的目的是为了改善水质。亲参蓄养用水水质应符合国家标准的规定要求，如果用水受到污染，会影响刺参生殖腺的发育和产卵的正常进行。亲参蓄养期间应用沙滤水，临近产卵期间，进水口还应加滤袋，以滤除敌害生物等。每日早、晚各换水一次，每次换水量为蓄养池水体的 1/3 或 1/2。换水开始时，应把亲参刷落池底，避免亲参挂壁干露造成损伤，同时通过吸底或倒池方式清除池内亲参粪便和其他污物。

5. 控制充气

如果亲参密度小，培育用水清澈，水质良好必并且有条件对溶解氧进行及时监测，溶

氧量在 5 mg/L 以上，可以不充气。由于亲参往往集中分布于池壁的夹角处，局部过大的亲参密度容易造成局部水体溶解氧降低，导致缺氧，或者由于水浑，水中悬浮物耗氧量较大，又缺乏溶解氧监测手段，应当进行持续充气。充气不应过大，每 3～5 m^2 放充气石一个，微量充气即可。

6. 光照要求

光照应均匀偏弱，避免强光直射，照度可控制在 500～1 000 lx。

7. 日常观察

亲参蓄养期间，要注意观察亲参的活动情况，特别在傍晚应连续观察，当发现部分亲参在水体表层沿池壁活动频繁、不时地昂头摇摆，或者已出现少量雄参排精，预示着雌参可能即将产卵，应及时做好采卵准备工作。

第三节　亲参人工升温促熟培育

为了延长刺参的生长时间，需要刺参的早期苗种。为了提前育苗，当年能培养出大规格的苗种，经常采用亲参室内升温促熟的方法。这样可使培育出的稚参在室内的培育期延长，当年就可以培育出大规格的苗种。

亲参应提前 2～3 个月采捕入池。在促熟的过程中需要投饵，饵料可以用天然饵料，也可以用人工配合饵料，日投饵量为刺参体重的 3%～5%。每 3 d 以海藻粉或海带粉混合有机泥沙而成的泥液喂食，可投入含有贻贝粉、虾粉、豆浆等在内的合成饵料，视水质及摄食情况而定。此外，准备采集卵子、精子进行人工授精前 7 d 内应停止喂食，以免所采得的卵子品质受到排泄物（粪便）的影响。为使促熟的亲参昼夜摄食正常，白天应当增加遮光措施，可避免亲参白天挤压在池的角落里不食不动。

在室内培育过程中，同时采用培育水升温的方法促使亲参提早成熟。随着水温的升高，要逐渐增加刺参的投饵量，以利于生殖腺的发育。由于刺参有夏眠的习性，刺参在 13 ℃～15 ℃时摄食最旺盛，亲参入池后前 3 d 不要升温。试验表明，经过 1 个月的升温促熟培养（5 月 10 日～6 月 12 日），亲参生殖腺发育要比自然海区提前 20 d 以上。人工升温促熟试验中，日平均升温递增幅度为 0. 22 ℃，57 d 积温为 806. 6 ℃。达到积温 800 ℃以上亲参生殖腺成熟并可自然排放。具体做法是，待其生活稳定后，日升温 1℃左右，切不可升温过快，升温过快容易排脏。当升温至 13 ℃～16 ℃时应恒温培育，直至要采卵前 7 d～10 d，可升温至 17 ℃～18 ℃。

第四节　采卵、孵化、选优

一、采卵

获得优质的卵子是刺参人工育苗的关键，刺参有自然产卵和人工刺激产卵。

1. 自然产卵

亲参采捕的时间适宜或亲参人工促熟好，生殖腺发育成熟，可以采用自然产卵法。该法优点是简单易行，基本上可以满足育苗的需要。由于刺参往往在傍晚或夜间产卵排精，不能人为控制产卵时间和产卵量，有时还会发生产卵量过大，精液过多，造成水质不良，受精卵大量解体的情况。为避免上述情况发生，应安排夜间值班人员，随时观察则可以及时收集，或达到需要的产卵量后将亲参取出放入其他池子中，或将过多的雄性排精刺参移出产卵池。

2. 人工刺激产卵

根据国内外刺参采卵的经验，诱导刺参排精产卵有温差法、紫外线海水浸泡法、阴干流水刺激法、切割法、解剖法等。温差法：控制蓄养刺参的培育海水温度增减 5 ℃～8 ℃为宜。诱导时，可将亲参直接置入高温水中（直接升温）；或将亲参先以低水温处理后，再以高水温处理（先降温后升温）；或是将亲参以高低水温反复处理（高低温交互操作）。通常一次升（降）水温 1 h 到隔夜不等，视亲参状况而定。若发现有产卵迹象，应移出个体到正常水温环境中。据试验，以升温 1.4 ℃～7.2 ℃（自 15 ℃～16 ℃升至 23 ℃～25 ℃）诱导亲参，0.5～3 h 开始排放精子和卵子。紫外线海水浸泡法：用经紫外线灯管照射过的海水诱导亲参。通常 10 L 海水以功率为 8 W 紫外线灯管照射，在水流速率 10 L/min 状况下需循环 1 h 才饱和，循环过程中同时进行充气曝气，使水中气体溶解氧充足。紫外线海水制备完成后，将亲参放入海水中，最高以每升紫外线海水中放一头为限。通常雄性个体在诱导后 0.5 h 即可排放精子，雌性个体则需较长时间（从 45 min 到数小时不等）。在诱导过程中需仔细观察亲参状况，遇有膨大的个体需立即移出到正常海水中。阴干流水刺激法：一般在傍晚后进行，先将蓄养池内的海水放干，让亲参阴干 45 min～1 h，再用高压水冲击 15 min，或流水缓慢冲流 40～50 min。将亲参放入加有新鲜过滤海水的池中，一般 2 h左右亲参开始向表层池壁爬行，移动频繁，经常将头部抬起，在海水表层左右摇摆，雄性开始排放精子，0.5 h 后雌性亲参开始排放卵子。在刺参人工育苗中，为集中获取卵子，经常采用阴干、流水结合温度变化的方法诱导刺参产卵排精。以上操作多数在当天 16～18 点进行，当晚 20～24 点刺参即可排放精子和卵子。

二、受精与孵化

1. 受精

亲参的精子和卵子会自行受精。刺参的精子浓度达到 1×10^7 个／毫升时，尚未发现对卵受精带来不良影响。采用 2.5×10^3～1×10^7 个／毫升密度的精子进行受精（水温为 24 ℃～25 ℃，卵排出后 1 h，卵的收容密度为 500 个／毫升）时，受精率为 70%～100%。当精子数量低于 5×10^4 个／毫升时，受精率为 70%～90%；低于 2×10^4 个／毫升时，受精率为 80%以下；当精子浓度低于 1.5×10^4 个／毫升时，受精率为 50%。在进行刺参人工育苗采卵时，有时会发生多精现象，但只要能够及早将多余的精子除去，一般水质不会败坏，不会给卵的受精带来不良影响。但在高温季节，卵的收容密度不宜过大，进行生产性育苗

时，卵的收容密度控制在 10～20 个/毫升。因为刺参卵为沉性卵，如果池水深为 1 m，卵的密度为 10 个/毫升，则沉到池底后卵的密度为 1×10^3 个/平方厘米，沉在池底的卵是相当可观的。如果卵的收容密度过大，容易造成受精卵的大量堆积、缺氧，影响受精卵的正常孵化。

2. 受精卵的处理

获得优质受精卵是提高幼体成活率、关系育苗成败的重要一环，因此，如何处理受精卵必须引起重视。蓄养池内产卵受精：亲参在蓄养池内产卵方式为，雄参排精持续一段时间，使池内有一定数量的精子，诱导刺参产卵。雌参产卵后，将还在排精的雄参由池内移出，让雌参在池内产卵并受精。雌参停止产卵后，将池内所有亲参移出。产卵箱产卵受精：产卵箱一般可采用容积 100 L 的玻璃水族箱或者塑料水槽（最好透明）。产卵前，将注满过滤海水的产卵箱置放于孵化（培育）池的边沿上，发现亲参在池内产卵时，及时将亲参移到产卵箱内，雌雄亲参分别排放。一般容积 100 L 的产卵箱，最多可容纳 15～16 头亲参同时产卵。在产卵时要及时添加精液，精液最好是多头雄参排精的混合液。精液添加量不宜过多，控制在卵周围一个显微镜视野可见 3～5 个精子即可。由于刺参的卵为沉性卵，在生产过程中需要不断地搅动水体，使受精卵在水体内均匀分布和充分受精。要及时取样计数和观察卵受精情况，产卵箱内卵的受精密度应控制在 200～300 粒/毫升。计数后，立即用虹吸方法将受精卵移到（孵化）池中，这样不会出现精液过多的情况，因而胚胎发育一般是正常的，畸形发育明显减少，还不需要进行洗卵。刺参幼体健壮、发育良好，利于培养。

3. 洗卵

亲参大量产卵，在卵全部沉到池底后，将上、中层水放掉，将亲参全部捞出放入其他水池。立即将卵充分搅匀、取样、定量，加入新鲜过滤海水，使受精卵继续孵化。加入的新鲜海水与原孵化水的水温差不应超过 3 ℃。如卵的密度过大，应分池培养。如果加入新鲜海水后精液仍然过多，池水仍较混浊，可再洗卵一次，洗卵必须在卵充分沉淀后、胚体尚未转动前进行，若胚体已经开始上浮转动，则不能再进行洗卵。在孵化过程中，为避免受精卵过分堆积于池底，应进行搅池，用搅耙每隔 30～60 min 搅动一次池水。受精卵密度大应多搅几次，密度小可以少搅或不搅。搅动是要上、下搅动，不要呈圆弧式搅动，避免池水形成漩涡使受精卵旋转集中。卵均匀分布可充分利用水体，提高孵化率。另外，也可以采用弱充气的方法。如采用人工刺激方法诱导产卵，采用采卵槽进行人工授精时，可根据各培育池培育幼体数量的需要，按 70%左右的孵化率将卵定量，放于各培育池中分别孵化，这样会获得更好的孵化效果。

4. 孵化

孵化是指经过胚胎发育，由卵膜内孵化而出，到达初耳状幼体阶段的过程。目前苗种生产一种是在孵化池内孵化，这种方法受精卵密度大，一般在 10～20 粒/毫升。孵化期间弱充气或定时搅动孵化水体，待孵化后将幼体移入培育池。另一种是受精卵直接在培育池内孵化发育。采卵受精后，按幼体培育的要求密度将受精卵适量地直接移入培育池内。通常情况下，在孵化期间应弱充气或者定时搅动水体，一般每小时搅动一次即可。在培育池内孵化的受精卵孵化密度以 1×10^6 粒/立方米为宜，可以与幼体培育期进行连续培养。

三、选优

在静水的条件下，健壮、发育良好的初耳状幼体，一般分布于孵化槽或者培育池上表层；畸形及不健壮的幼体，则多沉于槽底层或池底层水内。利用幼体这一生态特点，可以清除孵化池内的畸形或不健壮幼体、死亡胚体及其他污物，使健壮幼体得到继续培养，称为选优。选优之前，应在显微镜下检查幼体的体态是否正常以及畸形个体比例、大小等，决定是否可选优。选优应及时进行，以免孵化池中孵化密度过大而影响幼体的生长。从孵化到幼体培育是一个连续的过程，因此，幼体选优的方式因孵化的方式而异。

（1）在孵化池内孵化的幼体。计数后，按照初耳状幼体培育密度换算成幼体数量和培育水体，将足量的幼体移入培育池内。在产卵箱内产卵后移入培育池孵化的幼体，孵化率通常在70%以上。采用虹吸的方法将池底部的畸形不健康个体、死亡胚体及其他污物吸出池外，达到选优的目的。经过选优后，培育池内健壮初耳状幼体密度仍然可以保持在0.6个/毫升以上。这种方法幼体不需要再移入或移出，可在原来的培育池继续培养，大大减少了幼体的机械损伤，是一种简单、效率高的好方法。

（2）在蓄养池内产卵、孵化的幼体。选优后需移池、分池培育，主要方法有虹吸、浓缩、拖网3种。移池和分池前要计数，方法是上下轻轻搅动水体，使幼体在池内分布相对均匀，用直径2 cm塑料管在池子的不同部位垂直取样5～8次，测定单位水体内幼体数量，求得的平均值即是蓄养池内健壮幼体数量。① 虹吸法。利用水位差的压力，用虹吸的方法将幼体由孵化池虹吸到培育池。虹吸时培育池的水面要低于孵化池，虹吸前培育池内应注入少量过滤海水（深5～10 cm），以避免幼体进入培育池时受冲击而致伤。在虹吸前应沿池壁四周在水面上轻轻划动一圈，以使近池壁的幼体群逸散，避免虹吸时因水位下降，幼体贴壁干死。② 浓缩法。将幼体用虹吸的方法吸入网箱。浓缩用网箱一般做成圆筒形，上边可用细帆布做边，上、下端系在事先按网箱大小制成的支架上。使用时可将网箱放入塑料水槽或其他容器中，但网箱的上沿应高于容器的上沿，以免幼体随水流溢出。网箱的大小可根据具体的情况灵活掌握，但一定要注意网眼对角线应小于幼体的宽度，以免幼体漏出，一般可以用260目的筛绢。用网箱浓缩时水流速度不能太急太快，以免因挤压冲击而损伤幼体。在浓缩过程中，应不断抖动网箱，以免幼体大量贴网受到损伤。当幼体在网箱中集中到一定数量后，及时将幼体移出投入培育池，以免因浓缩的幼体密度过大堆积于网底而受伤。用这种方法进行选育，虽然可损伤此幼体，但是避免了将原孵化池中的不洁净海水大量带入培育池，保证了培育池的水质清新，有利于幼体的正常发育。③ 拖网法。当孵化出的幼体密集于水的上、中层时，可用特制的长与孵化池的宽度相当，宽、高均为50 cm左右的长方形网箱，将幼体捕捞到培育池一端（网箱筛绢一般采用260目筛绢）。具体的操作是，用网在池水表层拖或推。动作要轻缓。待幼体密集到网中，将网口轻轻提起，网口稍离水面，网底不要离开水面，然后将网中集中的幼体带水舀出装入预先备好的水槽中，这样可反复拖2～3次。待幼体重新上浮集中后再拖，如此反复多次。集中于水槽中

的幼体计数后，按照需要将幼体分布到各个培育池中进行培育。这一操作方法简便，可以较快地将大部分幼体选出并集中，也易于定量。

第五节　幼体培育

刺参浮游幼体阶段是指从初耳状幼体开始，直至变态到稚参的阶段。这一阶段的幼体培养管理技术环节包括以下几点。

一、培育密度

耳状幼体投放密度是指初耳状幼体入池培育时的密度，即每毫升水体内所含初耳状幼体的个数。在静水培育条件下，耳状幼体在水中的分布不均匀，长时间的密聚造成局部微环境溶解氧、饵料条件恶化，幼体容易出现生长发育缓慢、畸形个体增加的现象，甚至幼体萎缩，发生糜烂现象。另外，幼体过多密集，容易成团，下沉池底死亡，进而败坏水质。因此，初耳状幼体培育密度必须严格控制。培育密度适宜，幼体生长、发育正常，变态率、成活率均较高。培育初耳状幼体的最适密度为 0.5 个 / 毫升左右；如果在充气条件下，密度可以适当加大，一般可控制在 1 个 / 毫升以下。在适宜范围内，密度越小，幼体个体越大，发育越快，成活率、变态率越高。

幼体适宜的培育密度随环境条件的不同也有差异，如前期育苗或者控温育苗，水质条件、饵料条件、天气状况较好，幼体培育密度可以相对增大；后期育苗水质条件下降，水中原生动物、敌害动物增多，气温高、雷雨天气、闷热天气增多，幼体密度应相对减少，通常最好控制在 0.5 个 / 毫升以下。幼体培育密度与幼体饵料有直接关系，饵料质量好、数量足，幼体培育密度可增大，饵料质量差、数量不足，幼体密度相对减少，以盐藻、角毛藻、小硅藻混合投饵，幼体培育密度可增加，一般可以维持在 0.7 个 / 毫升左右；以金藻、小球藻及人工代用饵料、人工配合饵料为饵料，幼体培育密度适当减少，一般应控制在 0.5 个 / 毫升以下为宜。

二、水温控制

温度对幼体的发育有非常重要的作用，温度太低，幼体会发育缓慢，畸形率高，成活率低；温度太高，水体中的细菌等有害生物容易大量繁殖，对幼体的正常发育有很大影响，而且幼体的畸形率也会增加，幼体成活率明显降低。

20℃幼体发育正常，第 8 天发育至大耳状幼体，第 9 天出现樽形幼体，第 11 天大量变为稚参，成活率 19.7%。研究表明，刺参的浮游幼体在 18 ℃～22 ℃发育正常，培育中应将水温控制在 20 ℃左右为最佳，而且换水前后的温差不要超过 1 ℃。

三、充气与搅拌

在静水培育条件下，刺参的耳状幼体多集中于水体最表层。在一般情况下，10 cm 水深处幼体密度已经很小，30 cm 以下的水层很少发现幼体的存在。由于耳状幼体密集于水体表层，常常会结团。在靠近池壁的最表层水体中，幼体结团现象尤其严重，甚至互相连接成长条状。这样耳状幼体所处的生态环境必然会急剧恶化。幼体集结于表层的现象,从初期耳状幼体开始,可以一直持续到大耳状幼体后期。这种现象可造成耳状幼体大量死亡或发育不良。因此,在幼体培育期间需要保证幼体能在整个池中均匀分布,通常采用充气或搅拌的办法,正常密度下每小时搅拌一次。用搅耙在池子的上、中层轻轻搅动水体,使幼体均匀分布。按培育池的底面积每 3～5 m^2 放一个气石,气量不能太大,应采取微充气的方法。因为气量过大,容易将池底沉积的污物泛起,对水质造成影响,同时容易发生气泡病,造成幼体的死亡。

四、饵料投喂

刺参幼体发育至初耳状幼体,消化道已经打通,即可摄食。刺参幼体的摄食方式是靠围口纤毛的摆动,形成一定的水流,悬浮在水中的单细胞藻类和其他微小有机碎屑随着水流通过口送入消化道中。育苗过程中,一般在幼体选优之后立即投饵。

(一)饵料种类

1. 单细胞藻类

首先选用的品种有盐藻、牟氏角毛藻。盐藻个体小,易于消化,适宜的繁殖水温为 20 ℃～25 ℃,与耳状幼体适宜培育水温 18 ℃～28 ℃吻合;角毛藻个体小、悬浮性强、细胞壁薄,幼体对其消化、吸收能力强。这两种单细胞藻类作为饵料,耳状幼体摄食后的消化吸收效果特别好,饵料进入胃内以后在极短的时间内,甚至不足 1 min 就能消化,透过幼体的胃已看不清楚完整的藻类形状。其次选用的品种有三角褐指藻、小新月菱形藻、中肋骨条藻等,这几种饵料都具有个体小、活动力弱、适宜高密度大面积培养等特点,而且饵料本身利于幼体的摄食,消化吸收效果也很好。金藻类(湛江叉鞭金藻、单边金藻、等边金藻等)被耳状幼体摄食后消化吸收效果较弱,大多数被排出体外。效果最差的是扁藻、小球藻、微绿藻等。刺参幼体的最适合单细胞藻类饵料为盐藻和角毛藻,可以一直单独投喂;湛江叉鞭金藻、单边金藻、等边金藻等品种短时间内可以使用,但不能长期单独投喂,尤其是刺参幼体发育到中耳状幼体以后;扁藻、小球藻、微绿藻等,在耳状幼体培育期间不适宜投喂使用,只能是在饵料紧缺时偶尔使用。另外,由于不同种类单细胞藻类混合投喂的效果要比单独投喂的效果好,所以在实际人工育苗中,可以盐藻和角毛藻为主,配合投喂一些其他种类的单细胞藻类,如三角褐指藻、小新月菱形藻、叉鞭金藻等。

2. 代用饵料

在育苗过程中由于气候变化、水质变化或敌害生物、原生动物的不良影响,有时候会使藻类无法正常培育和繁殖,幼体的饵料得不到足够的保证,严重时直接影响育苗工作的顺利进行。因此,在苗种生产过程中代用饵料是必不可少的,主要有海洋红酵母、面包酵母、大叶藻粉碎液等。海洋红酵母个体小,粒径一般 3～6 μm,面包酵母为 5～10 μm。这两种酵母悬浮性和浮游性都很强,在海水中的分布均匀不易下沉,投喂 24 h 后有利于幼体摄食。幼体摄食后酵母细胞在胃内分布均匀,消化正常。大叶藻粉碎液是将大叶藻粉碎后加以过滤的藻液,主要成分为大叶藻的有机物碎屑,发酵后由细菌和真菌分解释放的可溶

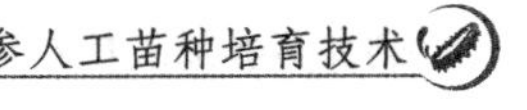

性胶性物质，以及细菌、真菌本身，都是幼体易于摄食、消化、吸收的饵料。此外，还有专用的人工配合饵料。

（二）投饵量

投饵在换水后进行，投饵后立即轻轻搅动池水，使饵料在池内尽量分布均匀。不同发育时期的耳状幼体，对饵料的需求量也不同。随着个体的生长、发育、摄食量的增加，投饵量也应相应增加。同一时期的幼体摄食不同品种的饵料，对饵料的数量要求也不同。投饵量的多少，对幼体发育、生长和变态有明显的影响，必须掌握好幼体饵料的投喂量。投喂单细胞藻类按培育水体计算投喂量，初耳状幼体日投饵 3～4 次，日投饵量 2×10^4 cells/mL；中耳状幼体日投喂 3～4 次，日投喂量 2.5×10^4～3×10^4 cells/mL；大耳状幼体日投喂 4 次，日投喂量 4×10^4 cells/mL。

投饵量的掌握还应根据当天检查幼体胃含物的具体情况进行适当增减。投饵前取样观察，胃内饵料较多、胃液色浓、胃形饱满；同时显微镜下观察培育水体内单细胞藻类的数量，一个视野 1～3 个，表明投饵量适宜，可维持原来的投饵量。若发现幼体胃内饵料量减少，胃液色淡或镜检观察难以发现培育水中的单细胞藻类，表示饵料缺乏，须适当增加投饵量。

投喂单细胞藻类还应注意饵料的质量，包括饵料培养浓度和原生动物的污染程度。一般三角褐指藻、小新月菱形藻的浓度在 2×10^6 cells/mL 以上，角毛藻、盐藻、金藻等的浓度在 1×10^6 cells/mL 以上。藻体要求无老化的，原生动物污染轻。若单细胞藻类饵料培养浓度过小，日投饵量超过培育水体的 5%，或者原生动物污染严重，显微镜下观察一个视野原生动物的数量达到 10 个以上，则说明饵料培育质量不好，尽量不要投喂，或者是少投喂。代用饵料的投喂，海洋酵母日投饵量为 2×10^5 cells/mL，面包酵母日投饵量为 10～15 g/m^3。投喂大叶藻粉碎发酵液需预先制备，方法是取 3 kg 左右的鲜大叶藻，粉碎后置于容积 150 L 注满过滤海水的水槽内，自然发酵 10 d 即可投喂。投饵时，将发酵液充分搅拌后经 300 目筛绢过滤，日投饵量 2 L/m^3。人工配合饵料按照说明书的要求进行投喂。

（三）投喂方法

以少投勤投为宜，一般每日分 4～6 次进行投喂，应对饵料的质量严格把关，避免投喂培育时间过长的老化的饵料，原生动物污染严重的饵料也不能投喂，否则会引起培育池内原生动物的大量繁殖，影响幼体摄食而发育不良。饵料投喂最好在日换水结束后，随着注入培育池的新鲜海水一起加进去。刚换完水时幼体在池中分散较均匀，随水加入的饵料分散到全池各处，幼体得到大致相同的摄食机会。也可注水后将饵料均匀地泼洒到池中，因幼体多集中于水的中上层，泼洒的饵料也多落于水的中上层，有利于幼体摄食。

五、水质的管理

（一）换水

在培育幼体过程中，幼体在水中不断地排出新陈代谢的产物并消耗水中的溶解氧，同时死亡的幼体和饵料等也会逐渐腐败分解，并释放出有害物质。培育水温较高，水中的细菌很容易大量繁殖；每天不断的投饵，藻液中会带入一些营养盐、饵料代谢产生的有毒物质。这些因素都会使水质持续恶化，影响幼体的正常发育、生长和变态，严重时幼体死亡，造成整个育苗生产的失败。只有每天更换新鲜过滤海水，才能保持培育池中水质的指标良好。一般幼体培育水体中的溶解氧要求在 5 mg/L 以上。

幼体刚刚选育后的 2～3 d 水质比较新鲜，个体也小，饵料投喂量较少而且积蓄不多、可采用添水的办法改善水质。开始培育池只加入 1/2 左右的海水，每天加入新鲜海水 10～15 cm 深（也可以分上午、下午两次添加）。等培育池注满水之后再开始换水，一般日换水早晚各一次，温度较低时可以日换水一次，每次换水量为池水的 1/3～1/2。也可以采取流水培育的方法，即从培育池的一端注入海水，同时从另一端排水，使整个培育池的水一直处于流动状态，只在投饵后停止流水 1 h 左右，但这种方法成本较高。无论哪种方法，在培育池池水更新过程中都应避免幼体的流失，尽量减少幼体损伤。

为避免换水时幼体的流失，应选用合适的筛绢作为网箱进行换水。网箱一般制成方形或圆形，可根据培育池的大小来确定网箱规格、太大操作不便，太小容易对幼体造成伤害。网箱应按所需尺寸固定在框架上，框架起支撑作用，一般用塑料管或钢筋焊接而成，框架的大小要略大于网箱的大小。筛绢的选用特别注意，即筛绢网目对角线的长度必须小于幼体的宽度。刚开始可以选用目数较大的筛绢，一般为 200 目，随着幼体的生长可以选用目数较小的筛绢。把网箱放入培育池中，应注意网箱上口应高于培育池的水面，使网箱只能进水、不能进幼体。然后从网箱的上部把口径 3～5 cm 的换水管插入网箱水中，用虹吸的方法将培育池内的水经过网箱排出池外。由于幼体的浮游能力较弱，很容易附在网箱的外壁上，吸力越大幼体附壁现象越明显，幼体往往因为挤压而死亡。因此，在换水过程中，必须不断轻轻搅动网箱内的水，以减少网箱周围幼体的密度。另外换水管排水口的位置不能比培育池表面低得太多，否则，因虹吸作用使吸力过大、水流太急，幼体容易附壁造成死亡和损伤；换水管进水口应放在网箱中央，不能靠在网箱内壁上。

流水培育的水交换原理基本相同，但池外需要设置一个控制溢水位的容器，或者在培育池壁上增设一个控制水位摇臂，以保持池内的水位，防止水位过高溢出或池水流出过多。也可采用过滤棒方式，即在一个多孔的粗聚乙烯管（直径 16～40 cm）的外面包上换水筛绢。其塑料管一段封闭，另一端接软橡胶皮管，过滤棒放于培育池底，将橡胶管的另一端留在池外，用虹吸法把池内的水通过过滤棒、软管排出。

培育前期，日进行两次换水，每次的换水量为培育水体的 1/3。培育后期日换水 2～3 次，每次的换水量为培育水体的 1/2，在具体培育过程中视水质情况可适当进行调整。流水培育由于流水时间长、流速缓，幼体贴附筛绢壁上的情况并不严重，能减少幼体的死亡率。培育前期日流水量可控制在 1 个量程左右，后期可增至 1. 5～2 个量程。

（二）清池和倒池

在幼体培育过程中，由于幼体的新陈代谢产生的排泄物、幼体的死亡个体、老化沉淀

的饵料、培育池中繁殖滋生的原生动物等，以及海水中带来的悬浮物质不断沉到池底，长期积累腐烂后容易产生有害的物质（如氨、硫化氢），败坏水质、滋生细菌。如不及时清除，会影响幼体发育，甚至导致幼体死亡，必须及时彻底清除池底的污物，可以采用清池和倒池的方法。

1. 清池

清池采用虹吸法吸取池底的污物，具体操作方法是将吸底管插到池底，用吸管将池底吸干净，一般 2～3 d 吸一次底。吸底时有可能吸走一部分正常幼体，在吸底管的出口应接网箱，用网箱收集吸底管吸出来的正常幼体。吸底完毕后将网箱中收集的幼体集中到一个干净的水槽中，使水槽中的海水静止一段时间，正常的幼体会浮游在水的上层。这时可将水槽中的上清液连同正常的幼体倒回培育池中，水槽中剩余的部分再沉淀澄清后，将上清液及幼体倒回培育池。反复几次，就可将吸出的幼体绝大部分收回到培育池中。在充气培育条件下，清底前应先停止充气，健康幼体会很快自动地上浮到水的表层和上层，此时进行清底将会大大减少幼体的损伤和损失。

2. 倒池

因清池的方法不能彻底清除池底的污物，所以可采用倒池的方法来彻底清除池底的污物。但是倒池往往容易对幼体造成伤害、影响成活率，所以一般不采用。当幼体因水质恶化而造成发育不良时，就必须倒池彻底更新水质。倒池法同初耳状幼体选优时的浓缩法类似，将培育池内的幼体通过虹吸等方法，转入加有新鲜海水的干净的培育池中进行培育。倒池的方法对幼体损伤比较严重，但可以比较彻底地更新水质。

在生产实际中采取哪种方法要根据实际情况来确定，如果培育池的水质比较好，可以采用清池的方法；如果水质比较差或幼体出现异常现象时，则可以采用倒池的办法来改善幼体的培育环境。

六、主要环境因子的控制

（一）溶解氧

保持在 5 mg/L 以上为好。以单细胞藻类为饵料培育的耳状幼体，通常不会出现溶解氧过低、严重影响幼体发育的情况，但在雷雨、闷热天气、气压低时，培育水中的溶解氧的含量就会下降。另外，使用代用饵料培育幼体时，也有可能因为溶解氧过低（2～3 mg/L）而导致幼体缺氧死亡。在这种情况下，应注意监测溶解氧的含量的变化，及时更新培育池的池水或进行充气。

（二）光照

育苗室内光线的强弱，对幼体的生长、发育有着比较大的影响，在幼体培育过程中应注意光线的控制。光照强度超过 2 000 lx 时，幼体具有背光性，会集中在池底，不利于幼体的生长发育；当光照强度低于 2 000 lx 时，幼体具有趋光性，会在培育水的上层和表层浮游。因此，在培育过程中应避免直射光的照射，室内的光线应当均匀而柔和，适宜的光照强度应为500～1 000 lx。

（三）盐度

刺参幼体适宜的海水的盐度为26. 2～32. 7。在适盐范围内，盐度越高幼体发育越快，盐度越低发育越慢。在育苗过程中当有大量降雨等淡水注入时，应注意监测海水的盐度，但当盐度过低应不换水或少换水，避免出现幼体的大量死亡。

（四）pH

幼体培育期间的pH应控制在8. 1～8. 3。

（五）混浊度

培育水体中悬浮粒子的混浊度，对幼体发育有明显的影响。混浊度在200 mg/L时，幼体发育迟缓，成活率低；150 mg/L时，幼体正常发育受阻，成活率下降；混浊度在100 mg/L和50 mg/L时，幼体发育、变态正常，成活率高。试验表明，幼体培育的混浊度不能超过150 mg/L，应为50～100 mg/L。

七、浮游幼体培育日常管理监测指标

耳状幼体是刺参整个生命周期中短暂的一个浮游生活阶段，幼体浮游一般需10 d左右，之后经变态发育为稚参，转为永久的底栖生活。在11～13 d幼体培育期间必须及时、定时用显微镜进行检查，一般各培育池每天至少应镜检一次，观察和掌握幼体活动、摄食、发育、生长、成活的情况，及时发现问题解决问题。从初耳状幼体到大耳状幼体一般需要经历7～8 d，同时也是幼体的病害易发期，耳状幼体发育正常与否，对幼体变态至稚参的成活率起着至关重要的作用。掌握了解耳状幼体的摄食、发育、生长情况尤其重要。耳状幼体发育是否正常，可参考以下监测指标。

1. 幼体体长增长

耳状幼体的正常体长，初耳状幼体为450～600 μm，中耳状幼体为600～700 μm，大耳状幼体为800～1 000 μm。耳状幼体体长日增长平均达50 μm即属正常，若增长明显低于50 μm则属不正常，应查找原因及时解决。

2. 幼体外部形态

耳状幼体左右对称，前后比例适宜。幼体臂随着发育而粗壮、突出、弯曲明显，否则畸形，幼体多夭折。造成畸形的主要原因：受精卵的质量不良；培育水体理化因子超标；管理操作不慎，尤其是换水时幼体贴附于网箱壁上，重者死亡，轻者容易导致幼体畸形。

3. 胃的形状

耳状幼体胃的外观呈梨状，形态丰满。胃壁薄而透明，胃内有饵料时胃液颜色较深，饵料不断由食道输入胃内。若胃壁增厚、粗糙，胃形狭窄，胃肠萎缩、不清晰则属不正常，应立即查找原因及时解决，否则胃将在几小时内发生糜烂。

4. 水体腔发育

初耳状幼体期在胃的左上方有一圆囊为水体腔。中耳状幼体期水体腔为拉长的囊状

并分为前、后两个腔，随着幼体发育后面的腔逐渐变成半环构造，围绕在食道周围。大耳状幼体体腔出现2～3个凹面，凹面向着食道，凸面向外侧。发育至大耳状幼体后期，出现指状五触手原基和辐射水管原基。水体腔发育迟缓或者不发育，属不正常。

5. 球状体的出现

幼体发育至大耳状幼体后期，身体两侧出现对称、透亮的5对球状体。

6. 樽形幼体

主要特征是5个指状的触手可以从幼体前端的前庭中自由伸出，之后触手发育是继续增多并呈树枝状分支。樽形和五触手幼体阶段持续时间不长，一般1～2 d。樽形幼体期不摄食，只要耳状幼体发育变态正常，樽形幼体和五触手幼体多数能正常变态发育至稚参。

第六节　稚参培育

幼体发育至大耳状幼体后期，水体腔出现五触手原基，体两侧出现5对球状体时开始变态。幼体臂极度卷曲，身体急剧收缩至原体长的1/2左右，逐渐变为樽形幼体。变为樽形幼体后的1～2 d，先是5个指状触手从前庭伸出，在相反方向的体后段腹面生出第一个管足，至此幼体发育为稚参，进入稚参培育期。稚参泛指从长出管足（即成为稚参）开始至体长为0.4～1 cm的出库苗。这一期间的培育称为稚参培育。

一、附着基

1. 附着基应具备的条件

稚参生活习性由幼体时期的浮游生活转变为附着生活，附着基是其重要的生存条件之一。选择附着基，应有利于稚参附着，便于观察、操作和管理；对稚参无毒性，不败坏污染水质；有利于增加单位水体稚参的附着面积；来源广、成本低。

2. 附着基的种类

幼体经五触手幼体发育到稚参后生活习性发生改变，由原来的浮游生活变为附着生活，附着基是稚参生存的必要条件。目前在刺参人工育苗生产中使用的稚参附着基，主要有聚乙烯波纹板、透明聚乙烯薄膜、透明聚乙烯筛网（30～60目）、旧网衣、扇贝笼等。

（1）聚乙烯薄膜框架。这是一种比较经济实用的附着基、薄膜需要有框架支撑，框架一般采用直径6 mm的钢筋焊接而成，框架规格可视培育池的具体情况而定。必须注意以利于水交换为前提，否则，会影响稚参的附着、成活和生长。一般采用焊接成100 cm×50 cm×80 cm的长方形框架，薄膜的长和宽应比框架的高和宽相应减少3～5 cm，薄膜间距5～7 cm，薄膜应与地面呈60°绑于框架上。

（2）聚乙烯板。聚乙烯板目前大都使用与鲍鱼采苗相同的采苗板及其框架。采苗板长40 cm、宽33 cm，厚度0.5～0.8 mm，波纹的波高1～1.5 cm。组装采苗板的框架有筐式及折叠式两种，每个框架均可组装采苗板20片。附着基在投放前必须要进行彻底常规的清洗与消毒处理。如果是新附着基，表面易带有油渍等污物，必须清洗干净。用 0.5‰～1‰的氢氧化钠溶液将采苗板浸泡 1～2 d；或者用洗衣粉浸泡后，用清水反复冲洗，彻底清除污物。若是已经使用的旧附着基，一般可用高锰酸钾浸泡并清洗，最好使用青霉素、土霉素等彻底消毒处理后再使用。研究表明，附着基选择波纹板附着基平放的效果较好，附着量为 1～2 个 / 平方厘米。竖放效果次之，附着量为 0.5～0.6 个 / 平方厘米；塑料薄膜片效果最差，附苗量为 0.3～0.5 个 / 平方厘米。由于塑料薄膜片平吊在水中，在水中会不时动荡，加上换水时的冲击，塑料薄膜片平滑又轻，稚参容易脱落到池底或爬到池壁上，饵料生物的附着量也不多，所以附苗效果不佳。

表 2-1　不同材料附着基稚、幼参附着密度和成活率

稚、幼参平均体长（mm）	稚、幼参附着密度（个 / 平方厘米）		
	聚乙烯薄膜附着基	聚乙烯波纹板附着基	筛网（60 目）附着基
2～3	0.12	0.11	0.15
5～6	0.04	0.05	0.10
9～12	0.015	0.01	0.03
成活率（%，2～10 mm）	9.5	10.1	20.0

应用时可根据情况选用不同的附着基。从使用效果看，筛网的附苗效果较好，具有透水性好、饵料不容易滑落、参苗附着密度大等优点，而且参苗生长快、均匀，成活率也高。

3. 底栖硅藻附着基

研究表明，有底栖硅藻等稚参饵料的附着基，稚参附着数量明显增加。因此，有条件的育苗场在附着基投放前，可以预先在附着基上繁殖好底栖硅藻。底栖硅藻的培养方法有，预先保留在采苗板上，或把培育池池壁上的底栖硅藻作为藻种。如果室内没有底栖硅藻种类，在接种前需捞取自然海区生长的马尾藻、鼠尾藻等，涮洗其表面附着的附着性硅藻类后作为藻种。接种前先将采苗板用框架组装好，将采苗板呈水平方向摆放于培育池中。为了节省藻种，提高接种浓度，也可以将采苗板绑成捆接种，接种后再装架培养。具体做法是将采苗板一纵一横交叉叠放，每 40～60 片绑成一捆，再按采苗板呈水平方向摆放于培育池内接种。接种前应先对培育池及其中的采苗板等进行常规清洗消毒，再注入新鲜过滤海水。为提高藻种浓度，海水的注入量不要太多，以刚刚浸没上层的采苗板为宜。接种前藻种须先用 300 目的筛绢网过滤两次，再将藻种均匀地向培育池内泼洒，边泼洒边用搅耙搅拌池水，使藻种分布均匀。接种后要静止 24 h，待藻种充分附着于采苗板的上一面后，再将采苗板翻转，另一个面向上，用相同的方法再接种一次，使采苗板的另一面也有硅藻藻种附着。再过 24 h 后将采苗板垂直摆放，补加新鲜海水，并加入营养盐转入常规培育。成捆接种的采苗板，需在第二面接种后再经过 3～5 d，待藻种基本附着牢固后，方可装框进行常规培育。

4. 附着基的投放

附着基投放的时间要适宜，投放过早会使幼体在水中的分布不均匀，影响幼体的发育

变态;投入太晚,部分五触手幼体和稚参已经沉底,会减少附着基上稚参附着的数量,达不到采苗的目的。一般情况下,当出现少量的樽形幼体时,应在池底铺放聚乙烯薄膜,承接落向底部的稚参,第二天就应投放附着基。通过几年的育苗实践,附着基及附着片应采取平倾、斜放,倾斜 60°为宜。这样稚参大部分附着在附着片的上面,另一面的附着量较少。另外,附着基有一定的倾斜度,投下的饵料不会被上面的附着片截留,可以使饵料均匀地落在各个附着面上,受光的效果也好。

二、稚参的附着密度

稚参营附着性生活,以口周围的触手黏着基质上的底栖硅藻和其他有机碎屑为饵料,需要一定的面积和空间来满足其活动和摄食要求。确定适宜的稚参附着密度,是提高稚参成活率和苗种育成的重要技术环节之一。如果附着密度过大,稚参的活动空间相对就小,稚参因不能摄取足够的饵料而不能保证其正常的生长发育,生长速度也会降低,导致稚参死亡的增加;附着密度过低就不能充分利用水体和饵料,单位水体的出苗量会降低,直接影响育苗生产的经济效益。根据试验观察,稚参的移动性很小,活动及索饵范围极为有限,0.5～1 mm 的稚参在 800 lx 的光照下,移动速度仅有 0.6～3.8 mm/h。附着密度过大,由于饵料不足等原因极易造成稚参死亡,这是出苗量不高的主要原因之一。试验表明,随着稚参附苗密度的增加单位面积的出苗量会逐渐减少,适宜的附着密度应控制在 1 头/平方厘米。控制稚参培育数量最简便和有效的方法,是控制好耳状幼体的投放密度或在樽形幼体期进行数量调整,使附着稚参密度在要求的范围内。

三、稚参饵料品种及其培养和加工方法

刚变态的稚参活动能力较弱、触手短,如果不能及时满足饵料的需要,会造成大量死亡。目前作为稚参的饵料品种,主要有底栖硅藻、鼠尾藻粉碎滤液和人工配合饵料及海泥。

1. 底栖硅藻

(1) 底栖硅藻是初附稚参的最佳饵料。附着基上的底栖硅藻不仅有利于稚参的附着,明显增加稚参的附着量,提高稚参的成活率,而且也是稚参适宜的饵料品种。底栖硅藻品种繁多,品种间的饵料效果有明显差异。试验表明,以舟形藻的饵料效果为最好,在舟形藻中尤以小型的种类为好。在有条件的育苗场,应该提前尽可能地进行底栖硅藻的培养,让刺参幼体直接附着在具有底栖硅藻的附着基上,不仅可以提高幼体的附着率,而且可以明显提高稚参培育期间的成活率。

(2) 底栖硅藻的培养应在采苗前 45～60 d 进行。在接种饵料前要彻底清除板面和框架上的污物,方法是用 0.5‰的氢氧化钠溶液浸泡 1～2 d,然后用清水反复冲洗干净。接种用的底栖硅藻来源:海区挂附着片,即在海区浮筏上可因地制宜地悬挂各种类型的附着器,如聚乙烯片、聚乙烯薄膜或贝壳等,7～10 d 后取回冲洗,除去基面上的污物、杂质。将附着于基面上的一层黄褐色底栖硅藻留下,进行培养、分养或接种。刮沙淘洗过滤,即刮取海滩表层厚 0.5 cm 左右的细沙、油泥,经海水多次淘洗过滤。其海水中含有硅藻,在培

育池中注入自然海水，然后投放附着器和营养盐，经培养后获得硅藻。使用经过提纯培养的藻种，直接接种培养。到海区捞回鼠尾藻洗刷，取得硅藻。

（3）将洗刷干净的采苗板一片片交叉重叠绑成捆，紧密排列平放于池内，加入适量的新鲜海水浸没为宜。然后将浓度很高的藻种经 300 目筛绢过滤 2～3 遍后，倒入培育池内，充分搅拌均匀静止不动，第二天将采苗板（捆）轻轻倒置，再用同样的方法接种菜苗板的另一面。第三天即可将菜苗板装入框架，并把框架有序排列于池内进行培养。采苗板与水流呈平行方向，这样可使波纹板能够均匀地接受光照，有利于底栖硅藻生长繁殖；另一方面有利于水流畅通，聚乙烯薄膜框架也可用此法接种培养底栖硅藻。

（4）饵料接种后光照强度以 1 500～2 500 lx 为宜，避免直射阳光和强散射光。饵料培养期间若有条件升温，可将水温保持在 10 ℃～15℃，并定时或连续充气，这样做对底栖硅藻的生长繁殖非常有利。经常上下倒转采苗板或颠倒框架，可以抑制绿藻的繁殖，使饵料生长均匀。培养期间每周换水两次，每次换水量为总水量的 1/2 左右。换水后应根据换入的水量，相应补充氮、磷、铁等营养盐（表 2-2）。

表 2-2　硅藻培养用的营养盐及其用量

营养盐名称	每立方米海水施用量（g）	浓度（mg/L）	备注
尿素	20～40	10～20	选用一种
硝酸钠	60～120	10～20	
磷（磷酸二氢钾）	4.4～8.8	1～2	
硅（硅酸钠）	4.4～8.8	1～2	选用一种
铁（柠檬酸铁）	2.9～5.7	0.5～1.0	

在饵料培养过程中，往往会出现桡足类的大量繁殖，如不及时清除，会导致培养的饵料死亡。在培育池中加入清除药品，24 h 即可全部杀灭干净（对底栖硅藻生长并无损害）。然后进行彻底清池换水，再重新加上营养盐。在附着基投放稚参附着前，也可使用药剂清理。底栖硅藻作为稚参饵料，也存在一些技术问题。首先是饵料的补充问题，在苗种生产过程中，往往出现底栖硅藻的繁殖速度满足不了稚参的摄食需要，出现稚参饵料短缺现象，另外，稚参培育期间，底栖硅藻在附着基上的培育繁殖受自然条件影响大。即使是底栖硅藻纯种接种，1 个月后附着基上的底栖硅藻品种也会混杂，而且往往接种时的优势难以保持，导致稚参难以摄食，影响稚参的成活和生长。因此，在今后的育苗生产中，必须彻底解决底栖硅藻补充供应和效果良好的优势种保持问题。

2. 鼠尾藻粉碎滤液

在没有条件能够预先培养底栖硅藻的情况下，或者即使培养底栖硅藻，但随着幼体的长大底栖硅藻也将很快被吃掉，此时需要其他饵料的补充和取代。试验表明，鼠尾藻粉碎滤液耗氧低，对水质影响轻，稚参喜欢摄食且生长成活较好，完全能够满足稚参对饵料质量和数量的要求。以鼠尾藻粉碎滤液为饵料与以底栖硅藻为饵料相比，可以节省大量的底栖硅藻培养设施，明显降低生产成本。同时鼠尾藻自然资源比较多，易收获、易收集、加工简单、使用方便，干、湿均可加工使用。取干或湿的鼠尾藻先剁碎，再经饲料粉碎机粉碎，重复粉碎2～3次，成为藻液。然后以SP56号筛绢过滤，弃去藻渣，取其藻液用于投喂。

四、人工配合饵料

人工配合饵料具体配方不尽相同，但主要成分相似，是以陆、海植物粉末为主，配以动物蛋白及其他成分。稚参配合饲料，主要原料为鼠尾藻粉、螺旋藻粉、脱脂鱼粉、中草药、复合酶、复合维生素、微量元素等，主要成分为蛋白质、海藻多糖、β-胡萝卜素、多种维生素和多种微量元素。稚参配合饲料的大小在200目以内，适用于小于2 cm的稚参使用，日投喂量按照5～40 mg/L，并添加1～2倍的海泥，混合后分2～4次投喂。

五、稚参培育管理

稚参的培育方式主要有两种，稚参附着以后自始至终在原来附着基上培养；初附稚参培养一段时间后，将其剥离原附着基，转移到另外的培育池中进行培养。

1. 稚参的培育

培育一直在原幼体培育池培育，或者与原幼体培育池结构相同的同池内和同附着板上进行。当幼体全部变态发育至稚参后，一般是在投放附着基后的25～30 d，稚参连同附着基一起倒池一次，倒池后由原来的平斜放置方式改为垂直放置。同时将原池底聚乙烯膜上附着的稚参剥离重新布置到附着基上，进行流水培育。日流水量随着培育时间的延续、稚参个体的生长、投饵量的增加而逐渐增多。一般前期日流水量控制在1～2个量程，后期日流水量增至3～4个量程为宜。在通常情况下，流水时充气也可不进行。当水质条件有恶化、水交换量达不到要求时，则应适当充气。充气时掌握充气量不应过大，一般可控制在每小时为30～40 L/m^3。

投饵日进行两次，以鼠尾藻粉碎滤液和人工配合饵料为主，投喂前应充分浸泡。投喂时人工配合饵料和鼠尾藻粉碎滤液要搅拌均匀，而且要均匀泼洒于培育池内，切不可将大量饵料倾入培育池的局部，造成培育水质微环境的恶化，导致稚参死亡。另外，每次投饵后应停止流水2～3 h，以免饵料随流水流失。鼠尾藻投喂量随着稚参个体的生长而增加。稚参体长2 mm以内，鼠尾藻投喂量为20～50 mg/L；稚参体长2～5 mm，日投喂量为50～100 mg/L；稚参体长5 mm以上，随着生长日投喂量由100 mg/L逐渐增加到200 mg/L。

残饵和粪便以及培育水中的其他污物，随着培育时间的延长而逐渐增多，大量沉积容易败坏水质，使培育环境恶化。为了保持水质，在稚参培育过程中需倒池数次，一般3～4 d倒一次池，40 d左右更换附着基一次。倒池时，将原附着基原样移到新培育池，也可以将附着基上的稚参分别移到不同的附着基上，依其大小进行分类培育。分类培育可以明显提高稚参的成活率。

2. 培育可分成前期和后期两个阶段

分别采用不同的方式进行培育。前期培育方式、培育池的结构以及日常管理同第一种方法一样。当稚参生长至体长2～3 mm后转入稚参的后期培育。后期培育以窄、长、矮的培育池为宜，一般长×宽×高为700 cm×100 cm×60 cm（同鲍鱼育苗池），或者利用其他苗种培育池，注意水深控制在1 m以内。将稚参从原附着基上剥离下来，一般用不同目数的筛子将不同体长规格分类，分别移至不同的培育池内进行流水培育。稚参的培育密度，随着个体的增大而稀疏，体长2～3 mm为（2～3）$\times 10^4$头/立方米，4～5 mm为（1～2）$\times 10^4$头/立方米，8～10 mm为（0.5～1）$\times 10^4$头/立方米，15～20 mm为（0.3～0.5）$\times 10^4$头/立方米。随着个体的生长，日流水量由日2个量程逐渐增加到3个量程，有条件的可增加到4～5个量程。饵料以人工配合饵料和鼠尾藻粉碎滤液为主，人工配合饵料日投喂量为稚参体重的6%～10%。由于大量投喂人工配合饵料，同时又处于高水温期，残饵和粪便很容易腐败分解导致水质恶化，所以要加强清池和倒池。一般每3 d清除池底一次，将残饵和粪便排出池外，每10 d左右倒池一次，彻底清底。

上述培育方法在培育期间应经常注意调整流水量，平时特别是在清底后注意保持水位，避免因水位下降而导致稚参长时间干露死亡。倒池、剥离、清池时应精心操作，尽量避免机械损伤。此外，在培育过程中要经常观察稚参的生活状况，掌握生长情况。观察是否有大量桡足类滋生，及时或定期进行清除消灭。尤其是在稚参的培育前期须仔细观察，否则，将造成巨大损失。另外，由于稚参附着培育时间较长，又正值高温季节，细菌的繁殖在所难免，必要时应及时施加抗生素，抑制细菌大量繁殖。

六、稚参培育环境的控制

1. 水温

水温对稚参的生长发育和成活有极大的影响。水温24 ℃～27 ℃，稚参生长迅速，经1个月培育平均体长可达5～6 mm。试验证明，稚参生活的适宜温度为24 ℃～27 ℃。随着生长稚参生活的适宜水温也在逐渐下降。体长2 cm的幼参适宜水温为19 ℃～23 ℃，生长的最佳水温为19 ℃，在该温度条件下摄食率为18%～35%。体长5～15 cm的幼参，生长的适宜水温为13 ℃～17℃。

2. 光照强度

稚参对光照强度的变化反应不灵敏，但是长时间的光照过强，容易导致稚参死亡。为了便于附着基上底栖硅藻的繁殖，适当提高室内的光照强度是可行的，一般可控制在2 000 lx以内为宜。

3. 盐度

要求盐度在29～33。体长0.4 mm的稚参，在水温15 ℃、盐度25以上时未见有死亡，在盐度20以下出现死亡个体；在水温20 ℃～25 ℃、盐度20以上时无死亡个体出现；水温15 ℃，体长0.4 mm的稚参可耐受盐度为20～25，体长5 mm稚参可耐受盐度为10～15，幼参为15～20；水温在20 ℃以下时，水温越高对低盐度的抵抗力就越强。

4. pH

在正常情况下，培育海水的pH一般在7.9～8.4，稚参对pH的适应范围比较广。当

pH降至6以下时或者上升至9以上时，稚参则收缩呈球状，发生死亡。当pH及时调整恢复到正常范围后，稚参仍能恢复正常。

5. 溶解氧

稚参培育水体中溶解氧的含量应维持在4～5 mg/L。当溶解氧降至3.6 mg/L以下时，稚参开始出现缺氧反应，身体萎缩，附着力减弱，容易从附着基上脱落下沉到池底，缩成球状或腹面朝上、伸长，呈僵直状态、在缺氧状态下，溶解氧降至3 mg/L，也容易导致稚参死亡。当溶解氧降至1 mg/L、水温26 ℃～29 ℃时，稚参出现大量死亡，说明这是稚参的致死溶解氧量。稚参培育期间，正值一年中的高温季节，海水中原生动物大量繁殖生长造成耗氧量大，加之水温高，溶解氧的饱和量降低。尤其是投喂鼠尾藻粉碎滤液和人工配合饵料，也容易发生分解消耗溶解氧，易导致培育水体中的溶解氧量的明显下降。因此，稚参培育期间，必须密切注意培育水的交换及充气。

七、稚参秋冬季度培育管理

（一）秋季刺参培育防病管理技术

进入秋季，水温逐渐下降，温差大，易导致应激反应，刺参抗病力和代谢能力下降；培育水体中氨氮、pH等容易出现超标现象，引发刺参中毒现象并可能引发幼苗及体弱苗种病毒、细菌感染等。

1. 主要病症表现

刺参苗吐肠，身体僵硬，发黑。摇头，扭曲，收缩，苗种发白，甚至化皮。

2. 预防措施

重在水质管理：注意水质观测，定期投微生物净水剂净化、平衡水体水质，抑制有害菌繁殖，从而避免病害。使用抗应激类药物拌料饲喂，增强抗应激、抗病能力，促进营养平衡吸收。

3. 治疗方法

如因水质超标或出现病害迹象，可加量投放微生物净水剂，每天1次，连续3～5 d。并在治疗期间加大拌料原液浓度。一般来讲即可抑制病害发展，逐渐治愈。如已经出现病毒感染引起的化皮现象，可选用抗菌抗病毒类药物连续使用3～5 d。注意水质观测，及时使用微生物净水剂恢复水质。病害防治，重在“防”，一旦出现严重病害再采取措施，就算能够遏制，但损失也不可能全部避免，注意日常管理，最为关键。

（二）冬季刺参培育特点及管理方法

每年11月至次年3～4月，为冬季培育期，此期间温差大，易造成应激反应；成本高，换水量受到限制；容易因为病毒和细菌混合感染，引发肿口、吐肠、化皮等病害。“冬季保苗、重在预防”。

越冬管理技术包括以下三方面。

1. 控制参苗密度

保持合理的密度是提高参苗成活率的关键措施，参苗 10 mm 左右时，培育密度应控制在 1×10^4 头/立方米以内。随着个体的增大，不断降低培育密度。每次倒池时，捡出部分大苗到另一个池中暂养越冬。

2. 投喂饵料

投喂的饵料以海泥为主，配合饵料为辅。日投喂饲料量为参苗体重的3%以内，海泥与配合饲料比例为(3～4)∶1。日分早晚两次定时投喂。投喂时要注意投放在附着基上，观察摄食情况，增减投喂量。

3. 水质管理

(1) 换水每天上午进行，视水温的高低决定换水量，一般为1/3～1/2，用于改善水质，调节水温。

(2) 由于越冬培育水温较低，所以每 7 d 左右倒池一次，先将附着基连苗移到准备好的越冬池中。之后放水，同时冲洗附着在池壁及池底的参苗，使之随水排出池外，用合适目数的网袋收集参苗，清洗干净后，将参苗均匀泼洒到新的培育池中。对原池彻底清理消毒后再用。

水质的管理方法及注意事项如下：一是水温调控。10月末根据水温情况应开始缓慢升温，升温过急、过大均容易引起不良反应。6 000 头左右大小的参苗，建议升温至 16 ℃～17 ℃。2 000 头以内的参苗，温度可在 14 ℃～15 ℃饲喂。二是饲喂量的控制及饵料处理。饲喂量不宜过大，日投喂量最好控制在参苗体重的2%左右。尤其12月～翌年3月参苗的抵抗力相对较差，饲料中适当添加复合维生素及微量元素，可有效地提高参苗的抗病能力，并促进增长。三是水质管理。及时检测水质指标（主要是氨氮、亚硝酸盐），以此为依据，适当调整换水量；定期投放适量微生物净水剂进行水质、底质改良，冬季水温低，微生物分解有害物质的活动能力相对下降，切忌已出现如池底腥臭味或参苗出现不适反应时再采取措施。四是定期消毒。可适当定期使用消毒药剂进行定期消毒。

第七节　苗种中间育成

当年繁育的刺参苗，经过一段时间的室内培育，当体长达到 1 cm 以上，体色已发生变化，即由原来半透明变为棕褐色、赤褐色或淡绿色后，再经过室内或海上人工设施继续培育的过程，称之为苗种的中间育成，俗称“保苗”。经过中间育成的幼参个体较大，对环境的适应能力强，增养殖成活率明显提高。

一、刺参室内中间育成

当刺参苗达到 0. 5～1 cm 时，用软毛刷或排笔将其剥离并重新附着于波纹板上，将波纹板框架按 45°～60° 夹角放入育苗池中进行流水培养，密度控制在 0. 2～0. 5 个/平方厘米。也可利用 10～20 目聚乙烯网制作成内置黑色波纹板的网箱，吊挂于水池中，网箱的大小视具体情况而定。无论哪一种方式，均应随着稚参个体增大而逐渐降低放养密度。在中间育成过程中，需要及时补充饵料，饵料主要是投喂刺参配合饲料、鼠尾藻磨碎液或藻粉等，并且很多单位还搭配适量的鱼粉和维生素。当海水温度下降到 10 ℃以下时，还可利用现有的地下海水井（温度多在 13 ℃～18 ℃）将培养水温控制在 10 ℃以上，最好控制在 15 ℃左右，以提高参苗的生长速度，提早达到养殖或放流规格。

（一）场址的选择及建设要求

刺参育苗保苗培育大棚应建在靠近海边、地势稍高的地方，以方便抽取海水、排放废水。选址要求是交通方便、海水清新、风浪小、无污染的海岸。大棚为东西走向，棚顶盖草帘、塑料布及毛毡，利于遮光保温。一般大棚建筑面积 1 000～2 000 m^2 不等。大棚内水泥池为长方形，长宽比为5:3，池深1.3 m左右，每池有效水体为20 m^3左右，便于操作管理。与大棚配套的设施包括锅炉、充气系统、进排水系统、海水井等。

（二）水质要求

1. 盐度

体长 4 mm 的稚参适应盐度的下限为 23 左右，稚幼参发育适宜盐度为 26～32。刺参保苗时间正处于夏季多雨季节，很容易在短期内造成盐度急剧下降，尤其是一些靠近河口的大棚和受上游淡水影响较大的海水井，雨季要经常测量海水盐度，避免因抽入低盐度海水而造成保苗损失或失败。

2. 水温

刺参在自然海区内 20 ℃以上即进入夏眠状态。稚参的最适生长温度为 22 ℃～24 ℃，长期处于 29 ℃以上则停止生长、甚至大量死亡。调控水温的主要方法是利用地下海水进行调节。

3. 水质

稚参培育正值高温季节，海水中的溶解氧量降低，原生动物、微生物、桡足类等大量繁殖，水质条件不稳定，所以稚参培育初期最好要用沙滤水。

（三）稚参苗购进及暂养

1. 稚参苗的购进

应选择附苗量均匀、规格整齐、镜检无畸形、无病变的稚参，体长最好为 5～8 mm。一般采用干运法，将剥离附着基的参苗经清洗干净后，经过沥水用筛绢网袋或塑料袋包装，每个塑料袋不能包装太多，一般控制在 2 kg 以内，高温期间加冰降温，加冰不能直接与包装袋接触。运输时应避免光照，防止风干，以利于提高保苗成活率。由于稚参个体小、抗风干能力差，为保证成活率，一般就地购苗，离水时间控制在 6～7 h 以内，避免长途运输。

2. 稚参苗的暂养

稚参苗入池前，池子必须进行消毒杀菌，新水泥池还要进行浸泡，防止 pH 升高。稚参苗入池水温温差要控制在 2 ℃以下（育苗池与保苗池），盐度差要控制在 3 以内。

（四）稚参到幼参阶段保苗期间管理

1. 控制保苗密度

保持合理的密度是提高保苗率的关键措施之一。一般体长 5～8 mm 的稚参每立方米水体保苗密度不能超过 3×10^4 头。随着个体的增大要不断降低密度，否则，密度过大稚参在附着基上活动空间减少，不能吃到足够的饵料，造成稚参营养不良、生长缓慢、死亡率增加。正确的疏苗方法是将附苗密度过大的附着基在水中冲刷，然后将冲落的参苗转移到新的附着基上。

2. 投喂合适的饵料

保苗初期以投喂新鲜海泥加稚参配合饲料为主，后期可采用干海泥浸泡后加配合饲料的方式投喂，日投饵 2～3 次，日投喂量一般在 20～30 g/m^3，随着参苗个体的增大和培育密度的降低，可以按照参苗体重作为投饵的参数，一般日投饵量控制在参苗体重的 6% 以内。随着参苗个体变大，在水温 15 ℃时，可日投喂 2 次，日投喂量在参苗体重的 2% ～3%。水温低于 5 ℃时不投饵。

3. 水质管理

夏季高温季节日换水 1～2 个全量，有条件的最好长流水；冬季日换水 1/3～1/2 个全量。夏季高温季节 3～4 d 倒池 1 次，冬季 7 d 左右倒池 1 次，倒池后要进行严格的消毒处理方可使用。水温是保苗期间最重要的环境因子，必须加强调控。在夏季要盖好草帘，减少棚内光照，降低气温。冬季要做好保温措施，有条件的可加装取暖设备，也可在阳光充足时拉开草帘，增加光照，提高棚内温度。另外，要有塑料大棚预热池，提前对海水进行预热，避免连续风雪天水温过低。无海水井的地区，应备有锅炉等加热设备以便调节水温。

二、室外池塘中间育成

1. 池塘要求

利用临海能自然纳水的虾池或在高潮区围堵水池进行刺参养殖，池塘均要保证 1. 5 m 以上水深和投放瓦片、石块等，投放时要求尽可能增加堆积物间的缝隙，以便于刺参苗藏匿隐蔽。有条件的情况下，池内最好移植海带、裙带菜、鼠尾藻等大型海藻，为刺参苗创造一个良好的栖息和摄食场所。在适当的时机，可酌量施加肥料（最好以挂袋方式施用生物有机肥），繁殖单细胞藻类及底栖硅藻。池子应设闸门，闸门处分设二层 10～60 目的筛绢网，防止刺参苗逃逸或进水过程中敌害生物进入。

2. 投放密度

体长 3 cm 左右的刺参苗，投放密度为 30～40 头 / 平方米。放苗时要求均匀，防止刺参苗过于集中而影响生长速度。

3. 调节水质

平时应根据水色及时通过闸门进排水，若水质急剧恶化，应该及时利用水泵抽提水改善水质。另外，池内要及时补充饵料，如投喂人工配合饵料、鼠尾藻等。冬季海水结冰的海区应注意尽可能纳水，以保证冰下有 1 m 以上的水层，防止刺参苗冻伤，甚至冻死。若长期水面结冰，应该打冰眼补充水中的溶解氧。9 月底至 10 月初，体长 2 cm 以上的刺参苗，剥离并计数后投入池内。投放参苗时间应选择早晨或傍晚，这样有利于刺参苗很快在池中找到附着场所。到翌年 4～5 月，经半年左右的中间育成，幼参体长可达到 6 cm 以上，成活率为 60%～70%。利用池塘进行刺参苗的中间育成，要经常检查并清除敌害生物；由于养殖池塘体积较小，应防止淡水的大量注入，使养殖水体盐度急剧下降，造成刺参苗的大量死亡。

三、内湾笼式中间育成

以不投饵为条件的刺参中间育成，必须在有机物和浮泥能够较容易沉积于育成笼的泥底内湾进行。该处必须是风浪较小，有机悬浮物较多。所用设施为改良的中间育成笼，金属框架规格为 60 cm×60 cm×30 cm，外包网目为 1.4 mm 的网衣，笼内铺设黑色的波纹板。我国北方中间育成正值冬季，因此，育成笼应在水面 3～4 m 以下或沉于海底，不要设在表层，以免因受冻而使刺参冻伤死亡。此时可减少投饵次数，但每次的投饵量则应适当加大，因为在低温下饵料即使有剩余一般也不会腐败。在育成期间要根据水温及风浪情况调节水层，在春季到来之后要加强管理，要及时清洗网笼，避免网眼堵塞，同时要及时清除杂物。刺参苗经中间育成，个体长到 5～6 cm 进行分笼，并转入海上养殖。

海底中间育成虽然比较简单并且成活率较高，但由于是在海底培育而难以经常性观察，场地的选择也常常受到条件的限制，具有一定的局限性。

研究表明，每笼放养 300～400 头，经过 5～6 个月的中间育成，体长可达 5 cm 以上，成活率 80% 以上。苗种减少的原因可能是由于机械损伤或从网缝中逃逸，严格检查网衣可在育成中减少其逃逸的可能。

四、海上筏式中间育成

1. 所用器材及养殖密度

塑料养殖筒，直径 25 cm× 高 60 cm，或直径 30 cm× 高 70 cm，两端用 20 目网衣封口，每筒 100 头；塑料网箱，20 cm×40 cm×40 cm，网衣为 20～24 目，前期 500 头 / 箱，后期 250～300 头 / 箱；鲍鱼养成笼，直径 60 cm，12 层，每层 100～200 头，吊挂水层 4～5 m。每周投喂一次配合饲料，投喂量为 25 克 / 箱（笼），投喂时注意把封口或缝合线扎好。

2. 中间育成

筏式中间培育过程中，要注意塑料养殖筒的透水性能差，在海水混浊度大的海区容易发生淤泥堆积，造成刺参苗的死亡。塑料网箱具有附着面积较大、容易管理和投饵、使用期长等特点，是较好的养殖器材。鲍鱼养成笼具有透水性能好、易于管理、养殖密度大等优点，但成本高，可在有条件的单位使用。另外，这 3 种养殖器材在养殖过程中，均应该注意由于外套的筛网孔径较小，容易被海鞘等附着生物附着而堵塞网眼，造成网内水流不畅刺参苗死亡。需要定期检查及时洗刷筛网，并且根据刺参苗的大小更换适宜的网目。

五、露天池塘网箱中间育成

1. 培育特点

该方法简便、生产成本低，培育出的参苗体质壮、抗病力强，近似野生苗种，深受养参单位的欢迎。

2. 水质要求

池塘基本条件满足大生产的池塘面积不小于 0.5 hm^2。利用以前的露天养虾池清淤后改造成养参池塘，水深 1.5～2 m，沙泥底质，进排水系统完善，水质清新无污染，符合二类以上渔业水质标准。换水能力具备日交换量 0.5 个量程以上，池水盐度 20 以上。

3. 培育器材浮动网箱

规格为宽 2～3 m、长 4～6 m，深度掌握在池水最低水位时箱底不触底为宜。网箱壁网目前期使用 30 目，中期使用 15～20 目，后期使用小于 15 目。网箱底网目为前期使用 40 目，后期使用 30 目，材质为聚乙烯或尼龙。网箱框架是用圆木、竹竿及浮绠做成，框架尺寸大于网箱面积，网箱系挂在框架内侧，网箱上缘高出水面 20～30 cm 即可，网箱框架上等距离平行设置若干条系结的直径 8 mm 聚乙烯绳，用于挂放保苗笼或网片。四角设置 4 个直径 60 cm、长 80 cm 的圆形泡沫浮子，为浮动式。网箱上缘系于框架上，底部四角用坠石牵坠。网箱底距池底 20～50 cm，用浮绠定位（在池塘底部横向间隔设置若干固定点，用聚乙烯绳与浮绠相连，利于网箱定位）。

4. 技术要点

（1）稚幼参规格。一般选用变色率在 20% 左右的稚幼参（4×10^4～6×10^4 头 / 千克）。投苗时机应掌握在育苗场水温与池塘水温基本相同时进行。如果是急于用育苗池，稚参匍匐后 10 d 至变色率达到 5%～10%，都可以择机出池，放入网箱内培育。

（2）运输方法。一般采用干法运输。在育苗场将稚幼参刷下，冲洗干净、沥水后装入塑料保温箱中，封盖降温（10 ℃～15 ℃）运输。运输时间一般不超过 4 h 为宜，整个包装运输过程中严禁与油污接触。

（3）放苗方法与密度。刺参苗运至池塘后，立即加入海水清洗使之完全伸展苏醒后，均匀撒在保苗笼或网片的顶部（保苗笼提前每层装有适量网片），让其自然下落爬行。首次投放稚幼参的密度，掌握在 1 000～3 000 头 / 立方米为宜。

（4）网箱管理。由于网箱网目较小，易被附泥、杂藻等堵塞，发现堵塞时采取冲刷措施，保证网箱内外水体的良好交换。在高温期，网箱上方 1～1.5 m 处设挂一层黑色聚乙烯遮阳网，最高光照强度不超过 2×10^4 lx，以减少强光刺激和大型绿藻滋生，利于稚幼参垂直分布均匀。

（5）饲料投喂。在培育过程中，应适时适量投喂稚幼参专用人工配合饵料，投喂量为在摄食结束前无腐败变质现象为准，投喂间隔时间为残饵量在 5%～10% 时为宜。

（6）稀疏密度和换箱。随着参苗的不断增长，应适时稀疏保苗密度，稀疏密度一般掌握在减半的程度为宜，即一箱分为两箱，再增添原数量的附着基。换箱和稀疏密度同步进

行，新换用网箱的网目比原网目要大，以不跑漏苗为准。随着培育期的延长，参苗个体规格出现明显的差异。在高温期过后应进行分规格培育，即将参苗冲下、过筛分类、分箱培育。

（7）日常巡查。参苗入池后要经常检查网箱有无触池底、破损，箱内有无较大的鱼、蟹类，一旦发现应及时处理。

第三章

刺参增养殖技术

第一节　刺参的人工养殖

20世纪90年代以后，随着刺参人工育苗技术的不断完善和成熟，各种规格的人工苗种供应充足，促进了刺参养殖业的快速发展，先后形成了池塘养殖、海上筏式养殖、陆上室内养殖、海上沉笼养殖、潮间围堰养殖、工厂化控温养殖等多种养殖方式。从养殖形式看，以池塘养殖较为普遍，有潮间带池塘，也有潮上带池塘，还有养虾池改造的池塘，便于操作和普及推广，经济效益较好。

从养殖状况来看，水质是关系养殖成败的关键因素。有的池塘换水条件差、换水量少或水源受到污染，导致刺参大量死亡，效益低下。而有的池塘进排水条件好，管理措施得力，经济效益良好。从全国格局看，目前刺参养殖业规模空前，北参南养、南北接力、东参西养布局定位初见成效，但多数是小型企业，大型企业甚少；从行业可持续发展角度看，需要一批规模大、素质好、条件适宜、技术实力雄厚、优势明显的旗舰式大型企业，来带动刺参养殖行业健康前行，克服发展过程中遇到的困难，迎接挑战。

一、常见养殖方式

（一）池塘养殖

刺参池塘养殖是目前山东、辽宁沿海主要的养殖方式。池塘可以依靠自然的海岸条件，以水泥、石块等筑坝堤，在潮间带筑成人工池塘，也可以由养虾池改造建成；进水方式为自然纳潮或动力提水，或两者兼有；养殖池大小不一，从不足一公顷到几百公顷不等。

（二）潮下带沉笼、沉箱养殖

选择风浪小、无淡水注入、潮流畅通、滩面平缓、管理方便的内湾作为养殖海区。沉箱、沉笼可以用水泥制作，也可以用钢筋和网衣编制而成，均须牢固固定于海底。该模式优点是养殖刺参的安全系数较高，便于观察和管理，但需要不断疏散，否则对生长有一定限制。

此种方式因受自然条件限制，目前大面积应用的不多，较适合于刺参苗种的中间育成。

（三）室内控温养殖

根据刺参生长对温度的要求，使养殖水温保持在适宜生长的范围内，以便加快生长速度，缩短养殖周期。中国水产科学院黄海水产研究所科研人员通过对"刺参夏眠习性"的研究，结果表明，刺参的夏眠现象是因水温而致，而且刺参夏眠的水温随着个体的增长而降低，即个体越大夏眠水温越低。同时显示，经过夏眠的刺参体重明显下降，平均失重为原体重的1/3～1/2，这也是自然水域中刺参生长缓慢的主要原因。在此基础上，在高温期间采取控温措施可以解除刺参的夏眠，使刺参处于正常的活动、摄食、成长的状态，从而完全可以避免刺参夏眠对养殖造成的弊端。该模式养殖要点如下。

1. 养殖设施

养殖池不宜太大，以长条池为好，便于流水。池内设有固定或不固定的多层或多孔的刺参"隐蔽物"，以便于清理污物。

2. 水温

适宜水温最好保持在10 ℃～15℃。

3. 苗种规格和放养密度

苗种体长以5～8 cm或更大一些为好；放养密度视养殖条件而定，一般以15～20头/平方米为宜。

4. 投饵

首要的是要保证饵料的质量，投饵量以控温状况而变化，一般日投饵量为体重的2%～3%，调节投饵量主要依据刺参对上一次投饵的摄食情况。

5. 日常管理

管理的内容包括观察刺参的活动、摄食情况，及时调节换水量，及时清池，调节水温，防治病虫害等。

（四）围网养殖

在一定的自然条件下，如在山东长岛海域，有自然环境的优势，大小岛屿和明暗礁石较多，可以在这些岛屿和礁石之间设置围网养殖刺参。其优点在于刺参仍然像生活在自然海区一样，可以减少逃逸，便于管理。

（五）浅海筏式养殖

刺参筏式养殖要求养殖水域水深10 m左右，潮流畅通，无大的风浪侵袭，无工业及生活污水排入。养成笼通常用扇贝、鲍养殖笼或塑料桶改造而成，网笼的缝合线用塑料拉链代替，便于日常投饵操作。

该模式养殖要点是：在山东沿海地区放苗时间为4月中旬左右，苗种规格要求个体重在50 g以上，密度开始为150～200头/立方米，以后随着刺参的生长及时调整养殖密度。养殖笼吊挂于5～8 m水层，间距为3～4 m，在养殖初期及风浪较大的海区，应在养成笼底部加坠石。在高温和低温季节要适当下调养殖水层。饵料投喂是笼养刺参日常管理的重要环节，饵料以配合饵料为主，还可以适当投喂海带和鼠尾藻粉等，根据刺参的生长需要和实际摄食情况及时调整投喂量。养殖过程中要经常检查网笼，防止因网笼堵塞和破损，导致不必要的损失。

（六）多品种混养

经过多年试验表明，混养的品种比较多，有参虾、参鱼、参贝（如扇贝、鲍鱼）、参蜇等混养方式。在混养中，应根据实际养殖条件确定主导的养殖种类，其他的为附属养殖品种，依此决定不同养殖品种的放养数量、规格等，真正达到养殖生物、生态及效益的协调，充分利用养殖水体。在混养中，刺参作为附属养殖品种，是非常好的环境清道夫。

二、刺参养殖设施构建

以刺参池塘养殖方式为例，阐述刺参养殖设施构建，其他养殖方式可以参考。

（一）选址的条件

1. 水质环境

应针对刺参的生物学要求选择建塘地址，特别要求水源无污染，盐度不低于27，建造养参池塘切忌选在河口处。

2. 底质要求

底质的类别能够影响养殖环境的水质、饵料生物的组成和丰度。在自然海区，适宜的底质有岩礁底、泥沙底、硬泥底，而以几种底质的组合为最好。在养殖条件下，应对松软的泥底和纯细砂底进行改造。底质若为软泥底，应采取措施加以硬化，设置以适宜的隐蔽、栖息场所，同样可以养殖刺参；纯细砂底质，一般水质贫瘠，饵料生物的种类和数量往往很少，须经改造才能建池养参，如掺进泥土、投放石块、移植海草和海藻等。

（二）池形设计

1. 池形

池形及其走向应有利于水的交换，有利于减缓大风大浪的冲击，一般呈长方形，面积在1 hm^2 以上。

2. 池深

在自然海区的调查表明，大个体刺参分布于较深水层；另外，刺参的生长与水温关系密切，池塘深一些有利于调节水位，在炎热的夏季，水深一些，可以减缓日光的照射，抑制水温的升高；在严寒的冬季，同样可以减缓气温急剧降低的影响，防止水温过低；池塘深一些有利于刺参大个体和刺参亲体的生长繁殖。因此，池深的设计应该为水位的调节提供空间，一般池深应在1.5 m以上。

如果池子较浅，可顺池塘长轴进排水方向设中心沟，较池底深0.5～1.0 m，为刺参提供可选择的栖息场所。

3. 池塘要求

养参池塘应有坚固可靠的防波堤，以能够抵御狂风大浪的冲击。池壁护坡可用石头、水泥板。根据风浪和土质情况，也可以直接用土堤压实，不进行护坡。

4. 配套设施

应配有进排水系统，进水口和排水口应远离，设置在池塘的长轴线上相对两端，尽可能避免水体难以进行交换的死水区，提高水的交换率。为保证池塘能自然进排水，进水口和排水口最好设高低2个进排水闸门，低闸门供清池排水用，其基面与最低潮位一致；高闸门基部以半潮潮位为准，以便利用潮差向池内自然纳水。

一些建于高潮带泥滩的池塘平时通过渠道进海水，进水不方便，盐度不稳定，水质混浊。应设立蓄水沉淀池，以适时储存并沉淀海水。沉淀池与养殖池塘容水量以1∶1为好。

三、栖息环境的设置

栖息环境的设置是为刺参提供适宜的夏眠和隐蔽场所，有利于提供饵料和水质优化，有利于生产的管理与操作。

（一）设置栖息环境的常用材料

设置刺参栖息环境的常用材料主要有以下6种。

（1）石块。石块或成堆排列，或成垅排列；堆或垅不宜过大、过高，堆的直径和垅的宽度可在1 m左右，堆和垅的高度宜在1 m以内，以0. 5～1. 0 m较好，以有利于刺参的活动，有利于扩大刺参的附着面积。

（2）扇贝笼等废旧物品。该类物资应确保对刺参无毒，在使用过程中不向水中释放有害物质。在一些软底质的池塘采用扇贝养殖弃用的废旧暂养笼或养成笼为附着基，取得了良好效果。使用时，将扇贝笼逐一连接，在原有开口的对面加开一口，然后伸展、绷紧，固定在池底，呈纵向或横向铺设。该类附着基的优点是移动方便，便于池塘清理。

（3）砖瓦和水泥块。建房用的瓦片，一般3片扎成1捆，3捆1堆；砖一般是采用水泥空心砖，交错排列成堆；水泥块可自行设计为多孔状，以有利于扩大附着面积和活动空间。

（4）人造刺参礁。人造刺参礁应以最大限度地增加附着面积为原则，一般要求多层、多孔，以水泥为原料制成。

（5）塑料编织布。对于含泥量很多的底质，可在池底及四周铺设编织布，池中以编织布、网片等作为附着基。利用木桩、绳索将编织布等搭成“人”字形、“一”字形供刺参附着、栖息。

（6）大叶藻和大型藻类。大叶藻（也称海带草）和鼠尾藻等大型藻类不仅可以提供隐蔽场所，还具有提供饵料、改善水质、抑制有害藻类的滋生。

以上设置刺参栖息环境的材料，可以根据具体情况，选用几种材料搭配使用。搭建的参礁覆盖面积可以占到池底总面积的1/3～1/2。

（二）大型藻类和大叶藻的移植

1. 大型藻类的移植

可以移植的海藻包括裙带菜、海带、鼠尾藻、马尾藻等大型藻类。移植方法主要有如下几种，可以因地制宜选用。

（1）投放带藻石块：将潮间带和潮下带浅海处长有海藻（如鼠尾藻、马尾藻等）的石块搬移到刺参养殖池内适合海藻生长的地方。在搬运和投放时应注意保护石头上面生长的各种藻类，避免损伤。

（2）采孢子投石法：将表面洁净的石块投入盛有清洁海水的船舱中，然后放入成熟而经阴干刺激的种藻，使其大量放散孢子附着在石块上，再将附有孢子的石块投放到预先选好的刺参养殖池内适合海藻生长的地方。

（3）绑苗投石法：也称缠绕苗帘绳法，把自然生的海藻幼苗连同其附着的棕绳一起绑到石块上，投放到刺参养殖池内适宜的地方；另外，如果苗帘绳涂过环氧树脂而变硬，操作不便，则可将其截成 8～10 cm 长的小段，用细聚乙烯线绑到小石块上，均匀地投放到养参池内的石堆和石垅上即可，也可将截好的小段，每隔一定距离（10～20 cm）绑到旧海带夹苗绳上，然后两端绑上坠石，投放到刺参养殖池内。

（4）沉置种藻法：当海带开始大量产生孢子囊群时，选择其中孢子囊群发育较好的种藻夹在夹苗绳上，绳长 2 m 左右，每隔 10 cm 夹一株，然后用坠石沉放到礁石上，也可将选好的种藻装在网兜中或绑在吊绳上用石块沉放到刺参养殖池内的礁石上，每隔 10 m 放一绳。当养殖池水温上升到 21 ℃左右时可以采用此法。

（5）沉设旧浮绠（筏、架）法：将使用多年而且上面附有大量海藻的旧筏架沉设在刺参养殖池内的礁石上，让其向礁石上放散孢子，繁殖生长。

2. 大叶藻的移植

大叶藻对于改善刺参生态环境具有重要意义。近年来大叶藻自然资源受到严重破坏。如何保护大叶藻资源，充分发挥其在刺参养殖生态体系中的积极作用，需要认真加以研究。

（1）生物学特征：大叶藻是一种海草，属于单子叶草本植物，分类上不属于藻类。其下部浸在水中，上部漂浮在水面，多年生。横走茎的直径为 2～5 mm，节上有根，数个植株散生于横走茎上，营养叶基生；肉穗花序包于佛焰苞内，长 4～8 cm；花小而绿，被包围在叶基部的叶鞘内，无柄，雌雄花交互排列于同一花序轴上，无花被，雄花仅 1 个花药；雌花仅 1 雌蕊；柱头两裂，长 2. 0～2. 5 mm，子房长 2～3 mm，1 室。果实内有 1 个种子，瘦果，鸟嘴状，像长颈瓶。种子为椭圆形或卵形，有纵棱纹，长约 4 mm。花果期为 4～7 月。

（2）栖息环境：大叶藻生活在温带海域沿岸浅水中，主要分布于我国山东、辽宁、河北沿海，多见于风浪较小的封闭性和半封闭性海湾，在低潮线以下往往形成巨大的种群带。生长在沙泥底、泥沙底和泥质底，在岩礁底质很少发现。多在盐度正常而略微偏高的海区，但过高过低皆不适宜。喜欢强光，日在 4 h 以上的光照生长迅速。近年来由于人类活动的干扰和有害化学物质的污染，破坏了其赖以生存的环境条件，自然资源受到严重破坏。

（3）大叶藻对刺参养殖的意义：在刺参池内移植培育大叶藻对于改善养殖生态具有重要意义。大叶藻丛生可以为刺参栖息和夏眠提供良好的隐蔽场所，其叶片可以作为稚幼参的天然附着基。据研究报道（任国忠等，1991），大叶藻在光合作用下，每克鲜叶能释放出

0.804 g氧气，并可以通过叶片把氧输送到地下茎和根系，改善池底氧的供应状况，发挥净化水质和改善底质的作用。大叶藻叶片表面附生着多种多样的微小生物，可以作为刺参的天然活体饵料，秋季大叶藻叶子逐渐腐烂，又可以作为刺参的饵料。因此，大叶藻是刺参稚参、幼参、成参的重要饵料来源。

（4）移植：大叶藻繁殖方式有种子繁殖和地下茎繁殖。由于种子难以采集，一般采用地下茎移植繁殖。具体操作时间可安排在秋季，山东地区可在10月进行，将刨出的地下茎和包缠的泥土一起放入塑料袋内，装车运输。栽植时将塑料袋剥去，植入刺参池内挖好的坑内，坑内可以施加适量有机肥料作为底肥，如操作正常，成活率可达100%。另外，也可以在春季从自然海区大叶藻藻场采集自然苗，进行种苗移植；也可采集大叶藻种子，在适宜时间内将其种子播种在育秧槽内进行人工育苗，待秧苗生长到一定的时间，将其插栽到适合大叶藻生长的刺参养殖池内。

四、放苗前的准备工作

（一）清污整池

对于由虾池改造的养参池，应将养参池及蓄水池、沟渠内的积水排净，封闸晒池，维修堤坝、闸门。清除池底的污物杂物，特别要清除丝状藻。在沉积物较厚的地方，应翻耕暴晒或反复冲洗，促进有机物分解排出，适量的有机物是必要的，可作为饵料，但过多容易引起水质败坏。新建养参池也应经过浸泡冲洗和阳光曝晒，以清除土壤中的有害析出物，为有益生物的繁殖创造条件。注意清塘消毒，刺参是底栖水生动物，长年栖息于水层的底部，因此，池塘的底质环境和水质是刺参栖息的重要条件，底质的好坏对刺参的生长发育影响很大。池塘淤泥过多，一方面会败坏水质，另一方面还会滋生细菌，引起刺参病害发生，降低成活率，影响刺参的规格和产量。所以在参苗放养前一定要先将淤泥清除。纳水前，进水口加80目滤水网，以防蟹和鱼等敌害生物的卵及幼体进入。进水将参礁和附着基淹没后，每公顷用生石灰900～1 200 kg或漂白粉150～300 kg消毒杀灭病原体和蟹类、虾虎鱼、鲈等敌害生物。设有蓄水沉淀池的，则蓄水沉淀池进水口用60目筛网过滤，用漂白粉消毒除害。

（二）栖息环境

1. 有益生物群落培养

养参池经过浸泡冲洗以后可开始纳水，培养基础生物饵料和有益生物群落，包括繁殖优良单细胞藻类、有益菌群、小型底栖生物等。基础生物饵料营养丰富、含有许多活性物质，对强化刺参营养、提高刺参免疫力和抗逆能力有重要作用，而且可以提高水环境的自净能力，调节透明度，具有高温期缓解池水温度升高、降低氨氮浓度等重要生态功能。

2. 合理施肥

刺参以底栖硅藻及有机质为饵，为了保证参苗放养后有充足的饵料，提高放养成活率，放养前要进行合理施肥；一般每公顷施腐熟的有机肥375～750 kg或无机肥45～

60 kg，有机肥需分次使用。

3. 藻类移植

移植大型藻类池塘内应尽量增殖海带、裙带菜、鼠尾藻等大型海藻，或移植大叶藻，为刺参提供良好的栖息生活场所。

五、放苗

（一）放苗条件

放苗应具备以下条件。

1. 水深

养成池水深应在 1 m 左右，如果水温适宜，可以浅一些。

2. 水温

放苗季节一般在春季或秋季，山东地区一般在 3～5 月和 9～11 月。放养苗种时，日最低水温不得低于 5 ℃，水温在 10 ℃～15 ℃较为适宜。

3. 水质

放苗池的水质条件应尽量接近苗种培育池的水质状况，避免水质条件的剧烈变化。

4. 天气

大风、暴雨天气不宜放苗。

（二）放苗规格

1. 苗种要求

刺参苗种质量好坏影响生长速度及成活率，具体放养时应选择体质好、无伤病、规格整齐的健康苗种。健康的参苗伸展自然，爬行运动快，体表色泽鲜亮，肉刺尖而高，排出的粪便粗细均匀不粘连。如果参苗体色暗淡而黏滑，肉刺秃而短，活动缓慢，粪便粘连等，则说明参苗不健壮。可根据每个养殖场、养殖池的具体情况，选择放养不同规格的苗种。一般可放养体长大于 3 cm 的一类苗种，条件好的池塘也可放养体长 1～3 cm 的三类或二类苗种。

2. 放苗数量

应根据养殖条件、苗种大小、养成规格和生长情况确定并及时调整。一般第一年可以多放一些，以后逐年适量补充放苗。每平方米放苗量，第一年体长 2～3 cm 的苗种可放 30～50 头，体长大于 3 cm 的苗种 20～30 头；第二年补充苗种的数量可根据成活率、生长情况等因素确定。从第三年开始，池内有大中小多种不同规格的刺参，既有达到或接近商品规格的刺参，也有刚放养不久的小刺参。如果养殖条件较好，每平方米刺参总数可以保持在 20～30 头。如果要生产大规格的商品参，应酌情少放苗；如果为了适应市场需求，要生产小规格的商品参，可以适当多放苗。实践表明，体长 3 cm 以上的苗种放养 1a 的成活率应在 70% 以上，如果成活率太低，可能是放养条件不符合要求，应具体分析原因，采取相应措施。

（三）放苗方法

通常采用两种方法。一种是直接投放，就是将参苗直接投放到池塘内的石堆等附着物上，对于大个体苗种（体长 3 cm 以上）可以采用此法。另一种是网袋投放法，将参苗装入 20 目的网袋中，网袋系上小石块，以防网袋漂浮和移动，网袋口微扎半开，让参苗自行从网袋中爬出，对于体长 1～2 cm 的小个体参苗，可以采用此法。

（四）注意事项

1. 严格控制放苗的水质状况

放苗前必须对养殖池水质进行分析，水质指标符合要求方可放苗。试验观察表明，苗种放养初期阶段的死亡率较高，分析原因可能是放养条件与苗种原来的培育条件相差较大，苗种对新的环境条件不适应所致，因此放养条件与苗种原来的培育条件尽可能相一致，特别是水温和盐度应尽可能接近或相同。养参池最好避开养殖密集区，尽量选择在海区附近，潮流通畅，能纳自然潮水，附近无大量淡水注入和其他污染源，水源水质条件要好，盐度范围最好在 28～33 之间。适于刺参摄食的基础饵料生物丰富，尤其是底栖硅藻数量充足。池塘底质以较硬的泥沙底为好，水深达到 1. 5 m 以上。进排水渠道分设，池底不能低于海水低潮线，排水闸门建成在参池底部的最低位，以使底层水体能够排净。

2. 提供参苗一个适应过程

放养参苗的季节，一般为春季或秋季。放养时主要以水温情况而定，春季当水温达 7 ℃～10 ℃时就应及时放养，以提高成活率。最好选择晴暖天气放养；阴天也可放养，但雨天不宜放养，风浪较大也不宜放养。为了使购进后的苗种适应池水的温度和盐度，可将装有苗种的塑料袋等浮放在养殖池水面，使袋内外的温度达到平衡一致，然后打开塑料袋，向袋内缓慢加入池水直到袋内的水外溢，使苗种逐步散落入池水中。苗种经过运输，体质和活力会受到一定影响，为苗种提供一个适应过程，有利于苗种尽快地恢复体质和活力，提高成活率。

3. 放苗地点要适宜

应在池水较深、环境稳定、水交换条件好、饵料充足、有附着物的地方，多点放苗。不应将苗种直接放到松软的淤泥底上，以免苗种埋在淤泥中致死；不应在迎风处放苗，应在背风处放苗，以避免风浪的冲击。

4. 放苗区礁体建设要求

池塘建好后，要附设参礁，要因地制宜选择适宜的筑礁种类，并按照标准堆放，通常多选用投石筑礁，一般每堆石块周长不低于 3 m，每个石块重量不低于 10 kg，投石的行距 4～5 m，堆距 2～3 m 为好，前提是以有利于刺参的栖息度夏，有利于藻类的附生，并为刺参正常生长提供良好的空间及饵料。另外，也可用空心砖、水泥管、瓦块、废旧轮胎、扇贝养成笼、废旧网片、陶瓷管等做参礁。

5. 放苗密度要适宜

注意放养密度，放养密度影响养殖效果和成活率。很多从业者不顾养参池所处的地理环境、水质状况、基础饵料生物的容有量，片面地追求高产量、高利润，盲目地增加放养密度，在养参条件并不理想的参池每公顷投放苗种达到10万头，个别甚至近百万头，刺参的生长空间变小，结果极易造成刺参缺氧、缺食而体弱患病，直至死亡。实践证明，只有合适的放养密度才能既使池塘水体空间得到充分利用，又会取得较好的产量和效益。一般要根据池塘条件、技术水平等确定适宜的放养密度。一般条件的参池投放规格为100～200头/千克的参苗，放苗密度应控制在6×10^4～7.5×10^4头/公顷为宜，苗种规格大的适当少放，规格小的适当多放。而在条件较好、天然饵料生物丰富的海区，或计划投喂饲料的参池，可适当增加放苗量。

六、日常管理

（一）常规监测

坚持早、晚巡池，检查刺参的摄食、生长、活动及成活情况；监测水质变化，重点监测水温、盐度、溶解氧这些容易波动的指标，定期测定其他水质指标，如非离子氨、有害重金属离子、化学污染物等，如果本单位不具备测定能力，可以委托其他机构测定。养殖场应配备用于常规水质指标监测的仪器，如盐度计（或比重计）、溶氧仪、水温表等。

（二）换水

换水的目的是为了改善水质，换水量的多少应根据水质情况确定，在保证水质良好的前提下，可以少换水。如果是自然纳潮，应尽可能把进水口和排水口设置在养参池长轴相对的两端或对角线上，以有利于提高水的交换率。换水量根据实际情况调整，池内水质状况不佳、水温较高时可以多换水，否则应少换水，一般日换水量可掌握在10%以上；应保证进水的质量，大雨过后，地面径流入海，农药等有害物质带入海中，海水盐度也可能降低，在这种情况下应暂停换水；水源中有害重金属离子的含量较高时，也应适量少换，或经螯合处理以后再纳入池内。

（三）流水养殖

外海的海水受潮汐、海流、波浪、温度、盐度等的影响处于不停地运动中，养参池内的水也不宜处于静止状态，应尽可能实行流水（动水）养殖。流水养殖实际上扩大了池水的养殖容量，有利于有益微生物的繁殖生长，促进腐败物质的氧化和循环，提高养殖水体的自净能力。具备人工提水设施易于实施流水养殖，可以持续流水，也可以间断流水，一般日流水量可在10%以上。

（四）增氧机的应用

使用增氧机有利于降低养殖水体的透明度，抑制杂藻和病害的发生，有利于防止水体分层，改善刺参栖息环境，促进刺参生长。每0.5～1 hm^2配置增氧机1台，根据水质状况确定开机时间，高温季节应在夜间全时开启增氧机。

（五）微生态制剂的使用

1. 种类

微生态制剂包括益生菌和促进微生物生长的物质。常用的有芽孢杆菌属、乳酸杆菌属和酵母等。

2. 功能

微生态制剂可以作为刺参的饵料，增强刺参的体质和抗病能力，抑制病原微生物的生长和繁殖，可以改善水质和底质。

3. 注意事项

选用微生态制剂应保证质量并按要求进行储藏，根据产品说明合理使用，严禁使用超过保质期的产品。

（六）水位和水温的调节

在池水水温超过 17 ℃时，尽可能加深养参池水位，减小光照和气温对水温的影响，尽可能降低水温，以延长刺参的生长期，确保刺参度夏安全；冬季在池水水温下降到 10 ℃以下时，也要尽量加深水位，尽可能提高和保持水温，创造刺参正常摄食生长的水温条件。在极端水温条件下，提高水位有利于稳定水温，降低外界温度对养殖水温的影响。在适宜水温（10 ℃～15 ℃）条件下，可适当降低水位，以有利于喜光生物和好氧的有益菌群的生长繁殖。

如能利用地下海水水温较低而又稳定的特点，通过注入地下海水将水温调节至刺参适宜的范围，夏天高温季节降低水温，缩短夏眠时间，冬天严寒季节提高水温，加快生长速度，将会极大延长一年中刺参的生长时间，缩短养殖周期，提前达到商品规格。

（七）饲料的投喂

1. 饲料要求

要坚持刺参饲料来源的多元化，以培育天然饲料为主，必要时适量投喂人工配合饲料，如果池内天然饲料能够满足需要，可以不投喂配合饲料。

2. 投喂数量

每日投喂量可按刺参体重的 1% 投喂，隔日 1 次，傍晚配料浸泡，翌日早上投喂。要根据实际摄食情况调节投喂量，一般在下次投喂时，上次投喂的饲料应有少量剩余，如果没有剩余全部吃光，可能饲料不足，应适当增加投喂量；如果饲料剩余很多，投喂饲料可能过量，应适当减少投喂量。水温高于 20 ℃或低于 5 ℃时不投饵。在大量刺参经常出没的地方，设置观察点，观察掌握刺参的摄食情况，以便及时调节投喂量。

（八）照度的调节

刺参对照度改变的反应很灵敏，如果光照过强，刺参呈回避反应。光照过强，直射池底，使喜光杂藻大量繁殖，影响水质环境。刺参喜弱光，常在夜间或光线较弱的白天活跃，摄食和活动明显增强，因此在养殖池内应设置足够的隐蔽物，如石堆、大型海草及海藻等。

也可通过肥水等方式，降低透明度，减少光照对刺参活动的影响。

（九）夏眠管理

池塘水温超过 20 ℃时大个体刺参陆续夏眠。在夏眠期间基本停止摄食和活动，代谢水平降低，应激抗病能力减弱，因此管理上要特别加以精心呵护，而不应放松管理。管理的重点是调控环境条件，优化水质，预防病害，确保刺参安全夏眠。要注意水温不超过 28 ℃；要避免水质的急剧变化，夏眠期间正值雨季，应密切关注雨水进入引起的盐度变化和可能的水质污染。

有的养参池，夏眠期过后刺参数量大幅度减少，损失惨重，究其原因是刺参夏眠期间放松了管理，环境条件没有控制好，导致刺参大量死亡。

（十）夏季多雨季节的管理

在夏季多雨时节，特别是出现暴雨时，要防止雨水大量流入养参池。雨水大量流入养参池，会造成池水的盐度和 pH 突降，盐度持续过低将会导致刺参大量死亡，pH 超出正常的低限值，会使池水水质环境恶劣。此外，如果不及时排出池内表层大量淡水，池水将形成分层现象，阻隔了水体上下层溶解氧的流动，同时水质的突变使大量杂藻腐烂变质沉积池底，增加了有机耗氧量，使底层水体缺氧状态加剧，造成刺参大面积缺氧窒息死亡。

平时要注意天气预报，暴雨来临之前，池水应加至最深。在强降雨后，要及时打开高闸门排掉表层淡水。强降雨过后，要随时监测池内和外海盐度，待外海盐度提升到 26 以上时，再进行换水。建造有高盐度蓄水池或咸水井的单位，可及时补充高盐度水。池塘面积小的还可采取全池泼洒饱和食盐水的补救措施，暂时缓解盐度过低的现象。

淡水大量流入池内后，应及时采取投施增氧剂或机械增氧法增氧，以迅速消除海、淡水分层和顶部淡水层对底层溶解氧传递的隔截作用，有效提高水体底层溶解氧含量。

暴雨过后，应派潜水员彻底清除池底腐败杂藻，同时全池施用水质改良剂和底质改良剂，一方面可以迅速降低底质中氨氮、硫化氢等有害物质含量，有效改善水质和底质生态环境，从根源上抑制病害暴发与流行。另一方面，可迅速提高 pH，待池水 pH 恢复稳定后，可定时投施光合细菌、EM 菌等有益菌液，形成有益菌优势菌群，以抑制有害菌类过量繁殖。

在强降暴雨期间要加强巡池和护池管理，发现隐患及时排除。

（十一）防止污染物入池

在生产操作中，要严防油污等污染物被带进池中；在投喂饲料、施用药物时，要严把质量关，不得使用劣质产品、过期产品、冒牌产品，杜绝违禁化学品、违禁药物入池。

（十二）生产与试验相结合

在做好大面积生产管理的同时，进行一些有针对性的小试验。如在更换饲料时，或在大型养参池内设置饲料台（点、框），或在小型水体（如水泥池、水族箱等）中进行喂养试验观察，了解刺参的摄食情况和效果。有的饲料按照有关标准检验属于合格产品，但刺参不爱摄食，甚至有厌食、避食现象，或摄食以后生长缓慢，发生异常，此种情况往往是由于饲料原料不适或加工质量差引起的，更换饲料时必须经过试验验证。

在水质发生大的变化时也应进行试验。现在应用的一些水质控制指标，多是在实验室内单因子短时间试验得到的，有一定局限性。有些化学毒物，如分子态氨氮、一些重金属离子等的毒性作用是缓慢的，需要长时间的观察试验才能表现出来。随时进行观察试验可以及时察觉水质变化带来的危害。

（十三）注意养殖过程中的异常现象

在刺参养殖过程中，有时出现一些异常现象，应及时分析原因，采取相应措施，常见的有如下几种情况。

（1）成活率过低。有的池塘养殖几年后，根据放苗量计算密度在 30 头 / 平方米以上，而根据放苗量和池内刺参实有数量计算成活率很低，有的甚至不到 20%，池内刺参数量寥寥无几。分析原因，环境条件不适合，纯沙底，水很瘦，饵料生物很少，又不投喂，饵料明显缺乏；投石太少，池底覆盖面仅有 10% 左右，太阳强光直射池底，刺参却无处藏身；鱼类、蟹类等大量繁殖，有些鱼类、蟹类在正常情况下并不捕食刺参，但在饵料奇缺、处于饥饿状态的情况下，刺参苗种和夏眠刺参则成了它们的攻击对象。以上诸多因素导致成活率过低。

（2）“老头苗”过多。生长缓慢养殖多年，能达到商品规格上市的刺参很少，大多数像“小老头”，个体偏小。这种情况有的是因为饵料不足，自然饵料没有或很少，又没有投喂配合饲料；有的是因为密度过大，甚至在 80 头 / 平方米以上，刺参生活空间小。在自然海区刺参苗经 2～3 a 可长至商品规格（200 g 左右），在人工控温养殖条件下 1～2 a 可长到商品规格。目前在饵料充足、水质良好的条件下，秋天放养的当年苗和次年春天放养的大苗，养殖 1 a 左右应有部分能够达到商品规格，养殖 2 a 应该大部分达到商品规格，否则应分析生长缓慢的原因。

第二节　刺参的增殖

刺参增殖是指在选定海区内，通过改善海区条件、投放种参和种苗等技术措施，增加或改善资源补充量，以补偿由于各种原因致使补充量受到的损失，增加刺参资源、提高产量的活动。刺参具有营养价值高、移动性差、食物链短、适应性强等特点，是一个良好的增殖品种。

通过设置刺参礁体、石床等改善生态环境条件的措施，可以营造条件适宜的天然的刺参繁育场，以增加刺参稚、幼参的补充量，进而达到资源增殖目的。同时，还可以减少人工放苗的数量，降低生产成本。

国内刺参增殖开始于 20 世纪 50 年代，主要增殖措施有环境条件优化、移植亲参、苗种放流等。进入 20 世纪 90 年代以后，刺参增殖技术日趋完善。山东、辽宁沿海地区，因地制宜，采取了多种增殖措施，增殖效果和经济效益非常明显，然而近年来一些刺参增殖区资源量呈下降趋势，分析原因主要有两个方面。一是水质、底质受到重金属和化学污染物的污染，刺参的栖息环境遭到破坏，导致刺参亲体繁殖力降低，苗种成活率低，生长缓慢，抗病能力减弱，刺参产品的食用安全性受到影响；二是采捕过度，特别是有的为了追求产量，对大个体刺参采捕过度，致使繁殖能力处于盛期的群体大量减少，导致苗种补充量减少。增殖刺参的主要工作应该是改善和优化生态条件，扩大环境容纳量，科学管理和采捕，形成良性循环，使刺参资源量能够稳定发展和可持续利用。

一、刺参增殖区的选择

选择刺参增殖区，首先要明确刺参增殖区应具备哪些条件。刺参增殖区的选择，必须依据刺参的生物学特性，满足刺参繁殖、生长发育、栖息和摄食等的需求，达到刺参生长快、成活率高的效果。

（一）盐度

刺参属狭盐性生物，盐度应不低于26，最好选择盐度在28～34的海域作为增殖区。应特别注意，在雨季不应有大量雨水流入，避免造成盐度急剧下降。

（二）水温

水温是刺参生长繁殖的重要影响因子。刺参适宜水温为5 ℃～18 ℃，最佳生长水温为10 ℃～17 ℃，超过20 ℃将陆续夏眠，持续超过28 ℃，将会发生死亡现象。因此，在水浅而又与海水交换较差的海区如封闭性的浅滩，夏季水温往往持续在28 ℃以上，不适于作为刺参增殖区。

（三）底质

在自然状态下，刺参多生活在岩礁、卵石和泥沙相间的底质，或有大叶藻、鼠尾藻等藻类繁生的泥沙底质，礁石和大叶藻可以为刺参提供躲避风浪或夏眠隐蔽的良好场所；泥沙底可以为刺参提供适宜的多样化的微生态环境。

中国水产科学研究院黄海水产研究所对青岛港东沿海人工苗种放流海区调查的底质分析和刺参分布结果表明，泥沙混合，沙粒较大，细沙、粉沙含量少的底质，刺参分布密度大。同样，根据烟台市水产研究所在蓬莱海区的底质调查结果也显示，乱石夹杂小型岩石底质，刺参分布量最多。因此，首选放流海区的底质为有大型海草、海藻繁生并间有礁石、泥沙的底质，或大叶藻和藻类繁茂的泥沙底质比较适宜。

体重在2.5 g以内（体长5 cm以下）的幼参，生活习性与成参有所不同，成参营匍匐生活，幼参营附着性生活。在自然界，幼参主要附着于岩礁壁上或大型藻类的茎、叶表面，以摄取附着物上繁生的底栖硅藻、原生动物等微小生物及附着其上的有机物质。因此，若在增殖区放流体长5 cm以下的苗种，增殖区内应有岩礁、藻林地带等，以利于刺参苗种的附着生活。

（四）饵料

增殖海域的饵料状况是影响刺参生长的重要条件。在自然状态下，刺参主要以微小

生物、大型藻类的碎屑、动物死亡残骸等为饵料。海水肥沃，底质适宜，营养物质丰富，有利于大型藻类等饵料生物的繁殖生长，会给刺参提供充足的饵料。丰厚的饵料是刺参种群繁殖增长、维持生产力持续发展的物质基础，是刺参增殖区必须具备的条件。

（五）水深

在自然条件下，不同体重的刺参对栖息水深的要求也不尽相同，随刺参个体体重的增长，分布区域逐渐由浅水区向深水区转移。

中国水产科学研究院黄海水产研究所在蓬莱马格庄刘旺北山沿海的调查显示，在水深 1. 7 m 处，体重 85 g 以内的小个体占 70%，其中 55 g 以内的个体竟占其总量的 50%，体重 176 g 以上的大个体未被发现。相反，在水深 7. 2～8. 2 m 处，体重 176 g 以上的个体占总量的 90%，体重 85 g 以内的个体仅占总量的 10%，没有发现 55 g 以内的个体。该调查结果表明，小个体（体重 100 g 以内）分布在浅水区，大个体分布在较深的水域。因此，刺参增殖区的水深选择，既要考虑到幼参的需要，又要顾及成参的需要，有的地方可以浅一些，有利于小个体的生长，而有的地方应该深一些，有利于培育大个体刺参。从长远意义上考虑，水深一些有利于种参的生长发育和繁殖，有利于资源补充量的稳定和增加。

（六）水流

刺参以腹部密布的管足吸附在礁石、乱石及大型藻的根、基部，吸附力较弱，躯体松软，抗冲击力较差，难以承受大的风浪和急流的冲击。适当的水流有利于改善水质，优化水环境。增殖区应选择水流畅通、风浪较小、水流平缓的海区。

二、增殖区生态环境的改造和优化

刺参能否在增殖区栖息及栖息量的多少，与海区环境条件密切才相关。在选择放流增殖海区时，环境条件完全符合刺参要求的海区是有限的，往往会遇到某些条件不完全符合要求的情况，这样就有必要对海区环境加以改造，使该海区的环境条件满足刺参的生态要求，以达到增加环境容纳量的目的。目前改造海区环境有多种方式，包括投放石块和刺参礁、海底爆破筑礁、移植大型藻类等。

（一）投放石块和刺参礁

投放石块和刺参礁，是增加刺参隐蔽场所、提供大型海藻固着场地、满足刺参栖息要求的一种有效方法。

人工投石数量应适当，若数量少，则刺参栖息场所不足，难以满足刺参高密度增殖的需要。不同投石量的聚参效果试验表明，投石后刺参的分布密度比试验前都有明显增加，最高的 A 组为试验前的 41 倍，最低的 C 组，也有 8 倍。随着每次投石量的增加，刺参单位面积栖息量和 10 min 采捕量也相应增加，C 组、B 组、A 组分别为 5. 6 头 / 平方米和 47 头、10. 7 头 / 平方米和 50 头、12. 3 头 / 平方米和 75 头。B 组投石量是 C 组的 2 倍。刺参栖息密度也约为其的 2 倍，同样，A 组投石量为 B 组的 1. 5 倍，10 min 采捕量也是 1. 5 倍，显示出投石量与栖息量两者关系呈正相关关系（表 3-1）。

表 3-1 不同投石量的增殖效果比较

试验组	每亩投石量/米^3	对比时间	海参栖息量/(头·米$^{-1}$)			10 min 采捕量/头	体重组成/%	
			最高	最低	平均		130 g 以上	130 g 以下
A	120	试验前	1	0	0. 3	—	—	—
		试验后	18	2. 4	12. 4	75	23. 0	73. 0
B	80	试验前	1	0	0. 4	—	—	—
		试验后	17. 2	0. 8	10. 4	50	23. 3	72. 3
C	40	试验前	2	0	0. 7	—	—	—
		试验后	12	0	5. 6	47	11. 3	88. 7

为了既便于搬运，方便投放，又能避免石头被风浪冲走流失，投放的石块质量以每块30～40 kg为宜。投石海区应选择硬沙泥底、泥沙底或沙砾底，以避免石块下沉。投石应当在苗种放流前的5个月内完成。投石时，将石块装船，船载石块于放流海区，以堆或垅的形式投入海底，每堆石块约为10 m^3，堆间距为10～12 m，在海面投石后，再由潜水员潜入海底，对所投的石块加以适当集中和整理。

（二）海底爆破筑礁

在不同海区反复进行的刺参生态调查和增殖调查中发现，由于巨型峰状和平板状岩礁孔穴和缝隙少，饵料生物少，刺参的自然栖息数量也少，岩石的利用率很低。为了充分利用海底的礁石资源，可采用海底爆破方法，改造海底环境，增加刺参栖息量。

海底原来的自然礁石大多数呈平板状或巨峰状，由于海底底流的不断冲击，礁石光洁、无浮泥及淤泥，大型藻类难以生存。此种构型不利于刺参的日常活动和摄食，栖息量甚少。爆破后改变了原来的礁石形状，形成大小不等交错堆放的乱石构型，海底水流流经此种地形会形成许多涡流区，涡流区内容易沉积有机物碎屑和微小生物，也有利于大型藻类的繁殖生长，增加了自然海区的刺参饵料；涡流区内水流细而缓，有利于刺参的正常活动；礁石间的诸多缝隙又是刺参夏眠及隐蔽场所。通过爆破明显地优化了刺参的栖息环境，刺参增殖效果显著。

（三）营造海底藻场

在大型藻类和大叶藻缺乏或者不足的自然海区，可营造海底藻场，俗称“海底森林”，它可改善海底环境条件。简便易行的方法是，选定培植海藻和大叶藻的适宜区域，可以投放裙带菜孢子叶，也可以在沙泥底质移植大叶藻或播撒大叶藻种子，以期形成大叶藻林，还可以实施海带、裙带菜的海底沉筏养殖等。

三、繁育区的设置和保护

在增殖区内选择底质适宜、水质优良、饵料丰富、海流平稳、刺参分布集中的区域作为繁育区，每年生产性采捕时保留充足的大个体种参作为繁殖群体，以期繁育大量的健壮苗种，并逐渐向增殖区的其他地方扩散。

对繁育区应倍加保护，监测水质变化、饵料保障、敌害的多少以及刺参的活力、摄食和生长发育等情况，及时采取相应措施。在摄食旺季，当饵料缺乏时可适当投喂。在繁育区主要通过自然繁殖增加刺参苗种的补充量，使自然种群成为优势种群，一般不宜投放人工繁育的苗种。

四、增殖区的管理

刺参移动性较差，只要条件适宜，一般不会进行长距离的移动，日爬行距离为5～8 m。在浅水处放流幼参后，在相当长的时间内仍停留在放流区域，随着生长，个体体重增加，逐渐由浅水向8～15 m的深水区移动。放流苗的生长随海区条件的不同有较大的差异。体长3 cm以上的当年苗，放流1 a，个体体重多为16～85 g，2 a多的为56～125 g；3 a的半数以上在250 g以上，达到商品规格。从幼参放流至生长到商品规格的时间随刺参增殖的条件、放流规格的不同而不尽一致。

做好刺参增殖区的管理是落实刺参增殖技术措施的重要保证，刺参增殖区的管理主要包括以下五个方面。

（一）加强监测，防止增殖区水质受到污染

要调查增殖区及其周围可能存在的污染源，了解排放物的特点、排放时间和对增殖区可能造成的危害。要注意增殖区周围的电子厂、电镀厂、冶炼厂和化工厂，其排放物中可能有重金属和化学污染物。如果增殖区及其附近有河流入海更要引起警惕。有的河流水流量季节性很强、旱季无水入海，长时间排进的污染物沉积在河床，一旦雨季来临，河床爆满，大量污染物随汹涌的河水流进增殖区，造成污染，造成大量刺参和海洋生物死亡。针对上述情况，应杜绝污染源，提前采取预防措施。

（二）资源保护

保护幼参，提高幼参的成活率。放流苗种前，尽可能清除放流海区威胁幼参生长的敌害生物。

（三）优化生物群落

对能够优化增殖区生态环境、能够为刺参提供饵料和栖息环境的大型海洋植物应进行饱和增殖，不能随意采集增殖区内的大叶藻及大型藻类，如海蒿子、鼠尾藻、海带、裙带等。

（四）防止人为破坏

做好增殖海区的看护。由于刺参移动性弱，生活水域较浅，很容易被偷捕，有时会给生产经营者带来严重的经济损失；因此，海区看护尤为重要，需要安排专人昼夜连续看护，封闭增殖区，特别在3～7月、10～12月刺参活动频繁、摄食旺盛的时期。

（五）做到科学合理的采捕

为了增加刺参增殖区亲体的数量，应严格规定采捕规格和禁捕期；实行有计划的采捕

尽可能将春季采捕，改为秋季采捕。

第三节　刺参池塘养殖技术

刺参一般白天不活动，晚上摄食，活动能力较弱，栖息场所要求水质清澈、基础饵料丰富，饵料为泥沙中的有机质和微小的动植物。如硅藻、原生动物、腹足类以及腐殖质、细菌等。刺参适宜盐度范围为28～34，不耐高温，生长适宜温度为3 ℃～23 ℃，当水温低于3 ℃和高于23 ℃时，刺参将处于休眠状态，2龄刺参在水温超过20 ℃时，即开始夏眠，停止摄食和运动。

一、刺参的养殖池塘

（一）刺参养殖池塘的建造与改造

1. 场址选择

池塘选址要求尽量选择离海区较近，潮流通畅，能自然纳潮，适于刺参摄食的饵料生物丰富，尤其是底栖硅藻数量充足，附近无大量淡水注入和其他污染源，进排水方便，水质清新无污染。

2. 池塘结构

池塘面积大小控制在1～4 hm^2，池水水深1. 5 m以上。池塘底质以硬泥沙、泥沙底为好，池塘保持一定坡度，以利排水与清塘。进排水渠道要分设，池底不能挖得低于海水低潮线，排水闸门要建在参池底部的最低位，使底层水能排净，使参池水流畅通，以达到水质鲜活、饵料丰富的目的。最好在进水处设立缓冲区和过滤装置，以过滤有害生物、杂质和沉淀泥沙。

3. 人工建礁

养殖刺参，首先必须解决附着物的问题，为此，可向池塘投石投瓦或空心砖，也可建造人造附着物（把编织袋装满泥沙并扎紧口），制造人工礁，便于刺参的栖息和遮阳。池塘附着基总体结构一般以直线形投放方式较好，便于采捕和管理。无论选择哪种筑礁种类，都要按标准堆放。一般每堆筑礁直径不低于1 m，筑礁的行距4～5 m，堆距2～3 m为好，总的前提是有利于刺参的栖息度夏，有利于藻类的附生，为刺参正常生长提供良好的空间、环境及饵料。

4. 池塘护坡

刺参养殖成功的关键是要保证养殖水体的清澈，为避免暴风雨及大风浪对养殖池塘土坡造成破坏而污浊水体，需要对养殖池塘的土坡进行护坡，可用以下三种方法对池塘进行护坡：一是采用石块（也可用其他与水泥条等不易被破坏的替代品）等对土坡进行衬砌。该方法投入较大，节约水体，使用周期时间较长，适合多年养殖。二是可采用塑胶布膜护坡。通过木杆、竹竿等使塑料隔布在水体中呈垂直状态，将池塘斜坡处浊水隔离，从而保持养殖水体的稳定。该方案的优点是成本较低，建造方便，使用寿命较短。三是可采用土

工膜或大棚用毛毡喷涂水泥浆护坡。该方法施工效率高，成本较低，护坡效果好，适合大部分养殖区推广应用。

5. 建造参池

在中潮带或低潮带利用当地地理优势，最好是岩礁底质，用混凝土和石块围成形状大小不等的池塘，风大的海区围墙要加厚加固；小潮时要保证蓄水不低于 1. 5 m，且不渗漏；所选海区不得有污染，尤其是油类污染；盐度不得低于 28，无地表径流水注入；该池塘的缺点是造价太高。也可将旧的对虾养殖池塘，最好是泥沙底质的，改造成刺参养殖池塘。每个养殖池要有独立的进、排水闸门，养殖池海水的更换最好依靠自然纳潮，日换水量不低于 30%左右，池内平均水深 1. 5 m 以上。该池的优点是即便于观察和管理又造价低，但注意夏季底层水温 20 ℃以上超过 3 个月的池塘不易养殖刺参。

（二）池塘的清淤消毒与水质调控

1. 池塘清淤

池塘要进行池底清淤，采用吸浆泵或吸泥船，将底层的污泥、粪便及杂藻全部清除出参池外，并做到彻底干净，不留后患。采用高压水枪将池内的岩礁逐堆冲刷干净，除去污泥、粪便及杂藻，并采取边搅动池底边冲洗池底边放水的方式，将池底彻底冲洗一遍，然后纳水浸泡半月后，再将池水放掉，纳入新鲜海水。

2. 水质要求

养殖池要求进排水方便，水质清新无污染，盐度范围在 25～35，最适盐度 27～32；pH 控制在 7. 8～8. 7 之间，溶解氧 5 mg/L 以上，氨态氮 0. 1 mg/L 以下，严格控制硫化氢浓度。

3. 水体消毒

海水的泥沙含量较高，所以在海水进入池塘前要进行沉淀和过滤，在沉淀和过滤的同时进行水质的调节，增强水体自净能力，使水体达到养殖要求。在人工礁石建成以后，放水淹没参礁，一般每公顷撒 750～1 500 kg 生石灰或 30 g/m^3 漂白粉进行消毒处理。

二、刺参的放养、投喂和管理

（一）常规模式管理技术

1. 池塘肥水

在对池塘进行清淤和水体消毒后，应当进行施肥灌水，施肥注意有机肥与无机肥的搭配比例，一般有机肥要超过 50%。一般施肥后两个星期，待水质稳定，基础饵料大量繁殖，就可以放苗了。

2. 苗种放养

放苗应选择健康参苗，标准体态为伸展粗壮，肉刺尖而高，头尾活动自如，运动能力强。放苗时间选择在早春放苗，入冬前收获，可当年投入当年见效，一般苗种放养规格为 100～200 头 / 千克的大苗，大苗成活率可达 90% 以上，养殖前期放养密度为 1. 2 × 10^5～1. 8 × 10^5 头 / 公顷，在养殖生产中要根据刺参的大小、水温、饲料及刺参的实际生长情况等灵活调整养殖密度。苗种放养前应消毒，然后再放入养殖池。

3. 水质调控

在养成过程中，也要根据养殖池水及底质的具体情况，并针对刺参多在冬季低温不摄食易发病的特点，适时消毒，一般每半月至一个月每公顷撒 150～300 kg 的生石灰或沸石粉，进行一次消毒或底质改良，为刺参生活创造一个良好的生态环境，入冬前再使用一次 3～5 g/m^3 的刺参生态剂，全池泼洒，并结合投喂口服特效微生态制剂药饵，使刺参始终处于健康状态以增强刺参在冬季的抗病能力。池中生物量的增减直接影响刺参的生长，管理人员每天应坚持观察池内水质，高温期每周都应定时进行一次水质化验，做好水质监测工作，便于及时调节水质。池中生物测定方法主要以肉眼观测水色和透明度，水色以黄色和黄褐色为好水，透明度应保持在 35 cm 以内，说明绿藻和硅藻占优势，有利于刺参生长，反之应及时调节水质。每逢低潮大雨天气前，应及时启动水泵调水入池，严防池塘盐度降低，海水淡化。

4. 饵料投喂

一般池塘养殖较少投喂饵料，主要依靠天然饵料生物，如单胞藻、底栖硅藻、有机碎屑、小型动物及微生物等维持。对于养殖密度大的池塘，可投喂鼠尾藻、鱼粉、海藻粉和配合饲料等，一般每 3～4 d 投喂 1 次，投喂量为刺参体重的 1% 左右，并根据刺参大小、水温、摄食情况及残饵量加以调整。在春末夏初刺参摄食旺盛季节，投饵应掌握以下原则：出皮率小于 50% 时须投饵；避免投饵堆积；要适量投饵，尽量减少饵料在池底没被摄食完便腐烂变质的现象；应选用遇水较易下沉溃散且质优的饲料，切忌投放长时间不能软化分散的刺参不易摄食的东西。

5. 日常管理

进入 6 月份以后到 9 月上旬，水温达到 20 ℃以上，刺参基本处于休眠期。要及时提高水位，进行遮光降温，防止水温过高，并经常进行大量的换水，打破水体分层，同时注意消除池塘换水死角，及时清除大型敌害藻类和各种垃圾，消除局部缺氧。必要时可在池塘边打海水井，以备高温期向池内注水降温、增氧。越冬期间，及时清除积雪，给冰层打洞，利于水体透明度的调整。设专人常年巡池看护。一是观察记录刺参摄食情况和健康状况，二是发现有吸附在干露石壁上的刺参要及时使其回到水中，以防干露时间过长死亡，尤其阴雨天气，刺参更不宜干露，因为雨水可致刺参溶化死亡。

（二）池塘生态养殖技术

近十几年来，利用虾池养殖刺参模式在我国迅速崛起，大多采取粗放经营、广种薄收的养殖方式，而刺参虾池生态养殖模式是将刺参、对虾、梭鱼、海藻等引入同一养殖池塘，使其形成品种之间相互利用、相互促进、生态互补的生态环境。混养对虾、梭鱼，可以有效地提高养殖刺参池塘的水体利用率，投喂对虾的豆粕饼类、小杂鱼虾及麸皮等饲料的剩余残饵和鱼虾粪便可以增加池水肥度，促进藻类繁殖生长，为对虾、刺参提供天然的饵料生物，同时，养殖的梭鱼还可以利用其摄食有机碎屑、浮游动物及吞入大量的泥沙、刺参和对

虾的粪便等垃圾，起到清洁养殖水体的作用。虾池生态养殖刺参的技术要点如下：

1. 养殖池的选择

虾池所在海区要求水质洁净，潮流畅通，附近无大量淡水注入和其他污染源，适宜于刺参摄食的饵料生物丰富，尤其是底栖硅藻数量充足，水体盐度常年保持在26以上，最好能纳自然潮水，池深在1.5 m以上，一般养殖面积以1.5～4 hm^2为宜。

2. 放苗前的准备工作

（1）人工参礁的设置。虾池底质环境是刺参栖息的重要条件，对于一般底质的虾池可以用石块、水泥板、空心砖等垒成堆状，作为人工参礁，每公顷虾池堆放体积为750～1 200 m^3。

（2）虾池消毒。人工参礁设置好后，纳水浸泡虾池15 d，再将池水放掉，采取连续冲洗、浸泡的方法以降低底泥的有机物含量。在放养前20 d，用750～1 125 kg/hm^2生石灰进行彻底清塘消毒，以杀灭敌害鱼类及病菌、病毒。

（3）肥水。在放苗前10 d左右，用60目筛绢网纳水，水位达50～60 cm肥水。肥水时，虾池投放375～750 kg/hm^2经过发酵的鸡粪，或施用无机肥30～60 kg/hm^2，以培养池水中的基础饵料生物。

3. 苗种的搭配与放养

3月，放养规格为体长10～15 cm的梭鱼鱼苗，放养密度为750尾/公顷左右；3～4月，放养50～100头/千克的大规格刺参苗种于人工参礁上，放养密度一般为6×10^4～9×10^4头/公顷；5月，放养经过塑料大棚暂养的、体长1.2～3.0 cm的中国对虾虾苗，放养密度为3×10^4～4.5×10^4尾/公顷；有条件时可在适当时机移植大型海藻，如石莼、马尾藻等。

4. 养殖管理

（1）水质调控。水质的好坏直接影响养殖对象的生长发育与生存死亡。水质调节要因地制宜，因时制宜。养殖前期（6月之前），水位不宜过深，一般以100～120 cm为宜，每潮要根据池塘的具体情况适时换水，以利于基础饵料生物的繁殖及养殖品种的正常生长；养殖中期（进入7月之后），应逐步加深水位，一般应保持在1.5～1.8 m以上，并加大换水量，保持水质清新，以确保刺参夏眠；养殖后期（到9月中旬左右），可以适当降低水位，此时刺参夏眠结束，有利于刺参的活动与摄食。

（2）饲料投喂在整个养殖过程中，不对刺参进行特别投喂，在投喂中国对虾时适量多投喂对虾人工配合饲料，并结合虾池内养殖品种的数量适量投喂部分粉碎的饼类、小杂鱼虾、麸皮及藻类，让部分残饵与鱼虾粪便沉落在池底，以供刺参摄食。

（3）日常管理定时进行水质监测，控制好水温、盐度、溶解氧、pH等理化指标，调控好水色，并根据池水透明度适时肥水，及时掌握池水中浮游生物的种类和数量。定时向虾池内投入光合细菌等有益微生物，既为刺参提供饵料生物，又起到改善底质、净化水质的作用。同时，每天要定时巡池，观察养殖品种的生长、摄食、排便、病害、成活率等情况。夏季应防止池水水温剧升。大雨过后要注意及时排掉虾池表层淡水，并根据实际条件加大换水量，保持池水盐度在 26 以上。

三、刺参池塘养殖夏季高温处理

（一）定期改良底质，防止底热

1. 引起底热的主要原因

（1）连续高温导致整体水温升高。

（2）透明度高达 1 m 以上甚至清澈见底，池中藻类少，遮避光的天然屏障或水位浅，阳光直射池底。

（3）池底有机物耗氧，死草、死苔、死藻腐烂，池底缺氧，腐败菌厌氧发酵产热。导致池底缺氧—发热—缺氧的恶性循环。

（4）水位太深（1.8 m 以上）导致池水形成温跃层，上下不对流，底部热量散发不出去。

2. 处理方案

建议高温期到来之前水位保持在 1.6～1.8 m，每 10～15 d 需改良底质。高温期期间每 7～10 d 改一次底。有条件的可配备增氧机或抛洒颗粒氧防止底热缺氧。面积较小的池塘可架盖遮阳网降低水底温度。

（二）适度肥水

用适当药物控制青苔以后，可适度肥水培藻，降低透明度，保持透明度在 30～50 cm。通过培藻降低透明度为刺参度夏遮阴避暑。

（三）水质要早调、微调

预防为主，调理结合。进入高温季节，池塘水质要早调、微调，定期解毒。任何产品不宜一次性足量或超剂量使用。因此，高温季节使用微生态制剂宜少量多次，既可保证满意的调水、护底效果，又可避免突变现象发生。高温期溶解氧、细菌、藻类、营养盐变化频繁，生物量不断增加，生物新陈代谢能力增强，随着水温不断升高，池底污物容易上浮，有机质、藻类尸体增多，易引起水面泡沫堆积，使水体通透性减弱，水质底质恶化，甚至在下风处有腥臭味。

（四）科学换水

换水是改善水质最直接、最有效的办法。加入新鲜海水，可以增加水中溶解氧，降低代谢废物的浓度，调节盐度与酸碱度，同时也带来了大量的底栖硅藻和有机碎屑，改善养殖水体生物组成结构，为一部分未进入夏眠的小规格刺参提供饵料。

1. 加大换水量

夏季的养参池塘，在保证水温、盐度等因子相对稳定的前提下，有自然纳水条件的有潮就应进水，无自然纳潮条件也要坚持每天机械进水，日换水量要达到 10% 以上，保持 1.5～2 m 的较高水位，以减少光照和高温对池水的影响。但若遇连续数日阴天无风天气，也可适当降低水位，以利于池水上下对流，防止池底缺氧。

2. 观察水质变化

换水前注意观察海区和池内的水质情况，若海水受污染或出现赤潮等不良水质情况切勿进水，尤其要注意暴雨过后在不明确纳入海水水质情况下不能盲目进水。另外，池塘水质状况较好可适当少换水，池塘水质恶化可加大换水量。还要注意纳水时尽量避开潮头水和潮尾水。

3. 加水与排水结合法

采用边加水边排水的方法换水，这样可使池水处于微流状态，有利于溶解氧的扩散，防止池底和池角局部缺氧。此方法一般是具备机器提水或有蓄水池的条件下才可以操作。

4. 防止雨水倒灌

要及时排除池内淡水。首先，降雨前先将原池水排掉约1/3后立即加到最高水位。其次，经常检查池塘周围是否有陆地雨水进入池塘的通道，防止大量雨水进入池塘。最后，强降雨后及时打开排淡闸板和排淡管道将表层低盐度水从上部溢出，保证池水上下层盐度基本一致，防止因上下层水比重不同造成的池水分层，使上层富氧水不能通过垂直对流传到底层，导致池底缺氧及氨氮、硫化氢、亚硝酸盐等有害物质含量增加。

5. 秋季刺参池塘换水的方法

入秋后，换水要勤一些，每次换水量控制在10%左右，换水时间选择晚间或早晨8点之前。如果有底热现象，可适当加大换水量。水温降到20 ℃以后，便是刺参开始大量出爬时期，水位要适当降低，建议在1.3 m左右，但水位深浅主要还是根据池塘水温变化为标准。尽量少换水或不换水。勤观察刺参状态、勤监测水底微生物、勤测量水温是保证出爬好、高产的基础。在水温适合，水质底质较好的情况下，刺参大量出爬后，尽可能少换水或不换水。入冬前后，水温下降10 ℃左右时，就开始提升水位，换水时间要在白天。换水频率要少，主要还是以补水为目的。做好封冰前的改底工作。需要注意的是，换水方法不正确最容易发生的问题便是应激反应。若发现不正常现象应及时泼洒解毒剂。

四、注意事项及预防措施

（一）注意事项

1. 水体交换

参池换水条件不畅通。参池地势高低不平，池内水深不一，进、排水闸门悬在离池底40 cm以上，水交换时一直留有很深的“死水”。还有部分参池建在离海岸几千米甚至万米处，进排水使用同一个渠道，致使水质质量差，交换量小，进水处无过滤和沉淀池。

2. 池塘构筑

参池筑礁不合理。有的参池采用石礁，每堆石直径不足1 m，而石块小，间距与堆距都在5～6 m之间；有的参池采用编织袋装泥，仅三袋搭成三角形，间距与堆距也在5～6 m；还有的采用瓦片搭成“人”字形，刚进水就被潮水冲垮，既不利于刺参栖息与度夏，又不利于底栖硅藻的附着，阻碍了刺参的正常生活与摄食。

3. 池底清理

清淤消毒不彻底，导致水质败坏。有很多参池养殖多年很少清淤和消毒，使池底和礁石堆积了很深的刺参粪便、淤泥和杂藻，尤其是池底的低温藻类，经过冬、夏两季后开始腐烂变质，从而滋生出细菌、霉菌等多种病菌，影响了刺参的正常生长，最终导致刺参瘦小体弱而发病。

4. 放养密度

放苗密度过大，造成天然饵料严重缺乏。很多从业者，不顾养参池所处的地理环境、水质状况、基础饵料的容有量，片面地追求高产量、高利润，盲目地增加放养密度，在养参条件并不理想的参池，每公顷放苗量竟达到150万头之多，又不舍得投饵，这样当刺参逐渐长大时，天然饵料严重缺乏，刺参的生长空间也逐渐缩小，造成刺参缺氧缺食、体弱患病而死亡。

5. 养殖技术

从业者技术素质不够高，缺乏科学养殖和防病意识。这是刺参养殖迅速发展带来的突出问题，许多养参投资商从来就没接触过水产养殖，对于刺参的生物学特征及生态习性了解甚少，刺参病害的预防和治疗措施无从谈起。一旦刺参发病，束手无策，不仅延误了对刺参疾病的治疗，而且加速了病害的发展和传染，最后导致刺参死亡。

（二）防治措施

1. 病害预防

病害的预防应当做到四个“坚持”：坚持前期规划，规范管理；坚持控制密度，合理放养；坚持清淤消毒，定期调控；坚持无病先防，有病早治。无病的成参养殖池，最好每15～30 d，用生石灰消毒1次，每公顷水深1 m用量150～300 kg，在低潮时全池泼洒，可起到很好的预防效果。在刺参的养殖期间，病害初发时处于可控制阶段，但也应密切监控，不容忽视，应经常潜水观察刺参的健康状况，早隔离、早治疗。已发病的养殖池要从改善水质和底质环境入手，除加大换水量外，每公顷用600 kg生石灰消毒，且派潜水员收集病参，将病参放养在小面积池中，用相关消毒剂药浴。隔天一次，待病参治愈后再投放于养殖池。

2. 易发病处理

一般容易发生的病害有：

一是桡足类（主要是猛水蚤、剑水蚤等）的伤害，可以用杀虫剂全池泼洒；

二是溃烂病，主要在水温较高时（15 ℃以上）细菌滋生快或被桡足类损伤感染引起刺参溃烂解体，可以用抗菌类药物或中草药制剂每隔3～5 d全池泼洒1次。在高温季节，尤其进入8月高温期，应采取降温措施，使水温控制在27 ℃以下；

三是腐皮综合征，可以使用池底改良剂，控制有机物，杀灭病菌，通过使用固态氧增加池水和池底溶解氧含量。

第四节　刺参的围堰养殖技术

刺参为水产滋补珍品，优质刺参供不应求，市场前景好。围堰养殖刺参以轮捕计价，每公顷产值可达20万元以上，且回收成本快，经济效益好。根据多年围堰刺参养殖技术相关研究技术，刺参围堰养殖主要技术包括以下几方面。

一、海区条件选择

据刺参生活习性，围堰养殖适宜选在近海建设。此海区水深要求为3～5 m，常年水温变化在3 ℃～28 ℃，海区底质以泥沙为主，伴有星罗棋布的礁石。海区还自然生有石花菜和鼠尾藻等藻类，饵料丰富，是刺参栖息生存的良好场所。

二、日常生产管理

围堰海区刺参苗种投放后进入养成管理阶段，饲养管理人员在苗种索饵旺季每隔3 d定时投喂一次饵料，主要是海藻粉、农副淀粉、海泥和适量的发酵禽粪等，较好地保证了刺参在高密度适养区的饵料供应。投饵量一般为刺参鲜重的2%左右。定时开展相关水质检验工作。围堰养殖刺参，除在索饵旺季需补充饵料之外，其他时间的饵料来源主要依靠海区自然饵料，因此降低了刺参养殖饵料投入成本，相应地减少了劳动力投入。日常管理的主要任务是巡视和看护，潮起潮落时防偷防盗。

三、刺参苗种投放

刺参苗种来源于自然采捕和人工培育皆可，投放苗前全部进行暂养、分级和筛选，将健康的刺参分别装入网目大小0.5 cm、袋长35 cm、宽25 cm的平胶乙烯投放袋内。苗种规格70～100头/千克，并以每袋50～60头刺参装入投放袋，海区投放时将袋系石敞口沉放海底，让刺参投入海区后自由从袋中爬出。

四、饲养及后续管理

投石围堰养殖刺参，养殖区要选择在水质无污染、自然饵料较丰富、适宜刺参生存、便于管理和收获的海区。围堰区外加设防逃网，一是防止刺参逃逸，扩大养殖面积，增加边沿地域捕捞产量。二是以网为界，确认了与相邻养殖户的边界，减少了养殖区边界争议。围堰养殖刺参，一次性投资，2 a后轮捕，年年收益。可粗放性养殖，也可补充饵料高密度饲养，只要管理科学，效益可观。

五、收获

刺参养殖的第三年，大个体刺参的体重已达到商品规格，进入收获期。按捕大留小的原则，将达到商品规格的刺参收获，收获比例约为3∶1，个体较小的刺参苗可集中于特设区域饲养。

第五节　刺参的深水网箱养殖技术

深水网箱养殖是指在特定海域利用框架、网衣和锚固等相关配套设施，构成具有较强抗风浪性能的各种形状箱体，唯一能在开放式离岸海区进行的一种养殖方式。深水网箱养殖不同于传统网箱养殖，它具有养殖水域较深、流速大、水体交换好、箱体大型化及抗风浪性能强等优势和特点，是高投入、高风险和高收益的养殖行业类型。国外最早发展于20世纪60年代的日本。世界上许多发达沿海国家都十分重视发展深水网箱养殖，在近20多年来对深水网箱养殖生产装备和技术进行了全面系统的研究，取得了巨大成效，并得到大力推广。目前在日本、挪威、英国、美国、丹麦、德国、澳大利亚、智利等国家养殖规模较大，技术较为成熟。从网箱养殖技术水平，经济效益和普及程度看，以挪威的抗风浪大型网箱养殖技术最为先进，网箱的配套设备齐全，技术先进，拥有摄像头、传输光缆、控制器和显示器等构成的水下监视系统，产业发展水平和效益最高。例如挪威、北爱尔兰的自动控制投饵系统代表了深水网箱养殖配套设备的先进技术和水平。

我国沿海各地根据各自实际情况，开展刺参多种养殖方式，目前养殖方式主要有池塘养殖、围堰养殖、大棚内养殖、浅海底播增殖等，上述方式在某些方面仍存在着一定弊端。例如，池塘养殖和围堰养殖需要挖塘围堰建造刺参池，对自然环境有着明显的影响，且这两种方式受自然气候影响很大，每年7～8月因高温和暴雨影响，养殖池塘的水质发生较大变化，刺参成活率极不稳定。大棚内养殖刺参由于是人工投饵，刺参在生长过程中营养吸收相对单一，长成后的刺参出皮率低，在消费者群体中口碑不高，浅海底播增殖虽可避免以上问题，但回捕率很低，砂底海域进行底播增殖尚需投放人工渔礁，为刺参营造栖息场所，人工渔礁的投放改变了周围海域的生态环境，其利弊得失目前做出判断还为时尚早。与上述方式相比，随着安全性和稳定性的不断提升，刺参深水网箱养殖技术成为一种较好的选择。

一、深水网箱养殖特点

（一）科技含量高

深水网箱养殖实现了刺参深水生态养殖，在安全性和稳定性上不断提升。该技术融合了网箱平衡沉浮技术、网箱笼式框架技术、网箱框架连接技术、网箱笼式框架底部底锚技术、网箱笼式框架内置网衣技术、网箱底部网衣刺参附着基技术等多种先进技术，实现了深水刺参生态养殖的安全和稳定性。同时，深水中养殖环境水交换速度快，减少了养殖清污工作量，有效降低了养殖的劳动强度。

（二）耐用时间长

设备使用年限长，防污和防生物附着能力强。通过采用网箱笼式框架内置网衣技术及网箱框架、网衣的防腐处理等技术，有效地保障了设备的使用年限。框架使用寿命可达15 a以上，网衣使用寿命可达5 a以上。

（三）抗击风险强

抗风浪能力强，应用海域广阔。可适应风浪大、海流大的海区，适合任何适宜刺参生产的海域，包括海带养殖筏架旁边底下、其他养殖筏架旁、航道水道旁等；同时，通过合理布设，可有效防止强风浪袭击、局部海区污染、赤潮、天敌等自然灾害。

（四）养殖容量大

单箱刺参养殖量可达 250 kg 以上，成品刺参品质好，网箱容量大，综合效益高。

（五）环境危害小

不污染环境，降低养殖风险和成本。网箱养殖海区，水流畅通，养殖环境水交换速度快，保证水质条件优良，减少病害侵袭，刺参养殖成活率大幅提高，可达 90% 以上。

二、深水网箱养殖关键技术点

（一）海域选择

所选海域远离大型河流河口，无淡水注入，无任何工业污染，海水氮磷含量较高，水质肥沃，近海浮游生物种类丰富。养殖区水深 8～20 m，海区底质为沙泥底，浅海区有马尾藻、龙须菜、石莼等多种大型藻类和大叶藻分布，海水盐度 28～32，pH 8. 3～8. 7，海底水温 2 ℃～26 ℃，是适合刺参生长繁育的理想之地。适宜深水网箱养殖刺参的海域建设。

（二）设施布设

常规采用的是大型沉式网箱，网箱规格是以螺纹钢为框架焊接而成的直径 4 m、高 1. 2 m的圆柱体，中间焊接12根钢筋加固，底圆加设“十”字形螺纹钢加强，防止网箱变形。外附 8 mm 孔径黑色聚乙烯无结网，采用网箱笼式框架内置网衣技术，可有效避免网衣破损。网内底层铺设塑料管式附着基，网底外和侧网围另加一层防护网，网箱顶端留一直径 60 cm 袖口和一条长 1 m 的大型树脂拉链快捷操作口，以便投料和分苗等工作。网箱的布置方式见图 3-1。

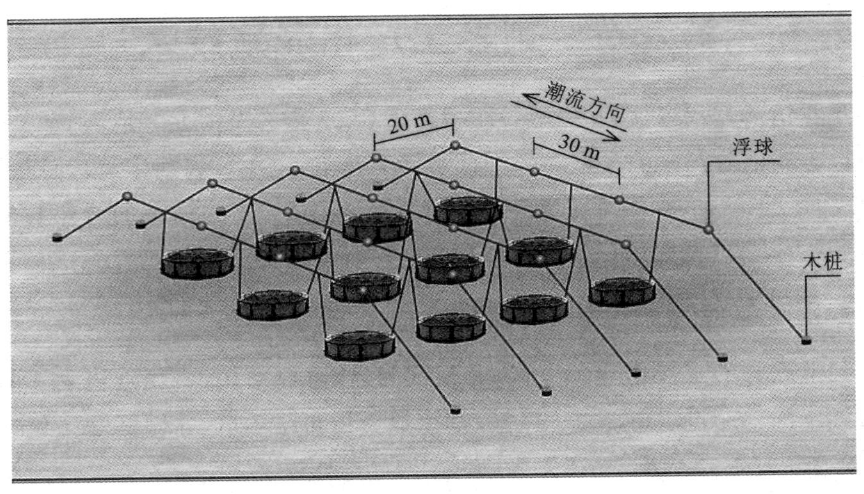

图 3-1 大型网箱锚泊、布置示意图（彭飞，2014）

（三）苗种和饲料

1. 投放规格

投放刺参苗种规格40～50头/千克，为经越冬后二龄参苗。采用水法运输，为防止运输过程中水温升高引起化皮，每个水箱内加适量的冰袋。运输时间不超过7 h。

2. 投苗时间

每年春季海水平均水温达到12 ℃～14 ℃时开始投苗，温度过低易引起刺参肿嘴病发生。

3. 养殖密度

单个网箱投放25 kg刺参苗为合理密度，均匀撒在网箱内。

4. 饲料投喂

饲料为以海带等藻类为主制成的颗粒状饲料，每次投喂量为刺参体重的10%左右。水温10 ℃～20 ℃期间每周投喂一次，水温5 ℃～10 ℃两周投喂一次，水温低于5 ℃和高于20 ℃不投料。投喂工作由潜水员来完成。

（四）生产管理

1. 分苗

如果初次投苗为春季，则可于当年秋季的10月末进行分苗。如果初次投苗为秋季，则可于第二年春季的4月末进行分苗。分苗时需将网箱内大个体的刺参苗（占总量的20%～30%）拣出置于另一空网箱内，这样有利于其他刺参苗更好地成长。

2. 日常维护

每月检查一次网箱，如有破损之处及时修补（尤其有较大气候变化前夕，不能大意）。夏季网衣会有许多小的海洋生物附着，影响水体交换。对于一些贝类，可在网箱内投入适量的海螺进行生物防治；对于海鞘类和一些丝藻类，用水枪去除效果较好，一般夏季清理一次即可。

第六节　刺参工厂化养殖技术

刺参是我国最具代表性的海参品种，盛产于辽宁、山东及河北等地，刺参工厂化养殖通过全控温方式消除刺参的夏眠与冬季低水温半休眠，避免高温期体重减轻与低温期生长缓慢造成的成本增加，全年可控水温平均13 ℃，这样体长3～5 cm的幼参1.5 a就可达到商品规格。因此，开展工厂化刺参养殖具有广阔的前景。

一、养殖池建造

养殖利用原有的工厂化养鱼大棚，养殖池为砖、水泥结构，常用规格为5 m×5 m×1.5 m，实际水深不超过1 m。为了保温，棚顶加盖毡布或草帘，并做好遮光和防水处理。刺参栖息基选用脊瓦，5～8片/平方米，间距20 cm左右。

二、苗种放养

苗种放养前应用 20～30 g/m³ 的漂白粉对养殖池进行消毒。参苗选用规格 5～6 cm 的健康苗种，养殖前期放养密度为 50 头/平方米，在养殖生产中根据水温、饲料、流水量及刺参的规格和实际生长情况等灵活调整养殖密度。

三、水温与盐度的控制

幼参摄食与生长的最佳水温为 19 ℃～20 ℃，体长 5～15 cm 的刺参则适温 10 ℃～15 ℃，适宜盐度范围 28～34。水温不超过 20 ℃时，日摄食量及吸收量均最大，生长速度也快；当水温超过 20 ℃时，日摄食量仍然较大，但吸收率却下降，导致生长速度降低；而当水温超过 30 ℃时，幼参生长增重则出现负值。一般利用沿海海水深水井的井水与沙滤过的自然海水调节水温和盐度；或者利用加盖草帘的方法控温，即夏季高温期白天加盖草帘遮阳降温，晚上卷起草帘散热降温；冬季低温期白天卷起草帘升温，晚上加盖草帘保温。水温一般控制在 10 ℃～15 ℃；全年日平均水温 13 ℃；盐度控制在 30 左右。

四、养殖管理

1. 水质管理

在黄海，海水透明度低，水中泥土颗粒和其他杂质较多，时间长了会在池底沉淀较厚的一层稀泥，又不能被刺参摄食，会变质污染池底，很容易引起刺参疾病，降低成活率，所以纳入的自然海水必须经过沙滤处理，简便的方法是增设沙滤墙。沙滤墙一般建造在进水口处，墙高与养殖池深持平，分为单面沙滤墙和双面沙滤墙 2 种，前者用煤渣空心砖垒一堵墙，墙的一侧堆放沙子，沙堆截面底长与高比为 2∶1 左右，后者用煤渣空心砖垒两堵墙，两墙相距 1.0～1.5 m，中间填满沙子，后者较前者节省用沙量。建墙用沙粒度不要太细，沙粒直径 1～2 mm 为宜。养成期采用流水饲育法。流水量根据水温、养殖密度、个体大小等因素进行调节，流水量的大小直接影响到刺参的生长速度。一般日流水量为饲育水体的 5～8 倍，水温高或养殖密度大时应加大流水量，且刺参个体越大流水量也应越大。在流水的同时需要充气，气石的布置为每个养殖池放置 15～20 个散气石。水体盐度要特别注意，一般养殖用水盐度不应低于 26。此外，要定期监测水质，pH 为 7.8～8.4，溶解氧饱和或接近饱和，有机物耗氧量小于 2 mg/L。

2. 饲料投喂

刺参一般白天不活动，晚上摄食，饵料以底栖硅藻与微生物为主（消化吸收率达 87% 以上）。养成期以混合投喂为主，混合投喂的比例为：配合饲料 20%，海泥 70%，鱼粉 3%，海藻粉 7%，随着刺参个体的增大逐渐加大海泥的投喂量。日投喂 2 次，日投喂量为刺参体重的 2%～3%，并根据刺参大小、水温、摄食情况及残饵量加以调整。配合饲料和鱼粉易败坏水质，要掌握勤投少投的原则，若摄食量不足但残饵较多，应考虑到水质不良或饲料不适，应及时查找原因，以免影响刺参的生长。

3. 日常管理

为保持养殖池内水质，应及时清底和倒池。一般每两天清底 1 次，用虹吸法清除池内粪便和残饵，倒池也是改善水质的有效方法，一般每隔 10～15 d 进行 1 次，以彻底改善水质。若水质发生意外，则应及时倒池处理，倒池时应避免伤害刺参。另外，要设专人日巡查，根据刺参的生长情况及时调整养殖密度，并经常检查刺参的活动情况，观察刺参摄食情况和健康状况，并认真做好记录。水体中缺氧、水质不良、活饵料不足时，刺参往往大量吸附在池壁上，此时一方面要检测水质，另一方面要及时使其回到栖息地，以防因摄食不足影响生长。

五、病害防治

刺参工厂化养殖病害比较少，发病也比池塘养殖好控制。一般的敌害生物，如桡足类等容易刺伤幼参，引起溃烂。此外，由于有机物或油污染、饵料不当、重金属离子超标、pH 变化较大或盐度过低，也容易引起刺参皮肤溃烂或排脏现象。对皮肤溃烂的刺参，可用青霉素、有机碘溶液药浴，重新投入池中即可。

六、养殖收获

工厂化养殖一般采取轮流放苗、轮流收获的方法，刺参的收获规格为体重 150～300 g，自然伸展体长 15～20 cm。因为工厂化养殖通过全控温方式消除刺参的夏眠与冬季低水温半休眠状态，全年可以选择性地收获，捕大留小，获取更高的利润。

第七节　刺参养殖常见病害及防治措施

随着刺参养殖业的发展，在市场价格的调控下规模日益壮大，但是却出现了很多的问题，例如养殖的过快发展、非科学性运作，最终造成病害问题愈加严重，成为从业者损失严重的原因之一，也对该产业的持续稳定发展造成了严重影响。因此，要大力发展刺参养殖业，就要着手解决其病害的问题。

一、刺参常见疾病

（一）育苗期

属于刺参养殖的起始阶段，但是育苗期刺参的疾病防治及存活率却直接关系到刺参养殖的经济效益。因此，对于育苗期疾病的关注是不可缺少的。

1. 烂边病

每年 4～6 月是该病的高发阶段，该时期刺参在耳状幼体阶段，因其死亡率非常高，严重影响了刺参养殖的效益。2003～2004 年在山东省蓬莱、长岛、胶南等地的刺参育苗场广泛流行，死亡率可达 90%。刺参在发病后，在显微镜下进行观察的结果是：耳状幼体边缘突起处有增生的组织，颜色随病情发展逐渐加深变黑，继而出现边缘模糊不清、溃烂，最

后整个刺参耳状幼体解体消失，导致死亡。经组织学技术苏木－伊红染色后有如下表现：可观察到有固缩深染的细胞核，且能看到坏死组织细胞。大量发病后存活下的个体，也不会存活超过一周，在存活的时间中生长停滞，且变态迟缓，即使个别幼体能变态附板1周左右也大多“化板”消失。

防治措施：对于此类大大降低刺参存活率的疾病，应该从病因入手，找到引起发病的病原体及条件，才能从根本上解决疾病，提高稚参存活率。有研究发现弧菌是烂边病的病原体之一。经过常用药物的敏感性检测发现弧菌对一般药物的敏感性均不高，因此，用药十分考究。以预防为主，定期更换池水，控制水中弧菌数量。

2. 烂胃病

大耳状幼体后期可能发生烂胃病，此病易在气温较高和幼体培育密度大时发生。经观察研究发现，该病发病主要表现为：在摄食方面，患病的幼体多不进食或进食能力差，发育迟缓、形态大小不齐，直接造成的后果就是其变态率低，很难从耳状幼体向樽形幼体变态，甚至发生大量幼体死亡。其具体的病灶表现在耳状幼体的胃上。病变后，胃壁增厚、粗糙，胃体周边界限也会有改变，先是模糊不清，然后萎缩变小、不能够维持原来形态，病症严重后胃壁糜烂，最终死亡。这个疾病的发生主要与饵料和细菌的感染有关。饵料品质不佳如老化、沉淀变质的单胞藻，或饵料营养缺乏如只单独投喂金藻类、扁藻等；细菌感染也会引起幼体发生此病。

防治措施：主要从病因入手进行防治。一是保证饵料的品质。如投放角毛藻、盐藻或海洋酵母等饵料时，既要在量上保证足够供给幼体发育和生长，还要在质上保证新鲜利于刺参觅食；另一方面减少水体中细菌数量，可以适当加大换水量，还可以配合使用青霉素等抗菌药物的使用，为刺参生长提供良好的水质条件。

3. 化板症

化板症还有几个别称，如“滑板病”“脱板病”或“解体病”。樽形幼体向五触手幼体变态和刚变态的稚参期是此病的高发阶段，此病最为严重和普遍发生，属于刺参育苗后期的一种流行性疾病。发病症状：幼体收缩不伸展、触手收缩、活力下降、附着力差，不能够在附着基上附着而沉落池底。

防治措施：采用二次沙滤或紫外线消毒，保持池底清洁，定期或根据培育池内的情况对池水进行更换消毒，控制水体中的细菌数量。此外，要严格控制投饵的质量和数量，严格消毒饵料，严格控制被病原体污染的海水入池。另外，定期对培育池内的刺参进行健康状况的监测，在疾病发生早期进行治疗。一旦发生病情，泼洒喹诺酮类抗生素，以药浴和口服同时处理。

4. 气泡病

多在耳状幼体培育期出现，死亡率较低。发病时，幼体体内吞有气泡，摄食能力下降或不摄食，也可导致死亡。通气量过大会造成此病。

防治措施：应调整通气量，避免充气过大过强或者采取间歇充气的方法，以减少此病发生。

（二）稚参培育阶段常见疾病

1. 细菌性溃烂病

溃烂病多发生在夏季稚参的培育阶段，且该时段池内密度较大，因气温高、高密度导致此病发生率上升，且此病传染速度快死亡率高，一旦发生很快就会全池传染，短时间内可以造成大量的刺参死亡，后果严重。患病稚参有如下表现：活力减弱，附着力减弱，摄食能力下降、身体收缩，最终呈乳白色球状，可有局部组织溃烂且面积逐渐增大，最终死亡，附着基上只遗留下一个白色的痕迹。凡有附着板上出现蓝色、粉红色或紫红色的菌落，稚参很容易引起溃烂病而死亡，直至解体。

防治措施：使用土霉素等药物可基本有效控制病情，防止疾病的蔓延。

2. 盾纤毛虫病

刺参幼体附板后的2～3 d容易暴发此病，感染率高，易传染，短期内造成刺参大规模的损失。

防治措施：养殖用水应严格沙滤和300目网滤处理、清除池底污物、附着基保持清洁、适时倒池；饵料应严格消毒灭菌后投喂，保证刺参幼体生长发育正常，降低此病感染的概率。

（三）幼参培育及养成阶段

1. 腐皮综合征

该病各时期参体均可被感染，且死亡快、死亡率高。初期感染的病参表现为摇头，且口部出现感染的症状。随后触手黑浊，对刺激反应不灵敏，口部出现异常状况，即不能收缩，肿胀，甚至有排脏现象；继续发展为身体收缩、僵直，体色暗，肉刺变白、秃钝，口腹部小面积溃疡；末期病参的上述病症加重，最终导致死亡。

防治措施：购苗时应对种苗进行健康检查，投放苗时保持良好的水质环境并控制好培育密度；提前做好预防工作，保证易发病期前刺参处于健康状态；及时观察刺参生长情况，做到“早发现、早隔离、早治疗”。

2. 霉菌病

每年的4～8月为霉菌病的高发期，幼参和成参均可出现。此病死亡率不高，典型表现为参体水肿或表皮腐烂。水肿的个体整个参体膨胀，皮肤色素减退，皮肤变薄且有透明感，触摸参体有柔软的感觉。

防治措施：防止投饵过多，保证饵料的颗粒度要细，及时清除沉落池底的藻类等，减少有机物堆积，防止池底环境恶化，保持水质清洁。

二、其他灾害预防

1. 极端温度节点处理

刺参养殖多为潮间带和池塘造礁的露天养殖，许多养殖户存在“冬季气温低，刺参不用管理”的观念，导致许多刺参的死亡。从近几年了解的情况看，养殖刺参大面积发病的时间基本相同，山东地区多在2月中旬到5月上旬，集中在3～4月。这期间的重要变化因素是气温和水温从严寒的冬季低温期逐步回升，但气温和水温的回升速度是不同的，气温回升得快，水温回升得慢，有滞后现象。气温超过水温，这样的养殖池内水的中上层和底层就形成了水温差异，形成水温分层。经测量，1～3 m的水深处温差为1 ℃～2 ℃。水温高的水密度小，相对密度小，导致上层水一直在上层，不能和底层的水通过上下对流进行交换，结果刺参赖以生存的底层水成了“死水”，从而导致上层水充足的溶解氧不能通过水的上下对流输送到底层。再加上，刺参在底层活动，代谢和有机物的分解等消耗大量氧气，而又缺乏及时的补充，造成底层区成了低氧区，甚至是无氧区。经检测，这期间底层水的溶解氧多处在3 mg/L以下。在低氧或无氧状态下，刺参的代谢水平下降，循环、神经、消化、呼吸等系统的功能受阻，抗逆能力和抗病能力大大削弱。与此同时，兼性厌氧细菌则大量繁殖，引发有机物的厌氧分解，产生毒性很大的氨氮、硫化氢等有害物质，进一步加剧了对刺参的不利影响。因水质恶化，刺参体质虚弱，各种细菌等病原体会乘虚而入，导致刺参发病。为了预防上述情况的发生，要最大限度加大养参池的水体的实际交换量，抓住高潮位时尽可能多地为养参池注入新水，尽量减少昼夜温差，当水温上升时延长流水时间；要经常巡池，必要时派潜水员深入池底检查刺参的活动状态。如发现个别刺参有化皮现象，要及时捞出，并用消毒液浸泡，以防感染其他健康的刺参。

2. 赤潮、黑潮、黄潮

三潮必须提前预防，水深1.5 m左右时，泼洒生石灰150 kg/hm^2，碾成粉末，均匀洒落，沉底变为白色，对刺参无害。

三、科学用药方法

水生动植物增养殖过程中对病虫害的防治，坚持“以防为主，防治结合”的原则。渔用药物的使用应以不危害人类健康和不破坏水域生态环境为基本原则。渔药的使用应严格遵循国家和有关部门的规定，严禁生产、销售和使用未经取得生产许可证、批准文号与没有生产执行标准的渔药。积极鼓励研制、生产和使用“三效”(高效、速效、长效)、“三小”(毒性小、副作用小、用量小)的渔药，提倡使用水产专用渔药、生物源渔药和渔用生物制品。人工养殖的水产品上市前，应有相应的休药期。休药期的长短，应确保上市水产品的药物残留限量符合NY5070要求。水产饲料中药物的添加应符合NY5072要求，不得选用国家规定禁止使用的药物或添加剂，也不得在饲料中长期添加抗菌药物。常用药物的作用和科学使用方法如下。

(1) 氧化钙(生石灰)。主要用于用于改善池塘环境，清除敌害生物及预防部分细菌性鱼病。使用方法：带水清塘(200～250 mg/L)。全池泼洒(20 mg/L)。无休药期。注意事项：不能与漂白粉、有机氯、重金属盐、有机络合物混用。

(2) 漂白粉。用于清塘、改善池塘环境及防治细菌性皮肤病、烂鳃病出血病。使用方法：带水清塘(20 mg/L)。全池泼洒(1.0～1.5 mg/L)；每次泼洒后休药期5 d以上。注意事项：勿用金属容器盛装。勿与酸、铵盐、生石灰混用。

（3）二氯异氰尿酸钠。用于清塘及防治细菌性皮肤溃疡病、烂鳃病、出血病。使用方法：全池泼洒（0.3～0.6 mg/L）；每次泼洒后休药期 10 d 以上。注意事项：勿用金属容器盛装。

（4）三氯异氰尿酸。用于清塘及防治细菌性皮肤溃疡病、烂鳃病、出血病。使用方法：全池泼洒（0.2～0.5 mg/L）；每次泼洒后休药期 10 d 以上。注意事项：勿用金属容器盛装。针对不同的养殖物和水体的 pH，使用量应适当增减。

（5）二氧化氯。用于防治细菌性皮肤病、烂鳃病、出血病。使用方法：浸浴（1～2 mg/L，5～10 min）。全池泼洒（0.1～0.2 mg/L，严重时 0.3～0.6 mg/L）。每次泼洒后休药期 10 d 以上。注意事项：勿用金属容器盛装。勿与其他消毒剂混用。

（6）二溴海因。用于防治细菌性和病毒性疾病。使用方法：全池泼洒（0.2～0.3 mg/L）。

（7）氯化钠。用于防治细菌、真菌或寄生虫疾病。使用方法：浸浴（1%～3%，5～20 min）。针对淡水生物使用。

（8）硫酸铜。用于治疗纤毛虫、鞭毛虫等寄生性原虫病。使用方法：浸浴（8 mg/L，15～30 min）。全池泼洒（0.5～0.7 mg/L）。注意事项：常与硫酸亚铁合用。广东鲂慎用。勿用金属容器盛装。使用后注意池塘增氧。不宜用于治疗小瓜虫病。

（9）硫酸亚铁。用于治疗纤毛虫、鞭毛虫等寄生性原虫病。使用方法：全池泼洒（0.2 mg/L）。注意事项：治疗寄生性原虫病时需与硫酸铜合用。

（10）高锰酸钾。用于杀灭锚头鳋。使用方法：浸浴（10～20 mg/L，15～30 min）。全池泼洒（2～5 mg/L）。注意事项：水中有机物含量高时药效降低，不宜在强烈阳光下使用。

（11）四烷基季铵盐络合碘（季铵盐含量为 50%）。对病毒、细菌、纤毛虫、藻类有杀灭作用。使用方法：全池泼洒（0.3 mg/L）（与虾类相同）。注意事项：勿与碱性物质同时使用。勿与阴性离子表面活性剂混用。使用后注意池塘增氧。勿用金属容器盛装。

（12）大蒜。用于防治细菌性肠炎。使用方法：拌饵投喂（10～30 g/kg）（体重），连用 4～6 d（与海水鱼类相同）。

（13）大蒜素粉（含大蒜素 10%）。用于防治细菌性肠炎。使用方法：0.2 g/kg（体重），连用 4～6 d（与海水鱼类相同）。

（14）大黄。用于防治细菌性肠炎、烂鳃。使用方法：全池泼洒（2.5～4.0 mg/L）（与海水鱼类相同）。拌饵投喂（5～10 g/kg）（体重），连用 4～6 d（与海水鱼类相同）。注意事项：投喂时常与黄芩、黄檗合用（比例为 5∶2∶3）。

（15）黄芩。用于防治细菌性肠炎、烂鳃、赤皮、出血病。使用方法：拌饵投喂（2～4 g/kg）（体重），连用 4～6 d（与海水鱼类相同）。投喂时常与大黄、黄檗合用（比例为 2∶5∶3）。

（16）黄檗。用于防治细菌性肠炎、出血。使用方法：拌饵投喂（3～6 g/kg）（体重），连用 4～6 d（与海水鱼类相同）。投喂时常与大黄、黄芩合用（比例为 3∶5∶2）。

（17）五倍子。用于防治细菌性烂鳃、赤皮、白皮、疥疮。使用方法：全池泼洒（2～

4 mg/L)(与海水鱼类相同)。

(18) 穿心莲。用于防治细菌性肠炎、烂鳃、赤皮。使用方法:全池泼洒(15～20 mg/L)。拌饵投喂(10～20 g/kg)(体重),连用 4～6 d。

(19) 苦参。用于防治细菌性肠炎、竖鳞。使用方法:全池泼洒(1.0～1.5 mg/L)。拌饵投喂(1～2 g/kg)(体重),连用 4～6 d。

(20) 土霉素。用于治疗肠炎病、弧菌病。使用方法:拌饵投喂(50～80 mg/kg)(体重),连用 4～6 d(海水鱼类相同,虾类则连用 5～10 d)。注意事项:勿与铝、镁离子及卤素、碳酸氢钠、凝胶合用。

(21) 噁喹酸。用于治疗细菌肠炎病、赤鳍病,香鱼、对虾弧菌病,鲈鱼结节病,鲱鱼疖疮病。使用方法:拌饵投喂(10～30 mg/kg)(体重),连用 5～7 d(海水鱼类 1～20 mg/kg 体重;对虾(6～60 mg/kg)(体重),连用 5 d)。注意事项:用药量视不同的疾病调节增减。

(22) 磺胺嘧啶。用于治疗鲤科鱼类的赤皮病、肠炎病,海水鱼链球菌病。使用方法:拌饵投喂(100 mg/kg)(体重),连用 5 d(海水鱼类相同)。注意事项:与甲氧苄啶(TMP)同用,可产生增效作用。第一天药量加倍。

(23) 磺胺甲噁唑。用于治疗鲤科鱼类的肠炎病。使用方法:拌饵投喂(100 mg/kg)(体重),连用 5～7 d。注意事项:不能与酸性药物同用。与甲氧苄啶同用,可产生增效作用。第一天药量加倍。

(24) 磺胺间甲氧嘧啶。用于治疗鲤科鱼类的竖鳞病、赤皮病及弧菌病。使用方法:拌饵投喂(50～100 mg/kg)(体重),连用 4～6 d。注意事项:与甲氧苄啶同用,可产生增效作用。第一天药量加倍。

(25) 氟苯尼考。用于治疗鳗鲡爱德华氏病、赤鳍病。使用方法:拌饵投喂(10 mg/kg)(体重),连用 4～6 d。

(26) 乙烯吡咯烷酮碘、皮维碘、PVP-1、伏碘。用于防治细菌烂鳃病、弧菌病、鳗鲡红头病。并可用于预防病毒病:如草鱼出血病、传染性胰腺坏死病、传染性造血组织坏死病、病毒性出血败血症。全池泼洒:海、淡水幼鱼、幼虾,0.2～0.5 mg/L。海、淡水成鱼、成虾,1～2 mg/L。鳗鲡,2～4 mg/L。浸浴:草鱼种,30 mg/L,15～20 min。鱼卵,30～50 mg/L(海水鱼卵 25～30 mg/L),5～15 min。注意事项:勿与金属物品接触。勿与季铵盐类消毒剂直接混合使用。

第四章

刺参加工技术

刺参加工的历史源远流长，最普遍的加工方法是腌渍加工方法。加工时一般采用3～5龄、体重120 g以上的刺参做原料。具体的做法是：将新鲜刺参解剖，去除内脏，然后用水煮沸，再用盐腌渍，要反复煮、腌2～3次。该方法的特点是，加工后的刺参含有大量的盐分，可以长时间保存。

近十几年来，随着新工艺、新技术的快速发展，出现了烘干、微波、喷雾、蒸发干燥等技术进行刺参加工，从而产生了即食海参、免发海参、淡干海参等不同产品。

第一节　刺参鲜品初级加工

一、初级加工流程

新鲜刺参收货后，不可冷冻，不可久置。加工时，首先要制成“皮参”（俗称皮子）。具体做法是将鲜活刺参用剪刀从肛门上方沿腹部向前剖开一个约为体长1/3长的开口，将内脏包括消化道、生殖腺等从切口取出，只保留刺参的体壁部分，即为皮参。在剪开刺参时要注意切口的大小一定要适中，切口若小，在加工的过程中难以使盐分等进入体腔，给加工带来不便；如果切口太大，刺参的内壁就会向外翻卷，影响加工后的品相。

皮参的加工比较简单，但整个操作过程中一定要保持清洁卫生，严禁接触各种油类和油污。加工好的皮参应暂时存放在阴凉处，以防止因为曝晒导致皮参化解。皮参加工是刺参加工的基础，加工好的皮参即可用来进行各种刺参成品的再加工。

二、拉缸盐刺参加工

拉缸盐刺参俗称“盐渍参”“盐参”，是指鲜活刺参在盐缸中经过数次盐渍而成半干状态的刺参。其特点是，保持了刺参基本的属性（如质感、营养等方面），不宜久置。由于盐

分渗透力的作用，拉缸盐刺参的吸水性较强，与鲜活参相比，其涨发率较高，通体饱满。

拉缸盐刺参的加工方法是，将皮参用清水洗净后，放入已洗刷干净的铁锅中加水烧煮，水量以淹没参体为度。加热煮沸过程中应不断翻动刺参，以免粘锅糊底，待水沸腾后，小火持续煮沸 10 min 左右，然后用笊篱将参捞出沥水后，放入水缸或瓷缸内，同时加拌食盐，一般 10 kg 皮参加 1 kg 盐。放置 1～2 d 后将参捞出，包装冷冻即可。

三、单冻即食刺参加工

即食刺参是通过工艺加工将重要的活性营养物质留在刺参体内，不用泡发，直接食用。

即食刺参食用方便，避免了因泡发而导致营养流失的现象，但由于受到加工工艺的限制，即食刺参的口感一般较软，相比泡发的干刺参，味道略有差距。

即食刺参的加工工艺主要有两种，即鲜活加工和水发加工。

鲜活加工是指采用加工好的皮参，直接通过水煮→高压或者低压→泡发，加工好后，单冻冷冻储存待售，加工环节简单，营养价值保留也完整，口感爽滑有弹性，腥味略低。

水发加工是指即食刺参由生产厂家采用干刺参直接泡发而成，单冻冷冻储存待售。

四、刺参肠加工

刺参肠经盐渍后，在国外颇受欢迎，为酒肴中之佳品。日本将经盐渍加工的参肠又称为“海鼠肠”，价格昂贵。

刺参肠的加工工艺流程：鲜活刺参→网箱暂养→吐沙→剖腹取肠→洗涤除泥沙→控水称重→加盐盐渍→沥水→称重、包装→冷藏储存。

加工盐渍参肠的工艺和设备都比较简单，但需要做好以下几个环节的工作。

（1）原料必须是活参，且在剖腹取肠前必须经过蓄养。捕捞上来的参要将排脏的个体挑出，然后将经过挑选的个体放入水泥池或水槽中蓄养，使其排出肠中的泥沙粪便。为避免排脏，蓄养密度不宜太大，连续充气。蓄养时间以 24 h 为宜，蓄养过程中要视具体情况经常换水，保持水质新鲜。

（2）肠管处理要完整。在离刺参肛门 1/3 处的背部割开 3～5 cm 的长口，使肠和呼吸树自然流出，然后仔细摘下肠管，防止断裂和破碎，保持肠管完整。

（3）泥沙要完全洗净。蓄养过程中虽可排出大部分泥沙粪便，但仍有残存。除泥沙时用右手持肠管的最上端，再用左手的拇指和中指捏住肠管从上往下撸出泥沙，此时右手将肠绕起。泥沙被挤出后，将肠放入盆中用海水清洗，清洗时要同时设置几个盆，把参肠装入网兜，手持网兜依次在各个盆中按一个方向搅动洗涤，直至把泥沙洗净为止。

（4）盐渍、包装和保藏要符合要求。为不影响制品的风味又能达到防腐的目的，将洗净的参肠捞出后沥水，然后称重，并按重量加入 15%～20% 的精盐。盐渍后再沥水，3 h 后就可包装，每袋装参肠 2 kg，装袋时应尽量排出袋内气体，扎紧袋口。然后将成品放入冷藏库，在 −15 ℃～−18 ℃的库温中保存。

五、刺参生殖腺加工

每年5～6月收获的刺参，正处于生殖腺发育最好的时候，生殖腺分枝多、色泽也鲜艳。将生殖腺加工成干品也很受消费者的欢迎。加工方法是在加工皮参时，将生殖腺取出，将其加工成12～15 cm宽、12 cm高的倒三角形，一般一个刺参生殖腺可加工成一个倒三角形，然后挂在绳上晾晒。为了保证生殖腺的加工质量，要求当天加工当天晒干。

第二节　干品刺参加工

把刺参加工成干品，食用时再进行发制，是我国传统的食用方法，也是渔民智慧的结晶。在海产品鲜活不能保证的情况下，加工成干制品方便携带，又能够长久储存。

一、简易的加工方法

首先将鲜活刺参从肛门上方沿着腹部剪开小口，将生殖腺、消化道等内脏取出，将鲜活的刺参制成皮参。然后在铁锅内加入淡水或略放一点食盐，水烧开后再加入少许冷水，待水接近沸腾的状态，将皮参放入继续加热。在加热的过程中要不断轻轻地搅动，使锅内的皮参不和锅底粘连。水沸腾后再过20～30 min，捞出已煮熟的皮参放入盐中，要求一层皮参一层盐，进行冷却和沥水。3～5 d后再倒箱一次，将刺参放入新的盐中进行盐渍30 d左右。最后将已经盐渍好的刺参放在木板上晾干，等刺参完全晾干后即加工成功。该方法操作简单，加工的刺参色泽自然，质量上乘，很受消费者欢迎，但是一次的加工量不大。

二、传统的加工方法

为提高加工质量，一定要严格掌握加工程序，通常加工程序分为皮参处理、一次煮参、二次煮参、灰参及晒干。

（一）皮参处理

皮参的制作见第一节。将皮参放在木桶或搪瓷桶中，放在阴凉处以防曝晒，因受热易化皮。在整个操作过程中要保持清洁，切忌接触油污。

（二）一次煮参

将皮参用清水洗净后放入已涮洗干净的铁锅中加水烧煮，水量以淹没参体为度。加热煮沸应不断进行翻动以免糊底胶着，煮沸后要及时除去泡沫。参煮至体变黑色、肉刺发硬、切口处为金黄色即可。煮好后用笊篱将参捞出沥水后，放入箱内，同时加拌食盐，一般0. 5 kg参加盐0. 25～0. 5 kg。放置1 d后将参捞出放入另一空缸中再加盐搅拌(0. 5 kg参加盐0. 35 kg左右)。然后再将原缸中的参汤澄清液取出加入参缸中，加盖保藏。保藏中要注意防油防尘。一次煮参应用急火，这样可除去水分，如火小盐大会出现“饱肚”现象，即皮虽已干，但体内水分却出不来。

（三）二次煮参

煮过一次的参在放置 7～8 d 或 1 个多月后，可进行二次煮参。将参汤放入锅内后加盐使其成为饱和盐水，再将参加入继续烧煮。捞出后，参便立即干固并有盐灰挂附，见有“白霜”即可。

（四）灰参及晾晒

将经二次煮过的参捞出并沥干水分后，倒入已准备好的灰槽中（草木灰或木炭灰），与灰搅拌后置于草席上晾晒，至参体及肉刺硬直、灰不脱落为止。至此已加工成商品参，称为“骨参”。50 kg 皮参经一次煮参后可出 14 kg，再经二次煮参可出 7 kg 左右，灰参后可成 4.0～4.5 kg（骨参干参）。出成率与参体大小及产地有关。加工后的干参要密闭保存，避免受潮。加工时，0.5 kg 干参用盐为 0.5～1.0 kg，用灰 0.1 kg。

三、煮熟冻干刺参加工

利用冷冻技术加工煮熟冻干的刺参，也叫免发刺参。刺参煮熟冻干品可以作为保健食品，也可以用于烹调菜肴，此技术适合于刺参大量加工。

刺参的组织结构特殊，所含水分用传统的干燥方法很难除去，在加工和保藏中容易腐败变质，所以传统的干刺参加工采用了十分复杂的工序，由此造成营养成分的大量流失且复水困难，而营养成分在复水时又一次流失。冻干是在真空条件下使速冻物料中的水分直接升华，因而保持了物料原有的活性成分和性状，并且有效地抑制了细菌增殖，特别适用于除去刺参中的水分、又可保全刺参含量丰富的活性物质的需要。由于冻干能保持刺参原有的性状，加工的产品形体大而饱满，复水容易，刺参风味浓郁，加工工艺不复杂，是很好的刺参加工方法。

煮熟冻干刺参加工工艺流程为：鲜活刺参→清洗→剖腹去内脏→煮熟→冻干→密封包装。

冻干品含水量在 5% 以下，用气密性好的包装材料包装，避免保藏中吸湿。煮熟冻干刺参用冷水浸泡，短时间内即可复原成煮熟的状态，所以叫急发刺参，可用于烹制菜肴。

四、冻干即食刺参加工

传统的干刺参因加工时需要经过浸泡、蒸煮、水发等多个步骤，营养损失多且食用不便。冷冻、即食类刺参产品虽然食用方便，但是其长时间的常温储存技术目前还没有突破，因而产品保质期很短，运输和储存必须在低温条件下进行，造成了诸多不便。冻干即食刺参是鲜刺参经过蒸煮、发制，再利用真空冷冻干燥技术升华刺参体内水分制得的一种经复水即可食用的刺参干制品。该产品因营养损失少、轻便、耐储存、复水即食等特点逐渐被认可。

（一）简易加工方法

1. 原料处理

首先应对原料进行选择，参龄应在 3 a 以上。

2. 清洗

打捞上来的刺参应及时将内脏全部取出并清洗干净。高温漂烫：为了清除鲜刺参中的重金属物质，清洗后的刺参需要经过高温漂烫，漂烫时，为充分保留刺参中的营养成分，温度应控制在 65 ℃～70 ℃，时间不超过 6 min。

3. 预冻

产品的预冻方法有冻干箱内预冻法和箱外预冻法。将新鲜刺参在冻干仓内迅速冷冻到 −35 ℃～−45 ℃，主要目的是使刺参体内水分结冰。

4. 干燥

当水的绝对压力小于 610. 5 Pa 时，水就只能有两种状态，即冰和气态，在这个环境下，通过改变温度，冰直接就变成了气态，这一过程被称之为升华。而冻干技术正是利用了这个原理，在真空状态下，通过调整温度和压力，先将刺参速冻，然后再将冰直接变成蒸汽，并排出仓外，干燥过程大概需要 10 h。经过干燥后，一只刺参此时的含水量只有 3%。

（二）标准加工方法

1. 原材料和包装材料验收

质量良好的原材料和包装材料是决定终产品质量的关键要素之一。首先应确保鲜刺参原材料来自无污染的养殖海域，刺参质量良好，符合国家规定标准。企业也应该对刺参养殖海域的状况、用药记录进行检查，并重点对原料的重金属、药残等指标进行检测验证，确保原材料的安全。其次，包装材料生产商应该具备食品包装材料生产资格，每批包装材料应提供产品质量合格证。

2. 蒸煮

蒸煮是刺参产品熟化、灭菌最主要的步骤。一般根据刺参原料大小、参龄等分别蒸煮，蒸煮温度为 95 ℃～100 ℃，蒸煮时间 30～50 min。蒸煮时间过短，刺参无法煮透，质地坚硬，涨发困难；蒸煮时间过长，刺参过软，容易溶化。

3. 低温发制

低温发制是在较低的温度下使刺参充分涨发。可使用冰水混合物或者在 4 ℃冷库中进行发制，每隔 12 h 换水一次。发制时间不得超过 48 h。

4. 预冻

刺参的预冻采用单冻机进行速冻。快速冷冻产生的冰晶较小，冻干产品质量好。预冻温度要低于刺参共晶点温度，预冻时间不低于 4 h。

5. 冻干

冻干燥过程主要包括升华干燥和解析干燥两个步骤。升华干燥，物料温度不高于 −20 ℃，升华 36～42 h。解析干燥，搁板温度不得高于 35 ℃，干燥 6～8 h，直到水分达到要求。

6. 充氮包装

冻干的刺参需要及时使用双层 PE 材料塑料袋进行充氮包装。包装过程中，环境相对湿度不超过25%，防止刺参吸潮。

五、淡干刺参加工

淡干刺参加工流程如下：

1. 原料处理

将新鲜原料放在海水或淡盐水中，洗净表面附着的黏液。然后用金属脱肠器（中空的细管）由肛门伸入，贯穿头部后拉出内脏。再用毛刷通入腹腔，洗去残留内脏和泥沙，或在腹部开口除去内脏，用稀盐水洗净。

2. 水煮

锅中注入一定盐度的淡盐水，加热煮沸后加少许冷水，使温度降至85 ℃左右。将洗净的原料按大小分批放入锅中煮1～2 h，煮至用竹筷很容易插入体壁内部为宜。在水煮过程中，如发现腹部胀大的原料，用针刺入腹腔，排出水分后继续加热。

3. 低温冷风干燥

通过专业低温冷风烘干设备将刺参烘干。传统的做法是通过日晒等方法干燥，原始又不洁净，现在通过先进技术的引进，使得淡干刺参含杂质更少，烘干效果更明显，更易储藏，且卫生健康。

六、盐干刺参加工

（一）简易加工方法

将皮参放入已煮沸海水的大锅里，水浸过参体，以猛火煮，并用木铲搅拌，使其受热均匀，煮1 h左右将熟参捞出放进盆或木槽里，趁热加盐拌匀，盐量为参重的1倍，冷却后装缸，约3 d进行倒缸，用原缸里的参汤洗去参体上的污物和盐，捞到另一缸里，再加参重60%的食盐，原缸里的参汤澄清后也倒入另一缸里，盖严。盐渍7～8 d后，将参捞出，倒入装有温度达100 ℃的饱和盐卤的大锅里进行烤参，再加参重60%的食盐，随加热不断用铲子贴锅底轻微翻动，同时捞出不溶的食盐，经20～30 min时，捞出几个参检查，如参体表面通风即干，并有白霜出现，说明烤到火候了。捞出烤好的参，倒入水槽中拌灰（玉米秆、木炭），用灰量为参重的2%～3%，同时用麻袋盖严水槽使其不露参，再反复搓揉，将参体内的水分全部挤出，然后晾晒，半天翻动1次，连续晒10 d，用手检验，如果肉刺坚硬、结实，即可入库装箱，并用苫布盖严，捂5～7 d后，天气好再晾晒，反复3～4次，约1个月时间就可制成干参。

（二）标准加工方法

加工工艺流程为：原料接收→去脏清洗→水煮→腌渍→晒干→包装→金属探测→冷冻储存。

加工过程如下：

1. 去脏清洗

用刀将刺参的腹部剖开，将内脏清除干净，用海水清洗皮参。

2. 水煮

锅内水开后将皮参放入，水再次沸腾后持续煮 15 min。煮时要勤翻动刺参，防止刺参粘在锅底，及时清除水面的浮沫。

3. 腌渍

将煮过的刺参凉透后，加盐拌匀盛入大缸中，缸口用一层厚盐封严，腌渍 15 d 以后出缸。腌渍过程要隔几天检查一次，如发现汤色变红，应立即加盐或回锅煮，如正常，检查完后仍加盐封顶。

4. 晒干

将腌渍的参晾晒，每 2～3 d 收回库中回潮，反复进行 3～4 次，直至充分干燥，即为成品。

5. 包装

电子秤称重，每袋 1 kg 或按照客户要求进行包装。

6. 金属探测

使用前用直径 1. 5 mm 的铁金属、直径 2. 0 mm 的非铁金属演示牌检验金属探测仪是否灵敏，加工过程中每隔 0. 5 h 校正一次。所有刺参必须袋袋经金属探测仪检测方可装箱。

7. 冷冻储存

包装好的成品按不同的名称、规格、批次及时入冷藏库。冷藏温度保持在 −18℃以下，并挂标识牌。

第三节　刺参精深加工

近几年随着刺参养殖规模的增加和技术的进步，刺参的深加工越来越受到重视。诸多新的刺参加工产品相继问世，比如刺参胶囊、刺参肽、活刺参素、刺参补酒等。刺参的精深加工不但增加了刺参产品的种类，同时也在一定程度上提高了刺参的附加值。刺参的精深加工应以提高营养和吸收效率、保持其中活性物质的效果为目的。

一、刺参罐头产品

将鲜刺参处理熟化后加汁或者不加汁，经高压灭菌密封后冷藏，还有加入卡拉胶、琼胶、黄鳍胶等凝胶固定刺参避免汤汁深浊，刺参经高压后组织松软，易于消化吸收，营养成分流失少，口感佳。根据刺参的营养特性，配以多种配料制成各种调味的刺参罐头，包括刺参软罐头和刺参硬罐头产品，适合于不同阶层的消费水准。刺参软罐头包装材料采用聚酯、铝箔、聚丙烯做成的耐高温二层复合蒸煮袋，刺参硬罐头包装材料采用玻璃罐、马口铁罐等。

二、刺参口服液及其他刺参酶解制品

早在 20 世纪 90 年代初期就已经开始将酶水解技术应用于刺参制品。目前，刺参酶水

解产品在市场上较多，主要有水剂型和胶囊剂型。液体刺参即“刺参口服液”，它几乎完整地保留了刺参的营养和活性成分，利用率达90%以上，易于消化吸收，特别适合重病、手术后、消化功能不良的患者。但因参体破碎失去刺参原形，不容易被消费者接受。

液体刺参加工工艺：活刺参→去内脏→清洗→磨碎打浆→酶解熟化→添加调味剂→灌装→灭菌→包装。

三、刺参胶囊

原料有干刺参或鲜刺参粉，以鲜刺参粉为佳。加工工艺分为以下3种。

1. *干燥粉碎法*

用冻干、烘干、气流、超微粉碎等方法制得刺参干粉胶囊。

2. *活化冻干法*

鲜刺参(含参肠、参卵)经酶解活化，低温冻干后制得刺参干粉胶囊。此工艺制得的产品价值高，但成本、价格较高。

3. *提取冻干法*

提取分离刺参多糖等活性成分冻干后制成胶囊。因设备和技术要求高，产量有限。产品价值高，成本、价格亦高。

刺参胶囊食用方便，且食用后可被迅速消化、吸收。由于活化冻干法采用酶解活化、低温冻干技术，避免了刺参体内营养成分的分解、氧化、变性以及大量营养成分流失，最大限度地保留了刺参的营养和活性成分。但活化冻干法工艺难度大，生产成本高，而干燥粉碎法工艺简单，成本低，市场价格较便宜。因此，国内厂家多采用干燥粉碎法生产。

四、超高压刺参

专用超高压设备压力达3 000～7 000 MPa，一般10 min即可完成，强大压力下酶类、细菌被灭活，而一些多糖类活性物质保存下来，其加工工艺为：鲜刺参经过清洗去除内脏，进行适当包装，能经受超高压处理，然后成品包装。刺参超高压加工工艺比较简单，能耗少，比热加工可节省能源90%以上。超高压鲜刺参可直接食用，保质期长，并能反季节销售，调节淡旺季，在国际市场有较强的竞争力。

刺参的精深加工除了上述产品之外，现已研制成功的还有刺参酒、刺参薄膜衣片等。随着刺参加工工艺的进一步创新与开发，刺参的产品种类将越来越丰富。

第五章

刺参的营养分析与药用价值

第一节　刺参的营养及药用成分

刺参具有很高的营养价值和医药功能。刺参含50多种营养成分，主要有蛋白质、灰分、碳水化合物、脂肪。体壁是刺参主要的食用与药用部分，含水分89%～91%，粗蛋白3.6%～5.4%，灰分3%～3.3%，总糖0.25%～0.45%，脂肪0.1%～0.4%。刺参还含有海参皂苷、酸性黏多糖、牛磺酸、维生素B_1、维生素B_2等多种活性物质以及钠、镁、钾、硒、铁、锰、锌、磷等微量元素。

一、蛋白质

刺参蛋白质含有17种氨基酸（天冬氨酸、苏氨酸、丝氨酸、谷氨酸、半胱氨酸、甘氨酸、丙氨酸、缬氨酸、蛋氨酸、异亮氨酸、亮氨酸、酪氨酸、苯丙氨酸、赖氨酸、组氨酸、精氨酸、脯氨酸），其中以下8种是人体自身不能合成的必需氨基酸。

（1）蛋氨酸。该氨基酸参与组成血红蛋白、组织与血清，提高肌体活力，促进皮肤蛋白质和胰岛素的合成。

（2）赖氨酸。该氨基酸可以调节人体代谢平衡；刺激胃蛋白酶与胃酸的分泌，提高胃液分泌功效，起到增进食欲、促进幼儿生长与发育的作用；赖氨酸还能提高钙的吸收及其在体内的积累，加速骨骼生长。如缺乏赖氨酸，会造成胃液分泌不足而出现厌食、营养性贫血，致使中枢神经受阻、发育不良。

（3）酪氨酸。该氨基酸促进胃液及胰岛素的产生。

（4）缬氨酸。该氨基酸促使神经系统功能正常，作用于黄体、乳腺及卵巢。

（5）苏氨酸。该氨基酸有转变某些氨基酸达到平衡的功能，并对人体皮肤具有持水作用。

（6）亮氨酸。该氨基酸降低血液中的血糖值，促进皮肤、伤口及骨头愈合。

（7）异亮氨酸。该氨基酸参与胸腺、脾脏的调节及代谢的调节，维持机体生理平衡。

（8）苯丙氨酸。该氨基酸参与消除肾与膀胱功能的损耗。这些营养成分可以显著地增强机体免疫力，提高人体免疫细胞活性，促使抗体生成，有利于强身健体。

表 6-1　刺参体壁氨基酸含量

（单位：g/100 g）

氨基酸	含量
天冬氨酸	3. 76～4. 35
苏氨酸	1. 62～1. 93
丝氨酸	2. 04～2. 41
谷氨酸	4. 14～5. 17
甘氨酸	4. 58～6. 26
丙氨酸	7. 11～9. 59
半胱氨酸	0. 47～0. 77
缬氨酸	1. 84～2. 25
蛋氨酸	0. 42～0. 61
异亮氨酸	1. 29～1. 54
亮氨酸	2. 03～2. 35
酪氨酸	0. 92～1. 12
苯丙氨酸	1. 08～1. 43
赖氨酸	1. 40～1. 83
组氨酸	0. 00～0. 98
精氨酸	2. 59～3. 12
脯氨酸	2. 60～3. 02

二、矿物质

刺参含多种矿物质，主要有钙、磷、铁、锰、碘、锌、硒、钒等。

（1）钙。具有增强细胞核泵的作用，促进细胞活性物质的运输，加强钙质的运送，强化骨细胞的硬度，促进骨质健康发育。可预防儿童佝偻病以及成人骨质疏松症。

（2）磷。磷是人类基本的遗传物质核酸的主要成分。人体缺磷会引起软弱无力、关节痛、心肌炎、食欲不振等症状。

（3）铁。缺铁可引起贫血，造成新陈代谢紊乱、胃肠功能紊乱。

（4）锰。缺锰会影响人体新陈代谢，使血糖异常，易产生肥胖症、脂肪肝、功能性贫血等症状。

（5）碘。碘缺乏会产生甲状腺肿大、头发稀少、神经系统障碍等症状。

（6）锌。锌具有增强人体细胞机能、扩张理化因子成长的外界环境、促使其合成蛋白质的机能。锌可增强脑细胞的营养，促进脑细胞的健康发育，尤其能促进胎儿脑功能的健康发育。缺锌会产生食欲不振、消化功能减弱、脑功能减退、肌体免疫力下降症状。

（7）硒。增强机体免疫系统，具有抗癌作用，可以抑制癌细胞的能量来源，抑制癌细胞的生长。

（8）钒。刺参中钒的含量较多，有利于机体内铁元素的有效吸收，改善贫血；参与脂肪代谢，降血脂，可预防心血管疾病。

三、稀有物质黄酮类

黄酮类物质能够抑制多种癌细胞的生长，包括乳腺癌、肠癌、肺癌、白血病、前列腺癌；具有预防心血管疾病的作用；有利于妇女绝经后骨质疏松的预防和治疗；可弥补更年期妇女因绝经而减少的雌激素，从而减轻或避免引起更年期综合征。

四、维生素类

（1）维生素 B_1。其能刺激人体代谢，增加食欲，利于肠胃的消化与吸收，促进碳水化合物代谢，构成辅酶成分等。

（2）维生素 B_2。它是构成脱氢酶的主要成分，预防口腔炎、皮炎。

（3）维生素 PP。其又称烟酸，属于维生素 B 族，是辅酶的主要成分，参与体内脂质代谢，组织呼吸的氧化过程和糖类无氧分解的过程。

五、不饱和脂肪酸

（1）EPA。二十碳五烯脂肪酸，是人体不能合成但又不可缺少的重要营养物质，可以降低血液黏稠度，增进血液循环，消除疲劳，对预防脑血栓、脑出血、高血压等心血管疾病有很好的疗效。

（2）DHA。二十二碳六烯脂肪酸，被誉为“脑黄金”，是大脑视网膜的重要构成成分。对保护神经元，提高免疫力，增强记忆力，促进儿童智力发育以及预防阿尔茨海默病等均有作用。

六、活性物质

刺参体内含有多种对人体有益的活性物质，主要有海参皂苷、酸性黏多糖、硫酸软骨素、牛磺酸等。

（一）海参皂苷

海参皂苷又称海参素，在刺参的体壁、内脏和腺体等组织中含量很高。海参皂苷是一种抗霉剂，具有很强的抗霉菌作用，可抑制多种霉菌和某些癌细胞的生长。海参皂苷能影响神经传导，对中风引起的痉挛性麻痹有治疗作用。

1. 对免疫功能的影响

海参皂苷的提取物诱导细胞对 EB 病毒感染 B 细胞具有抑制作用的机制可能是被激活的甲状腺素能分泌某些可溶性生物大分子，如 γ- 干扰素等，或通过凡能激活 EB 病毒感染的外周血单核细胞中其他杀伤细胞，从而达到对 EB 病毒感染 B 细胞产生直接或间接的

抑制或杀伤作用。EB病毒是一种嗜人类B淋巴细胞病毒，它与鼻咽癌发生关系极为密切。海参皂苷具有抑制EB病毒的作用，对鼻咽癌的防治具有重要的意义。有国外研究学者证明，海参皂苷能促进单核细胞的吞噬作用以及细胞因子TNF-α的释放，提高小鼠抗体细胞生成数，促进机体的体液免疫和非特异性免疫机能。

2. 抗放射性损伤作用

海参皂苷具有很强的抗放射作用，尤其是从刺参的生殖腺和肠道提取的海参皂苷的抗放射作用最强。

3. 抗真菌作用

浓度为2.78～16.7 μg/mL时，对星状发癣菌、白色念珠菌等真菌均有明显的抑制作用，但对革兰氏阳性菌和阴性菌则几乎无抑制作用。临床试用海参皂苷治疗真菌病87例，有效率达88.5%。

4. 促进性功能

有激素样活性，抑制排卵和刺激宫缩。

5. 阻断神经肌肉传导

用于防止脑瘫及因脑震荡和脊椎损伤所致痉挛。

（二）酸性黏多糖

刺参体壁中富含由氨基己糖、己糖醛酸岩藻糖等组成的酸性黏多糖，具有广谱抑制肿瘤、调节机体免疫力、消炎消肿等作用。同时，它还是一种新型抗凝剂，能抑制血管平滑肌的增生，提高内皮细胞增殖与迁移，并刺激内皮细胞释放游离型抑制剂，对中老年人群具有降低血黏度的功效。医学试验显示，刺参酸性黏多糖具有调节血脂的功能，即降低血清中的胆固醇和甘油三酯水平，对皮质神经元有明显的保护作用；能抵抗单纯性疱疹病毒（HSV）所引起的组织培养细胞的特异病变等。

1. 抗肿瘤作用

有研究表明，对小鼠腹腔注射刺参内脏酸性多糖（SJVP）40 mg/kg，对小鼠MA-737乳腺癌和艾氏实体癌的抑制率分别为42.2%和48.5%。

2. 抗凝血作用

酸性黏多糖的家兔体外和静脉注射实验证明它的抗凝血作用显著，效应强度与浓度成正相关。刺参酸性多糖SJVP和SJVS的浓度为0.025～5 μg/mL时，均可明显延长凝血酶时间，且随剂量增加作用增强，这可能是其发挥抗血栓形成作用的主要机制之一。

3. 抗放射性损伤作用

酸性黏多糖有防治急性放射性损伤作用，并可明显促进实验动物造血功能的恢复。

4. 增强免疫力

酸性黏多糖具有提高机体细胞免疫功能，改善和增强因移植了肿瘤或使用抗癌药物引起的动物机体免疫功能低下状况。

5. 延缓衰老

刺参酸性黏多糖在体外培养的大鼠皮质神经元实验中对以β淀粉样蛋白诱导引起的

皮质神经元的损伤或凋亡具有明显的作用，可防止中枢神经元退行病变，例如阿尔茨海默病。

6. 抗病毒

酸性黏多糖能对抗单纯疱疹病毒（HSV）所引起的组织培养细胞的特异性病变。糖胺聚糖则明显抑制艾滋病（HIV）对培养细胞的感染率。在初步临床实验中证实，刺参酸性黏多糖对慢性肝炎病人三阳转阴以及恢复肝功能方面较常规药物治疗的效果更好。

7. 治疗关节炎

刺参酸性黏多糖可防止骨质疏松症，可用做治疗关节炎。

（三）硫酸软骨素

硫酸软骨素有助于人体生长发育，能够延缓肌肉衰老，增强机体免疫力。

（四）牛磺酸

牛磺酸几乎存在于所有的生物之中，刺参体内牛磺酸含量比较丰富。其能保护心肌，增强心脏功能；调节神经系统，调整脑部兴奋状态。

七、参花的营养分析与作用

参花，即参花刺参的生殖腺，因其稀有和较高的营养价值，素有“参中黄金”之称。据分析，每120 kg的刺参仅能采集1 kg左右的参花，所以参花的价格较为昂贵。

据现代营养学分析证明，参花不仅与刺参体壁含有同样丰富的活性物质，而且许多珍贵营养物质含量更高，如多糖、钒、核酸、精氨酸等，其中多糖含量是刺参体壁多糖含量的3～4倍，钒的含量约是刺参体壁的3倍；参花还含有极为丰富的海参皂苷、β胡萝卜素、虾青素、角黄素以及硒、锌、铁等微量元素。

第二节　刺参体壁营养成分的季节变化

体壁是刺参食用与药用的主要部分。有关研究表明，刺参组织生化组成的变化与其摄食活动的季节变化及生殖腺发育状况等密切相关。刺参体壁中的基本营养成分与含量，包括水分、粗蛋白、总糖、总脂、灰分以及氨基酸、脂肪酸等都会随着季节的改变而发生变化。

一、体壁的基本营养成分

刺参体壁中水分含量最高，然后依次是粗蛋白、灰分、总糖含量，总脂含量最低。

刺参体壁水分含量呈显著的季节变化，变化范围为89.05%～91.90%（平均90.73%）。水分含量在7月、8月、9月逐渐降低，9月初（典型夏眠期）出现最低值，而后逐渐升高，到11月底出现最高值。

粗蛋白占干重的比值具有显著的季节变化，变化为41.90%～49.83%（平均

45.00%)，9月含量最高，11月最低，10月、11月、1月、3月、6月、7月、8月粗蛋白含量没有显著变化。

灰分占湿重的比值季节变化不明显；但灰分占干重的比值具有显著的季节变化，变化为31.06%～39.64%(平均35.77%)，7月、8月、9月逐渐降低，在9月初出现最低值，而后迅速升高，到11月底出现最高值。刺参是目前发现的灰分含量较高的水产动物之一。这可能是由于刺参的内骨骼多不发达，许多微小石灰质骨片埋没于外皮之下，且数量较多导致。

总糖占干重的比值季节变化明显，变化范围为3.08%～5.34%(平均4.53%)，7月含量最高，11月最低。

总脂含量占干重比值季节变化显著，变化范围为1.44%～4.65%(平均2.75%)，3月底最高，10月、11月、1月含量很低。

刺参在9月处于典型的夏眠期，这个阶段刺参摄食停止、消化道萎缩、体重减轻。然而其体壁中的主要营养成分粗蛋白含量在9月却达到最高点，总糖、总脂含量也很高，水分含量达到最低值。

二、体壁中氨基酸的组成和含量

刺参体壁中共检测出17种氨基酸。含量较高的氨基酸依次是丙氨酸、甘氨酸、谷氨酸和天冬氨酸，它们的总含量占氨基酸总量的48%～55%；半胱氨酸、蛋氨酸和组氨酸含量很低，其中组氨酸在10月、11月、1月未检测到。

氨基酸总量、必需氨基酸含量、呈味氨基酸含量均有明显的季节变化。氨基酸总量变化范围为40.09 g/100 g～46.72 g/100 g，最高值出现在10月，最低值出现在7月；必需氨基酸含量变化范围为11.78 g/100 g～14.41 g/100 g，最高值出现在9月，最低值出现在11月；呈味氨基酸变化范围为24.38 g/100 g～30.43 g/100 g，最高值出现在10月，最低值出现在7月。已有大量研究表明，季节温度变化对无脊椎动物的氨基酸组成影响是显著的。

氨基酸是前列腺素和凝血恶烷的前体，而且在生物生长发育过程中起重要作用。刺参体壁氨基酸的相对含量在全年都较高，尤其是在秋季和冬季。

三、体壁中脂肪酸的组成和含量

刺参体壁的脂肪酸组成比较复杂，共检测出39种。其中饱和脂肪酸8种，单不饱和脂肪酸11种，多不饱和脂肪酸18种，支链脂肪酸2种。

刺参体壁总脂肪酸相对含量季节变化不明显，含量范围为91.72%～95.97%。饱和脂肪酸相对含量及多不饱和脂肪酸均有明显的季节变化。其中饱和脂肪酸相对含量变化范围为17.11%～30.89%，8月最高，而后随水温降低而逐渐降低，1月降至最低值，之后随水温的上升而逐渐升高；多不饱和脂肪酸变化规律与饱和脂肪酸相反，8月最低(25.87%)，随水温的下降相对含量逐渐升高，1月达到最高值(42.93%)，而后随水温的上升，多不饱和脂肪酸相对含量又下降。单不饱和脂肪酸季节变化不明显，变化范围为29. 94%～35. 45%。

刺参体壁含量最高的饱和脂肪酸是16∶0（7. 87%～16. 33%）；含量最高的单不饱和脂肪酸是16∶1（*n*-7）（10. 69%～17. 35%）。20∶5（*n*-3）（EPA，7. 24%～14. 45%）、20∶4（*n*-6）（氨基酸，4. 54%～8. 16%）和22∶6（*n*-3）（DHA，2. 41%～4. 45%）是刺参体壁中含量最多的多不饱和脂肪酸。

n-3系列多不饱和脂肪酸具有保健功能，而过量的*n*-6系列多不饱和脂肪酸的摄入却能引发多种疾病，WHO推荐食物中多不饱和脂肪酸（*n*-3）与（*n*-6）的比值应大于0. 1。刺参体壁中这一比值范围为1. 7～2. 4，远大于0. 1，说明刺参在每个季节都是很好的*n*-3多不饱和脂肪酸提供者，很适合人类食用。

四、刺参体壁营养成分的季节变化

6月、7月、8月刺参体壁样品中的总糖、总脂、必需氨基酸/总氨基酸和饱和脂肪酸的含量较高；11月和1月刺参体壁样品中的水分、呈味氨基酸/总氨基酸、多不饱和脂肪酸、*n*-3系列不饱和脂肪酸、*n*-6系列不饱和脂肪酸、EPA和DHA的含量高；3月刺参体壁中含有较高的单不饱和脂肪酸和灰分；9月刺参体壁样品中粗蛋白和总氨基酸含量较高而其他营养成分含量低；10月的刺参体壁样品中除氨基酸总量和粗蛋白含量较高外，呈味氨基酸/总氨基酸、多不饱和脂肪酸、*n*-3和*n*-6多不饱和脂肪酸、EPA和DHA的含量也比较高。通过综合分析可以得出，在冬季的11月和1月刺参体壁的营养价值最高。

第六章

刺参发制技术与鉴别方法

第一节　刺参的发制方法

一、干刺参的发制方法

刺参的干制品质地坚硬，所以烹制前需涨发。因其品种较多，涨发时应根据其品质特点采取不同方法。

干刺参的发制方法有许多种，常见的有纯水发制、蒸发发制。无论哪一种方法在涨发过程中所用的容器和水都不能沾上油和盐。油可使刺参溶化，盐使刺参不易发透。

（一）锅煮发制

锅煮发制是最常见的一种发制方法，主要步骤如下：

（1）浸泡。将干刺参用清水浸泡 8～10 h，直至参体回软。

（2）挑筋。用剪刀顺参体肚下切口剪开，清洗干净；为保证发制效果最好，可以将刺参内筋切断，可不剔除。

（3）水煮。将处理好的刺参放入无油的干净锅内用大火开锅，再改为小火煮 30 min，离火自然凉透。

（4）清洗。将自然凉透的刺参捞出，摘除刺参头部沙嘴，清洗刺参的体表和体腔。

（5）观察。随机挑选处理好的刺参，用筷子戳其体壁，以稍微用力能戳透体壁为标准，确定水煮时间。

（6）浸泡。将刺参放在纯净水中，置冰箱保鲜层继续泡发 8～10 h，刺参会在冷水中继续发涨，肉质和口感更好，形态更为饱满。发制后的参进行冷冻，解冻后即可食用。

锅煮发制的关键技术要点是：

（1）发制用水。最好是蒸馏水，其次是纯净水、矿泉水或清洁的自来水。

（2）泡制、蒸煮器皿。可以用不锈钢容器、电饭锅、玻璃器皿、高级陶瓷容器瓶等，要保证清洁，避免粘油。

（3）发制数量。每次不宜发制太多，一般以一周食用量为准，确保刺参的外观、口感和营养。

（4）保存。发制好的刺参可以用保鲜膜一个个裹好，放在冰箱冷冻里单冻起来，在食用前一天晚上取出，放在冰箱保鲜层自然解冻，再用热水汆一下即可。

（二）保温瓶发制

洗净刺参表面的灰、沙，放于洁净的容器内，倒入清水浸泡 2 h 左右，再洗掉参体外部的黑灰和杂质，然后把参装进保温瓶中，向瓶中灌满开水并盖上瓶塞。视参体的大小，待泡发 8～12 h 将参倒出，此时参体膨大，全身软而有弹性，可挑拣烹制。如有硬心，说明尚未发透，可重新放入瓶中继续涨发。如果参体稀软无弹性，则说明涨发过大，在以后的发制过程中，缩短泡发时间。

（三）高压锅发制

方法与锅煮发制方法相似，唯步骤(3)不同，高压锅发制时，将处理好的刺参置于高压锅内，大火开锅，小火继续加热 5 分钟左右灭火。待压力正常后迅速开锅捞出刺参，其他方法同锅煮发制，高压锅发制的刺参更为柔软，适宜老人食用。

二、拉缸盐刺参发制方法

拉缸盐刺参是目前常见的一种加工形式，其发制方法如下：

（1）如锅煮发制方法，将步骤(1)浸泡时间改为 1～2 h；其他步骤相同。

（2）保温瓶发制时与干海参不同之处在于，刺参在保温瓶中泡发时间改为 5～6 h 将参倒出。

（3）高压锅发制时也将步骤(1)浸泡时间改为 1～2 h；其他步骤相同，拉缸盐刺参一般不采用蒸发发制。

三、淡干刺参发制方法

淡干刺参分为两种，一种是普通淡干刺参，一种是免发淡干刺参。普通淡干刺参发制方法与干刺参发制方法相同。免发淡干刺参在销售时一般配一个保温杯，发制方法简单，取一个刺参放入杯内，倒入开水，旋紧杯盖 8～10 h，开盖即食，方便旅行出差时食用。

四、鲜活刺参的发制方法

鲜活刺参一般采用锅煮发制和高压锅发制两种方法，两种发制方法均可省略掉步骤(1)，其余步骤相同。

五、速冻鲜刺参发制方法

将冷冻的刺参取出，用水化开并清洗干净，放入沸腾的纯净水锅中再煮至沸腾。将刺参捞出后，剪开去掉沙嘴，再将刺参放入高压锅中倒入纯净水，大火烧开后改为小火煮 15 min 即可取出，将筋取下做汤用，然后将刺参放入 0 ℃～8 ℃的纯净水中涨发。

第二节　刺参的保存方法

一、干刺参的保存

干刺参是刺参经过加工后的制成品，耐存放，易运输，所以深受市场和广大消费者的欢迎。

将刺参晒干晒透，装入双层食品塑料袋中，然后扎紧袋口，放置于通风干燥处保存即可。达到国家标准的干刺参，置通风阴凉处，保质期可达 2 a 以上。

二、即食刺参的保存

即食刺参是目前市面上食用最简单方便的刺参选择，速冻即食类刺参产品包括低压刺参、高压刺参。

密封保存即食刺参最好放置于冰箱冷冻室内，储藏温度在 −18 ℃以下。0 ℃～4 ℃条件下可储存 90 d，−18 ℃条件下可储存 12 个月。即食刺参开袋后若不能立即食用仍需要冷冻储藏。

三、泡发后刺参的保存

泡发后的刺参应继续浸泡在 0 ℃～5 ℃冷水中，日换水一次，可以保存 3 d 左右。如果一次性泡发的刺参数量较多，可用保鲜膜或小塑料袋单只独立包好，放置于冰箱冷冻室内保存，保存时间可达 3 个月以上，食用的时候解冻即可。

泡发后的刺参不宜长时间保存，否则新鲜度及口感都会有所降低。

四、鲜活刺参的保存

刺参具有自溶的特性，因此鲜活刺参的保质期非常短。一般保存条件是 0 ℃～8 ℃的低温，应尽快进行加工，或者水煮后放置于冰箱冷冻室内保存。

五、冻干刺参的保存

密封置于干燥通风处，常温下可保存 36 个月。

第三节　刺参的鉴别方法

在加工过程中，个别不法商贩采取掺杂使假甚至使用劣质的进口刺参来冒充国产刺参牟取暴利，导致刺参产品质量良莠不齐。为使消费者能够放心选购到优质刺参，特将不同加工方式的刺参产品鉴别方法予以介绍。

一、鲜刺参鉴别

（一）颜色

真刺参体色多样，颜色差异是由于刺参在不同生长环境下所形成的，一般呈棕褐色、棕黄色、黄绿色等，色泽较均匀。人造刺参经过着色处理，颜色乌黑发亮，泡水后会出现掉色现象。

（二）肉刺

真刺参肉刺长短不一，无残缺，表面无损伤。人造刺参的肉刺摸起来弹性不大，太过整齐，容易损伤。

（三）内部

真刺参即使将内脏掏空，内壁仍会残留筋状痕迹。人造刺参内部光滑无痕，两端封闭，无开口。

（四）野生刺参与养殖刺参的鉴别

（1）野生刺参多数生活在深水区，由于受到风浪、海流等因素的影响，其管足强壮粗大，吸附能力强。而养殖刺参生活在浅水区，缺少运动，管足变得细长，并且吸附能力下降。

（2）野生刺参因受水深、温度、饵料等环境条件的影响，生长缓慢，肉质厚实具有弹性，而养殖刺参生长速度则相对较快，体壁要更薄一些。

二、干刺参的鉴别

（一）感观

按常规工艺加工的干刺参，其色泽为黑灰色或者深灰色，体形完整，个体均匀，肉刺坚挺且完整，切口小而清晰整齐，管足密集清晰；体表无盐霜，附着的炭灰或草木灰少，无杂质，无异味。

（二）触摸

优质干刺参个体坚硬，不容易掰开，敲击有木炭感，掷地有弹性。劣质干刺参易于掰断，并有盐结晶或杂质脱落，手掂有沉重感，敲击或掷地无弹性和回音，盐含量高达 60% 以上。

（三）横切

横向切开干刺参，优质品其体内洁净无盐结晶，无内脏、泥沙等杂质，断面壁厚均匀，在 3 mm 以上，断面肉质呈深棕色，光泽明亮。不按规定工艺加工的劣质干刺参，体内有明显的盐结晶或杂质，胶质层薄且厚度不均匀，甚至破碎，形成破洞，组织形态老化。

（四）挑选

在干刺参加工过程中，为降低成本，盐水泡增重、糖染色等现象时有发生。只要仔细观察，还是能够发现其中的差别。

（1）开口。优质刺参一般腹部开口较小，且开口处向外翻。

（2）颜色。颜色发白、灰白的干刺参，说明加工过程中添加了较多的盐分；如颜色较深且非常一致，则极有可能是使用糖或其他颜料处理过。

（3）水分。用手掂刺参，如果发软不坚硬，则水分较大。

（4）肉刺。优质刺参一般刺多且坚挺。如果刺粗且短，一般是加盐水泡过，盐分含量较高。

（5）管足。品质好的刺参，管足清晰，黄白色或灰白色，管足之间无杂质。如果管足模糊，色泽杂乱，杂质较多，则质量无法保证。

三、即食刺参鉴别

（一）鲜活加工品

此种工艺采用活刺参直接通过水煮（高压或者低压）加工好后，冷冻储存。加工过程简单，刺参的营养成分保留较好，口感爽滑，有弹性，水分低，腥味略低。

（二）水发加工品

此种工艺用干刺参泡发后，冷冻储存。水发即食刺参质量的好坏取决于干刺参的质量，现在市面干刺参存在众多质量问题，比如加糖，加盐，甚至加添加剂等问题，从而导致水发即食刺参营养流失严重。水发刺参还可能有一个问题就是无节制的水发泡涨，这种刺参一碰就碎。

（三）含添加半熟加工品

这种刺参是当前市场最恶劣的一种加工方式，这种加工方式只需要 1～2 kg 活刺参就能加工出 1 kg 的即食刺参。因为加工的时候使用了碱等，加工时不掉秤，不缩小。而且吃起来比正常的刺参要硬一些，让人误认为质量很好，其实是一种质量最差的即食刺参，通常成本较低。这种加工方法的产品特点是体表发涩不滑，腥味偏重。

（四）挑选技巧

（1）好的即食刺参解冻后要滑而不涩，韧性好，腥味较低，口感脆的刺参和发涩的刺参可能存在添加问题。

（2）刺参表面不挂冰，解冻前和解冻后的刺参重量变化越小越好。

陈旧的刺参认识观念总认为刺参越大越好，其实现在的加工方式和技术完全可以用最低的成本、最差的质量将刺参加工得很大，所以挑选刺参时一定要进行综合比较。

四、发制效果鉴别

（1）用筷子可以把刺参夹起来，刺参的两端略微自然下垂，就是发制完成。如果筷子夹不起来，极有可能是发制过度。

（2）用筷子在刺参的背部轻轻一戳，感觉可以不费力地穿过去，表明已发制完成，反之则需要继续发制。

很多人认为刺参泡发得越大越好，其实这是片面的，家庭正常泡发到原长度的两倍左右时即可，长时间的泡发对刺参的营养价值是有影响的，家庭食用完全没必要那么做。

图 6-1　劣质刺参

五、刺参的鉴别技术汇总

（1）看刺参外观。一般好的刺参皮质清晰、颜色自然，主要为黑灰色或者深灰色等。肉刺与管足比较完整。有的刺参是染色的，体表颜色漆黑，刺参的开口处也是黑色的，里面露出的刺参筋都是黑色的。

（2）看刺参的发泡效果。好刺参的肉质厚实，弹性好。

（3）刺参一定要干燥。不干的刺参容易变质，而且因为含有大量水分，购买的价格实际高出了很多。

（4）看干刺参的饱满程度。不法商贩在刺参的加工过程中，为了增加刺参的重量加入了大量白糖、胶质甚至是明矾，这样加工出来的刺参虽然不符合产品质量标准，但因为参体异常饱满、颜色黑亮美观，对消费者具有很大的蒙蔽性。因此，挑选时可多选择略显干瘪的干品，而不选择饱满的个体。

（5）购买干刺参时不要一味追求价格便宜，要结合干刺参的涨发率进行综合比较。优质的干刺参可以发制出 10 倍重量的水发刺参，而劣质干刺参水发后一般不超过 5 倍，甚至破碎不堪根本无法食用。

（6）注意品牌的选择。购买刺参的渠道多种多样，从自由市场、不规范的渠道购买的刺参往往来源不清、加工手段不明，消费者往往贪图便宜吃大亏。相对来说，大企业、知名品牌的刺参不仅选材考究，在生产加工方面也会有严格的品质控制，是刺参品质的最佳保障，所以当消费者无法识别品质优劣时，选择优质品牌的产品是最佳选择。

常见的刺参鉴别与挑选方法可以参考表 6-1。

表 6-1　刺参的鉴别与挑选方法

项目	优质刺参	过度裹盐的盐干刺参	糖干刺参	掺杂刺参	人造刺参
色泽	颜色纯正均匀，显灰色或黑灰色，光泽洁净	表皮被盐破坏，发暗发白，呈灰白色	深灰色或黑色，比一般加工的刺参的色泽重	灰色或黑灰色	灰色或黑色
气味	新鲜的海鲜味	有咸味	有甜味	掺明矾的刺参有涩味	没有海鲜味，有异味

续表

项目	优质刺参	过度裹盐的盐干刺参	糖干刺参	掺杂刺参	人造刺参
外观	体形肥满，刺尖锐而坚硬，开口处外翻，形体完整，不易掰断	表面粗糙，头部骨板疏松，参体扁状，肉质薄，刺有残缺，体表微透盐晶。	刺挺直且整齐，刺软，用手一按就会侧歪	切口处充满杂质，易掰断，且掰开后，可见其内部充满黑灰色杂质，手感沉重	摸上去发黏，用手摩擦其表皮，手上会染上黑色
杂质	杂质少	有盐晶	杂质少	黑灰色杂质	黑灰色杂质
发制后	水发后颜色为深咖啡或黑色，参体完整、肉质厚、弹性强，口感软糯，无破碎现象，无异味，复水性强	水发后参体破碎，甚至一泡就烂，肉、筋与参体壁脱离	复水性差，复水后刺参肉质薄，无弹性	复水性差，肉质薄，无弹性，而且浸泡水浑浊，杂质多	水发后，大小不变

第四节　不同地域与不同养殖模式刺参的品质评价

刺参作为“海产八珍”之首，营养丰富，是一种高蛋白质、低脂肪、不含胆固醇的海珍品，且富含多种人体必需的氨基酸、维生素、不饱和脂肪酸及钙、铁、锌、硒等多种无机元素。具有修复创伤、预防组织老化、抗肿瘤、抗凝血、抗疲劳、预防心血管疾病、提高免疫力等特殊的功效，是一种兼具海鲜风味及较高的营养价值和药用价值的海珍品。在有记载的食用海参中，以黄海、渤海所产的刺参药食价值最高，尤以胶东刺参最负盛名，被誉为“参中之冠”。

近年来，随着人们健康意识的普遍提高，有效拓展了刺参的消费市场，极大地刺激了刺参养殖产业的快速发展。山东省刺参养殖总产量占全国刺参养殖总产量的70%以上，为山东省渔业经济的支柱产业。山东省刺参养殖主要分布在烟台、威海、青岛、东营和日照五大产区，其中烟台、威海、青岛是山东省刺参养殖的三大主产区。

以烟台海域出产的刺参申报的“烟台海参”，2011年成功获批中华人民共和国农产品地理标志，2017年“烟台海参”成功注册地理标志证明商标。“烟台海参”地域保护范围位于北纬36°16′～38°23′、东经119°33′～121°56′之间的区域。水温周年变化为－1.0 ℃～28 ℃，年平均海水盐度为28～32，pH为7.8～8.2。

刺参产业发展速度之快、生产规模之大前所未有，由此也催生了多种养殖模式，如池塘养殖、围堰养殖、底播增殖、网箱养殖及工厂化养殖均取得了较好的经济效益。野生或底播增养殖的刺参受海域温度的影响，生长相对缓慢，但积累的营养成分更多；与野生底播刺参相比，围堰养殖具有养殖条件可控、养殖周期短、经济效益高等特点；北方刺参相比南方刺参具有生长周期长、体壁厚、营养丰富等特点，但不同养殖模式与不同地域的刺参在营养成分、品质以及药用价值方面是否存在差异已成为广大消费者普遍关心的焦点问题。

之前有学者对不同参龄、不同季节、不同生长发育阶段、不同组织、不同养殖模式、不同加工方式、不同种类的刺参进行过对比分析。中国水产科学研究院黄海水产研究所王哲平等对比了野生与养殖刺参营养成分的差异，野生刺参在盐分、黏多糖、皂苷、必需氨基酸等含量与养殖刺参存在显著差异，尤其灰分、粗蛋白质、鲜味氨基酸、药效氨基酸总量等差异极显著，由此得出二者虽均具较高的营养价值、但野生刺参营养及药用价值仍高于养殖刺参的结论。广东海洋大学肖宝华等研究了北方刺参与南方糙海参口感及营养成分的比较分析，刺参与糙海参的硬度、弹性、吞咽度、润滑感等口感方面存在差异，糙海参的胶原蛋白含量明显高于刺参，但刺参必需氨基酸含量、钙、铁、锌、多糖等含量高于糙海参。河北农业大学万玉美等对比研究了人工鱼礁区与池塘养殖刺参体壁营养成分的差异，仅就微量元素而言，池塘养殖刺参优于人工鱼礁区，但人工鱼礁区养殖刺参的氨基酸总量、非必需氨基酸总量和呈味氨基酸总量显著高于池塘养殖刺参，整体营养成分高于池塘组，且具有更为浓郁的海鲜风味，进而得出养殖模式会影响刺参营养成分及风味物质的组成及含量的结论。中国海洋大学刘小芳等针对乳山刺参对比研究了体壁和内脏营养成分之间的差异，结果表明，内脏中同样含有丰富的海参酸性黏多糖、海参皂苷等活性成分，且内脏中多不饱和脂肪酸含量高于体壁，钒、锰的含量尤为丰富，亦具较高的食用药用价值。

本书编者选取了同一季节北方（烟台）、南方（福建）、底播增殖、池塘围堰养殖等不同地域、不同养殖模式下的刺参作为研究对象，在对比其外观、理化指标的基础上，分析了粗蛋白、粗脂肪、灰分、氨基酸组成、无机元素等成分，并针对刺参特有的不饱和脂肪酸、岩藻多糖等指标进行了比对分析，进而对其品质进行初步评价，旨在为刺参品质评价体系的建立奠定基础。

一、实验材料

（一）实验材料

本实验选取2015年秋季约2龄的烟台四十里湾（烟台市水产研究所海上实验基地）野生底播刺参、烟台海阳市围堰养殖刺参（下简称海阳围堰刺参）和福建围堰养殖刺参（下简称福建围堰刺参）三批次样品作为实验材料。

（二）检测依据

1. 一般营养成分的测定

粗蛋白含量的测定采用凯氏定氮法（GB/T 5009. 5—2010）；灰分含量的测定采用马弗炉法（GB 5009. 4—2010）；水分含量的测定采用直接干燥法（GB 5009. 3—2010）；粗脂肪的测定采用索氏抽提法（GB 5009. 6—2003）。

2. 氨基酸、脂肪酸、无机元素等的测定

将鲜品交由山东海波海洋生物科技股份有限公司代加工处理为干品（淡干）后送烟台大学食品检测检验中心进行检测。氨基酸测定按照《氨基酸分析方法通则测定》（JY/T

019—1996）测定；脂肪酸按照《动植物油脂、脂肪酸甲酯的气相色谱法分析》（GB/T 17377—2008）测定；黏多糖及岩藻多糖按照《刺参及其制品中刺参多糖的测定 高效液相色谱法》（SC/T 3049—2015）测定；无机元素按照食品中钙、铁、锌、硒等相关标准分别进行测定（GB/T 5009. 92—2003、GB/T 5009. 90—2003、GB/T 5009. 14—2003、GB 5009. 93—2010、GB/T 5009. 91—2003、GB 5009. 12—2010、GB/T 5009. 17—2003）。

3. 氨基酸营养价值评定

氨基酸营养价值评价根据 FAO/WTO（联合国粮农组织 / 世界卫生组织）1973 年建议的每克氮（N）中氨基酸评分（AAS）标准模式和中国预防医学科学院营养与食品卫生研究所提出的鸡蛋蛋白模式进行比较，AAS 和化学评分（CS）按照以下公式计算：

$$\mathrm{AAS}=\frac{\text{样品蛋白质氨基酸质量分数(mg/g)}}{\text{FAO/WTO 评分标准模式氨基酸质量分数(mg/g)}}$$

$$\mathrm{CS}=\frac{\text{样品蛋白质氨基酸质量分数(mg/g)}}{\text{鸡蛋蛋白质中同种氨基酸质量分数(mg/g)}}$$

二、实验结果

（一）感官评价

感官评价是通过眼观、手触、鼻嗅、口尝等方法对食品进行全面评价分析的过程，通过感官评价（评价指标见表 6-2）可以直接对食品进行快速评价，是产品标准中十分重要的组成部分。

表 6-2　刺参感官评价指标

评价项目	评价指标
色泽	体表色泽黄绿色、土黄色或黑色、黑褐色，有正常色斑，亮洁有光泽
组织形态	体形肥满，肉质厚实、有弹性，4 列不规则的圆锥状疣足挺直。个体完整，表面无溃烂现象，无肿口、形体萎缩等现象
滋味、气味	具有海参正常滋味、气味，无异味
口感	具有海参固有的风味，肉质脆嫩，口感软糯，软硬适中，适口性好
杂质	体表无肉眼可见泥沙等外来物杂质，品尝时无异物感

根据中华人民共和国农业行业标准 NY 5328—2006《无公害食品 海参》、中华人民共和国水产行业标准 SC/T 3308—2014《即食海参》、中华人民共和国水产行业标准 SC/T 3206—2009《干海参（刺参）》、山东省地方标准 DB37/T 1241—2010《地理标志产品 烟台海参》、山东省地方标准 DB 37/T 1095—2008《即食海参通用技术条件》、辽宁省地方标准 DB 21/2392—2014《食品安全地方标准 即食海参》等行业标准制定本次感官评分标准。

感官评分标准由 5 项组成，总分 10 分，每小项满分为 2 分，10 名测试人员根据该标准对照测试刺参自行评分，统计三组海参的感官评分总分。见表 6-3。

表 6-3　感官评分表

组别	指标	1	2	3	4	5	6	7	8	9	10	平均分
海阳围堰刺参	色泽	1.7	1.8	1.9	1.6	1.8	1.9	1.8	1.7	1.7	2.0	1.8
	组织形态	1.8	1.7	1.8	1.9	1.8	1.7	1.8	1.7	1.9	1.8	1.8
	滋味、气味	1.9	1.9	1.8	2.0	1.8	1.7	2.0	1.9	1.8	2.0	1.9
	口感	1.5	1.9	1.8	1.6	1.7	1.8	2.0	1.8	1.7	1.5	1.7
	杂质	2.0	1.8	1.7	1.8	1.9	1.7	1.5	1.6	1.8	1.7	1.8
	总分	8.9	9.1	9.0	8.9	9.0	8.8	9.1	8.7	8.9	9.0	8.9
野生底播刺参	色泽	2.0	1.8	1.9	1.9	2.0	1.8	1.9	2.0	2.0	1.9	1.9
	组织形态	2.0	2.0	2.0	2.0	2.0	1.8	2.0	1.9	2.0	1.8	2.0
	滋味、气味	1.9	2.0	2.0	2.0	1.9	2.0	2.0	2.0	2.0	2.0	2.0
	口感	2.0	1.9	1.8	2.0	2.0	2.0	2.0	2.0	2.0	2.0	2.0
	杂质	1.9	1.8	2.0	1.8	1.9	1.8	1.7	2.0	1.5	1.7	1.8
	总分	9.8	9.5	9.7	9.7	9.8	9.4	9.6	9.9	9.5	9.4	9.6
福建围堰刺参	色泽	1.5	1.8	1.6	1.7	1.7	1.5	1.4	1.6	1.9	1.5	1.6
	组织形态	1.8	1.6	1.5	1.4	1.6	1.6	1.8	1.4	1.5	1.6	1.6
	滋味、气味	1.6	1.5	1.6	1.9	1.4	1.8	1.6	1.8	1.7	1.5	1.6
	口感	1.5	1.8	1.8	1.6	1.8	1.5	1.7	1.7	1.5	1.8	1.7
	杂质	1.5	1.6	1.7	1.7	1.5	1.4	1.6	1.9	1.8	1.8	1.7
	总分	7.9	8.3	8.2	8.3	8.0	7.8	8.1	8.4	8.4	8.2	8.2

由此可见，野生底播刺参无论在色泽、组织形态、滋味及气味、口感还是杂质方面的单项得分均是三组的最高，且总分也为三组最高，得分为9.6分。值得一提的是，野生底播刺参在组织形态、滋味及气味、口感三项中的得分几乎为满分。总分第二位的是海阳围堰刺参(8.9分)，得分略低于野生底播刺参。排名最后一位的是福建围堰刺参，得分为8.2分。

感官评价结论：野生底播刺参的体形更为肥满，肉质厚实、有弹性，疣足更加挺直，且个体完整性高，无形体萎缩现象，具有更加浓郁的海鲜风味，口感软糯，软硬适中，有嚼头，适口性更好，体表无肉眼可见泥沙等外来物杂质，品尝时无异物感；福建围堰刺参肉质较薄，疣足较细软，口感软，弹性差，加工后外形浮肿，疣足萎缩不坚挺，光泽偏灰暗，不亮艳；海阳围堰刺参沙嘴底足小，疣足不粗壮，肉质比较厚实有嚼头，个体完整性较高，有一定的海鲜风味。评价图见图 6-2。

（二）不同加工工艺评价

1. 普通加工与复水测试

利用山东海波海洋生物科技股份有限公司加工保水工艺流程将上述三组刺参分别制成干刺参，并测试复水后的干重及口感。具体加工工艺流程如下：原料采收→清洗→加冰、盐水搅拌→保水处理 15～60 min →后续工序按产品品种进行相应加工。该加工工艺不添

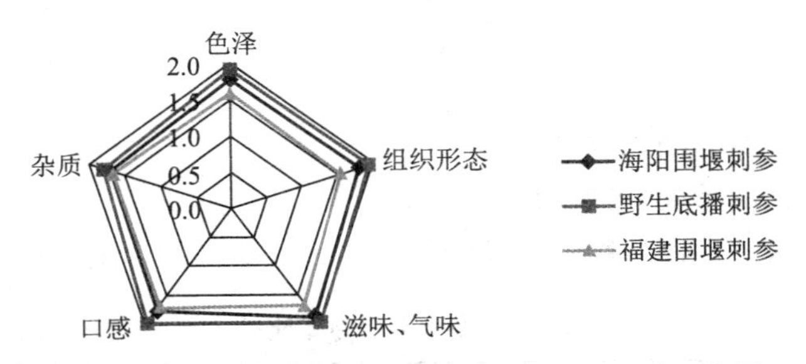

图 6-2　不同地域不同养殖模式刺参外形及口感评价图

加任何添加剂，且能有效减少产品在冷冻、解冻、蒸煮过程中的水分损失，保持产品自身原有汁液、颜色，使产品具有更好的外观。产品经此法烹饪后可降低缩水率，改善口感，使加工的刺参具有爽口、鲜美的风味。

（1）原料验收：选择单只刺参重 120～250 g、体长 20～30 cm 的野生底播、海阳围堰刺参和南方围堰刺参各 5 只，按上述加工保水工艺处理。

（2）原料去脏：将鲜活刺参进行破腹，在腹部靠近肛门的一侧，用剪刀开一个长度约为刺参体长 1/3 的小口，通过小口将海参内脏取出、用海水将泥沙清除，将刺参用海水进行冲洗。

（3）加冰保水：容器内用食盐和纯净水配制质量分数为 2%、温度为 0℃的冷食盐水溶液，冷盐水量为原料量的 50%，冰与冷盐水的比例为 1∶1，先加冷盐水，待产品加入后再加冰，冰块直径不超过 20 cm，让冰块充分覆盖在产品上，充分搅拌，搅拌时间为 3 min，然后密闭容器，保水 30 min。保水后野生底播刺参色泽明亮，疣足饱满；海阳围堰刺参整体形态饱满，差别较小；福建围堰刺参颜色发灰，增重少。

（4）蒸煮：容器内加入海水进行定型蒸煮，蒸煮过程中不断对海参进行搅拌，蒸煮 15 min，捞出后放入原汁海水冷却后，控水。煮后野生底播刺参出成约为 3. 9 kg 鲜参制 1 kg 成品；海阳围堰刺参为 4. 4 kg 制 1 kg；福建围堰刺参为 5. 7 kg 制 1 kg。

（5）烘干：摆盘入烘干机，60 ℃～65 ℃烘干至水分达标。制干后的刺参形态有明显的差别，野生底播刺参颜色呈黑色或黑褐色，背部颜色偏深，腹部颜色偏浅，疣足清晰可见，闻起来有刺参特有的鲜味，敲击声音清脆；海阳围堰刺参呈黑褐色，形态瘦小；福建围堰刺参颜色偏灰，疣足不明显，部分疣足不完整。

鲜重、送样干重、出成率见表 6-4。

表 6-4　鲜重、送样干重、出成率

种类	鲜重(kg)	煮后(kg)	干品(kg)	出成率(%)	去内脏后出皮率(%)
野生底播刺参	30. 2	15. 3	1. 5	4. 9	64
海阳围堰刺参	735. 7	167. 2	33. 4	4. 5	61
福建围堰刺参	52. 4	9. 1	2. 2	4. 2	56

（6）复水：将三组制干的刺参复水（表 6-5）。

复水后干重率计算公式：

$$X_1=\frac{m_3}{m_2}\times 100$$

X_1——复水后干重率，单位为%；

m_2——复水前样品重量，单位为 g；

m_3——复水并烘干后样品重量，单位为 g。

表 6-5 复水后干重率比较

	野生底播刺参	海阳围堰刺参	福建围堰刺参
复水后平均干重率（%）	66.28	62.45	48.86
复水后外观	体形肥满厚实，弹性韧性佳，参刺挺直无残缺	形体饱满，有弹性及韧性，参刺挺直但细小，不亮艳	体形浮肿、弹性韧性不够、参刺塌，外形感官差

2. 加工后韧性测试

将各组刺参用剪刀剪为 4 cm×1 cm 的条状，每个样品选择 5 条做平行试验，用万能材料测试机（型号 H5KS）测试拉力强度，设定两个夹具之间的距离为 3 cm，速度为 80 mm/min。

绝对拉力 = 测得的拉力

相对于厚度的拉力 = 绝对拉力 / 海参片的厚度

具体计算结果见表 6-6。

表 6-6 抗拉强度

	野生底播刺海参	海阳围堰刺参	福建围堰刺参
相对于厚度的拉力（N/mm）	0.20±0.037	0.19±0.014	0.17±0.028

3. 冻干工艺复水测试

通过冻干技术制作的干刺参形态更饱满而重量更轻，通过加工保水技术在冻干过程中的应用，可使其复水后口感更佳，加工步骤如下。

（1）容器内加 2%的冷盐水和冰，冷盐水量为刺参量的 50%，冰与冷盐水的重量比例为 1∶1，先加冷盐水，待刺参加入后再加冰，让冰块充分覆盖在海参上，然后密闭容器，保水 15 min。加入的清水提前在冷藏库冷却或加冰冷却，水温不超过 2 ℃，便于加入产品和冰后能快速降温。

（2）容器内加入原汁海水进行定型蒸煮，为充分保留刺参中的营养成分，温度应控制在 80 ℃以上，时间不超过 15 min，蒸煮过程中不断对刺参进行搅拌，煮后捞出冷却控水。

（3）摆盘预冻：将冷却好的刺参，均匀地摆放在单冻铁盘上放入冻干机，开机按设定程序操作，进行刺参的预冻。预冻温度为 −45 ℃ ±5 ℃，时间为 12 h，主要目的是使刺参体内水分冻结。经过预冻后，野生底播刺参和海阳围堰刺参定型好，孔隙适中，均匀，不易产生冰塌现象；福建围堰刺参孔隙适中但不均匀。

（4）真空干燥：经过预冻后，抽真空至真空度 90 Pa 开始升温干燥，保持温度 50 ℃，真空度 40～50 Pa 下真空干燥 72 h。在真空状态下，通过调整温度和压力，将速冻后的刺参中的冰直接变成蒸汽，并排出仓外。

在同等时间下，野生底播海参复水率更高而福建围堰刺参最低。

$$涨发率=（复水后体长/复水前体长-1）\times 100\%$$

表 6-7　冻干工艺复水对比（240 min）

项目	野生底播刺参	海阳围堰刺参	福建围堰刺参
涨发率（%）	10.8±0.4	9.9±0.8	9.1±0.7
冷冻干燥后外观	保形好，无冰塌现象，具有海参独有的风味，成品呈灰褐色或栗子黑色，圆柱状，饱满顺挺，刺挺立	保形好，无冰塌现象，具有海参独有的风味，成品呈灰褐色或栗子黑色，圆柱状，饱满顺挺，刺挺立	有轻度冰塌现象，无明显海参风味，成品呈黄褐色和深黄色，形态不佳

（三）理化指标分析

1. 一般营养成分

表 6-8　一般营养成分分析（w/%）

名称	项目	水分	粗蛋白	灰分	粗脂肪	多糖
海阳围堰刺参	鲜重量	8.73	39.4	37.4	3.5	9.79
	干重量	—	43.2	41.0	3.8	10.7
野生底播刺参	鲜重量	14	39.3	32.7	3.4	10.6
	干重量	—	45.7	38.0	4.0	12.3
福建围堰刺参	鲜重量	14	38.5	22.9	3.8	8.3
	干重量	—	39.0	23.2	3.9	8.5

由一般营养成分分析结果（表 6-8）可以看出，去除水分因素的影响后，野生底播刺参干重量中粗蛋白的含量最高，为 45.7%，福建围堰刺参粗蛋白含量最低，为 39.0%；灰分含量海阳围堰刺参最高，为 41.0%，福建围堰刺参最低，为 23.2%；不同刺参粗脂肪含量相当；多糖含量野生底播刺参最高为 12.3%，福建刺参最低为 8.5%。本研究中野生底播刺参与李丹彤等秋季獐子岛野生刺参的一般营养成分数值相比，粗蛋白、粗脂肪含量相当，灰分和多糖成分含量高于獐子岛野生刺参。本研究中的海阳围堰刺参与万玉美等池塘养殖刺参相比，前者粗蛋白、粗脂肪含量低于后者，灰分含量高于其测定值，一般营养成分受参龄、养殖环境和加工处理方式影响，含量可能略有差异。

2. 氨基酸组成及质量分数

三组刺参体壁均检测到 17 种氨基酸，其中包括 7 种必需氨基酸、5 种鲜味氨基酸和 8 种药效氨基酸。三组刺参中氨基酸含量最高的是天门冬氨酸，其次是脯氨酸、组氨酸，含量最低的是胱氨酸。在鲜味氨基酸中，谷氨酸和天门冬氨酸为特征性氨基酸，且尤以谷氨酸的鲜味最强，本研究的三组刺参的二者含量均较高，说明刺参从口感上均具一定的鲜美度，有浓郁的海鲜风味。必需氨基酸中缬氨酸含量最高，亮氨酸、异亮氨酸次之，缬氨酸与异亮氨酸、亮氨酸统称为支链氨基酸，支链氨基酸在动物体内不能由其他物质合成或转换，其协同合作具有特殊时期可优先氧化供能、促进氮储留和蛋白合成、调节激素代谢等生理功能，对生物体的营养代谢具有重要意义，在缺乏时可使动物胸腺、脾脏萎缩。在药效氨基酸方面，各组刺参的组分略有差异，总量野生底播刺参最高，海阳围堰刺参次之，福建围堰最低。除羟脯氨酸外，脯氨酸是胶原蛋白重要的组成氨基酸之一，其含量可以间接反映刺参中胶原蛋白的量，仅从脯氨酸的含量来看，野生底播刺参的量最高，福建围堰刺参次之，海阳围堰刺参最低。另外，脯氨酸的含量高低与胶原蛋白的结构存在正相关，含量越高结构越稳定，变性温度越高，野生底播刺参的脯氨酸含量最高，也说明其胶原蛋白的变性温度可能高于其他两组刺参。

表 6-9　氨基酸组成及质量分数

名称	海阳围堰	野生底播	福建围堰	海阳围堰	野生底播	福建围堰
	占鲜重百分比(%)			占干样百分比(%)		
天门冬氨酸([c]Asp)	6. 67	6. 52	6. 31	7. 31	7. 58	7. 34
谷氨酸([bc]Glu)	2. 62	2. 19	2. 24	2. 87	2. 55	2. 60
胱氨酸(Cys)	0. 65	0. 77	0. 47	0. 71	0. 90	0. 55
丝氨酸(Ser)	0. 90	0. 34	0. 8	0. 99	0. 40	0. 93
甘氨酸([bc]Gly)	0. 67	1. 22	0. 56	0. 73	1. 42	0. 65
精氨酸([bc]Arg)	1. 28	1. 48	1. 44	1. 40	1. 72	1. 67
组氨酸(His)	3. 9	4. 25	4. 07	4. 27	4. 94	4. 73
苏氨酸([a]Thr)	1. 76	2. 15	1. 91	1. 93	2. 50	2. 22
丙氨酸([b]Ala)	1. 02	1. 05	1. 01	1. 12	1. 22	1. 17
脯氨酸(Pro)	5. 95	6. 56	5. 96	6. 52	7. 63	6. 93
酪氨酸([c]Tyr)	1. 04	0. 7	0. 97	1. 14	0. 81	1. 13
缬氨酸([a]Val)	2. 44	2. 37	2. 29	2. 67	2. 76	2. 66
蛋氨酸([ac]Met)	0. 99	0. 78	0. 66	1. 08	0. 91	0. 77
异亮氨酸([a]Ile)	2. 27	2. 02	2. 03	2. 49	2. 35	2. 36
亮氨酸([a]Leu)	2. 41	2. 33	2. 29	2. 64	2. 71	2. 66
苯丙氨酸([ac]Phe)	1. 36	1. 29	1. 26	1. 49	1. 50	1. 47
赖氨酸([ac]Lys)	0. 77	0. 45	0. 77	0. 84	0. 52	0. 90
氨基酸(总量 TAA)	36. 7	36. 47	35. 04	40. 21	42. 41	40. 74
必需氨基酸(总量 EAA)	12. 00	11. 39	11. 21	13. 15	13. 24	13. 03
鲜味氨基酸(总量 FAA)	5. 59	5. 94	5. 25	6. 12	6. 91	6. 10
药效氨基酸(总量 DAA)	15. 40	14. 63	14. 21	16. 86	17. 01	16. 53
非必需氨基酸(NEAA)	24. 70	25. 08	23. 83	27. 06	29. 16	27. 71
WEAA/WTAA	0. 33	0. 31	0. 32	0. 33	0. 31	0. 32
WEAA/WNEAA	0. 49	0. 45	0. 47	0. 49	0. 45	0. 47
WFAA/WTAA	0. 15	0. 16	0. 15	0. 15	0. 16	0. 15
WDAA/WTAA	0. 42	0. 40	0. 41	0. 42	0. 40	0. 41

[a]为必需氨基酸，[b]为鲜味氨基酸，[c]为药效氨基酸

从各组刺参的氨基酸组成来看，不同地域、不同养殖模式的刺参氨基酸组分略有差异（表 6-9）。占干样的比重，野生底播的刺参氨基酸总量最高，为 42.41%；福建围堰刺参次之，为 40.74%。海阳围堰刺参最低，为 40.21%。必需氨基酸、鲜味氨基酸、非必需氨基酸总量均是野生底播刺参含量最高。必需氨基酸占氨基酸总量的比重、必需氨基酸占非必需氨基酸的比重海阳围堰刺参最高。鲜味氨基酸占总氨基酸的比重野生底播刺参最高。由此可见，野生底播刺参的营养价值更高，海阳围堰刺参次之。海阳围堰刺参虽营养价值不如野生底播刺参，但必需氨基酸占比重比较高，营养价值结构更为合理。

3. 氨基酸组成评价

表 6-10　氨基酸组成评价

必需氨基酸	FAO 评分模式	鸡蛋蛋白	氨基酸评分 AAS			化学评分 CS		
			海阳围堰	野生底播	福建围堰	海阳围堰	野生底播	福建围堰
苏氨酸（Thr）	2.50	2.92	1.12	1.37	1.24	0.96	1.17	1.06
缬氨酸（Val）	3.10	4.11	1.25	1.22	1.20	0.94	0.92	0.90
蛋氨酸＋胱氨酸（Met＋Cys）	2.20	3.86	1.30	1.12	0.83	0.74	0.64	0.48
异亮氨酸（Ile）	2.50	3.31	1.44	1.28	1.32	1.09	0.97	1.00
苯丙氨酸＋酪氨酸（Phe＋Try）	4.40	5.34	0.87**	0.84	0.84**	0.72	0.69	0.70
赖氨酸（Lys）	3.80	5.65	1.00	0.83**	0.95	0.67**	0.56**	0.64**
色氨酸（Trp）	3.40	4.41	0.36*	0.21*	0.37*	0.28*	0.16*	0.28*
必需氨基酸指数（EAAI）	—	—	—	—	—	87.67	84.45	81.91

* 第一限制氨基酸，** 第二限制氨基酸

蛋白质的营养价值主要表现为其中必需氨基酸供能的量和比例，氨基酸评分可反映出蛋白质的构成和利用率的关系（表 6-10）。将各组刺参氨基酸组成的数据换算成每克氮含氨基酸的毫克数，与鸡蛋蛋白氨基酸模式和 FAO/WTO 所规定的人体必需氨基酸均衡模式和全鸡蛋蛋白的氨基酸模式进行比较，计算出氨基酸评分（AAS）、化学计分（CS）和必需氨基酸指数（EAAI）。8 种人类所需的必需氨基酸构成及占比是评价食品蛋白营养的重要指标，三组刺参的必需氨基酸组成均低于全鸡蛋蛋白。在本实验的三组刺参中，无论何种养殖模式或地域，第一限制氨基酸均为色氨酸，第二限制氨基酸评分方式不同结果略有差异，AAS 第二限制氨基酸为苯丙氨酸＋酪氨酸，而 CS 则为赖氨酸。在各组的不同评分模式中，除三组刺参苯丙氨酸＋酪氨酸、赖氨酸、色氨酸在两种评分模式下均小于或等于 1 外，其他必需氨基酸的评分不甚一致。从必需氨基酸指数来看，海阳围堰刺参最高，野生底播刺参次之，福建围堰刺参最低。除蛋白质含量外，必需氨基酸的含量及比例在很大程度上决定了蛋白质的质量，其比值是否符合人类消化吸收的比值即是否符合人类膳食蛋白质的模式是评价蛋白质质量的重要指标。从本实验结果来看，尽管三组刺参必需

氨基酸与占氨基酸总量的比值及必需氨基酸与非必需氨基酸的比值均小于FAO/WTO提出的40%与60%的比例。其必需氨基酸指数EAAI＞80，根据林利民、王建新等提出的当EAAI＞90时，表明蛋白质营养价值高；当EAAI在80左右时，表明蛋白质营养价值为良；EAAI＜70则蛋白质营养不足的判断，本实验测定的刺参蛋白质营养属于优良水平，且海阳围堰刺参的蛋白质营养在三者中最高，野生底播刺参次之。

4. 无机元素质量分数

表6-11 无机元素质量分数(mg/kg)

名称	常量元素				微量元素			重金属元素	
	钠(Na)	钙(Ca)	镁(Mg)	钾(K)	铁(Fe)	锌(Zn)	硒(Se)	铅(Pb)	汞(Hg)
海阳围堰刺参	134 765	3 856.86	3 025.52	1 076.80	40.85	15.57	＜0.005	0.06	0.01
野生底播刺参	110 116	3 426.43	2 332.59	1 214.62	33.69	11.38	0.04	0.15	0.19
福建围堰刺参	83 953	2 427.31	2 009.37	1 787.84	57.26	15.17	＜0.005	0.08	0.16

对三组不同地域不同养殖模式的刺参体壁的9种无机元素的质量分数进行了测定：含量最高的常量元素是钠，其次是钙和镁，三种元素在海阳围堰刺参中含量最高，野生底播刺参次之，福建围堰刺参最低；常量元素中的钾在福建围堰刺参中含量最高，野生底播刺参次之，海阳围堰刺参最低。微量元素中铁在福建围堰刺参中含量最高，锌在海阳围堰刺参中含量最高。值得一提的是野生底播刺参体壁中的硒含量远高于海阳围堰刺参或福建围堰刺参(海阳围堰和福建围堰刺参基本未检测出)，研究表明硒具有抗癌、抗氧化、增强人体免疫力、调节维生素的吸收与利用、预防心血管疾病等作用。重金属元素铅、汞在野生底播刺参中含量最高，按照《食品中污染物限量标准》(GB 2762—2005)中规定的有害重金属限量，水产品(鲜品)中铅、汞的限量分别是0.5 mg/kg和0.1 mg/kg，表中所列数值为干品检测的含量，换算为鲜品的含量后，即使是含量最高的野生底播刺参含量均小于0.05 mg/kg，远低于食品卫生标准限量。但野生底播刺参的有毒重金属明显高于海阳围堰和福建围堰刺参，说明自然海域环境存在一定程度的污染，进而影响了养殖生物的品质，但也与养殖海域地质等自然条件有关。综合几种常量、微量及重金属元素的含量，海阳围堰刺参的常量元素含量最丰富，野生底播刺参具有更丰富的对人体健康有益的微量元素(表6-11)。

5. 脂肪酸和多糖

表6-12 脂肪酸和多糖

名称	不饱和脂肪酸(占脂肪酸/%)	二十二碳六烯酸(DHA，占脂肪酸/%)	二十碳五烯酸(EPA，占脂肪酸/%)	粗多糖(g/100 g)	岩藻多糖(g/100 g)
海阳围堰刺参	8.09	1.86	8.09	10.73	6.65
野生底播刺参	66.50	1.81	11.38	12.35	9.40
福建围堰刺参	68.59	1.88	2.90	9.70	6.49

刺参的脂肪含量以磷脂为主，胆固醇含量极低，是一种优质的低胆固醇动物性食品，

其脂肪酸中不饱和脂肪酸含量高于饱和脂肪酸，而不饱和脂肪酸中又以多不饱和脂肪酸居多，本研究以DHA和EPA这两种重要的n-3不饱和脂肪酸和粗多糖、岩藻多糖为主要指标分析了三种不同地域、不同养殖模式下的刺参体壁中各成分的含量（表6-12）。不饱和脂肪酸总量福建围堰刺参与野生底播刺参中的含量较高，其含量的质量分数比海阳围堰刺参高出近9倍，DHA三组刺参相差不大，EPA野生底播刺参最高、海阳围堰刺参次之、福建围堰刺参最低，野生底播刺参EPA质量分数高出福建围堰刺参近4倍。

海参中的多糖主要有两种，一种是海参糖胺聚糖或称黏多糖，一种为岩藻多糖。海参多糖具有抗癌、抗辐射、降低血浆黏度、调节血脂等功效，是海参药用价值的重要体现。黏多糖、岩藻多糖含量均是野生底播刺参最高，海阳围堰刺参次之，福建围堰刺参最低，说明野生刺参的营养价值更高，海阳围堰刺参的营养价值次之，福建围堰刺参相对最差。

三、实验结论

（一）不同地域刺参的比较

以同一种养殖模式下的同季节同龄刺参相比较（海阳组与福建组），在感官评分中，除口感评分相同外，海阳组的色泽、组织形态、滋味及气味、杂质方面均高于福建组。与海阳组相比福建组刺参肉质较薄，疣足较细软，口感软，弹性差，加工后外形浮肿，疣足萎缩不坚挺，光泽偏灰暗，不亮艳，出成率低，去内脏后出皮率低，复水后干重率低，相对拉力差，冻干处理后复水涨发率低。

一般营养成分分析除粗脂肪含量福建组高外，粗蛋白、灰分、多糖含量均是海阳组高；在氨基酸组成方面二者无论是必需氨基酸、鲜味氨基酸、药效氨基酸，还是氨基酸总量，二者差异较小；在AAS中，海阳组有7组数值大于或等于1，福建组仅三组大于1，在CS中，海阳组异亮氨酸大于1，福建组苏氨酸和异亮氨酸大于或等于1，EAAI海阳组高于福建组；无机元素中，除锌含量二者相当外，海阳组钠、钙、镁含量是福建组的1.5倍以上，而福建组的钾、铁、铅、汞含量分别是海阳组的1.66、1.43、1.29和14.89倍；福建组的不饱和脂肪酸含量是海阳组的8倍，EPA和粗多糖、岩藻多糖含量海阳组高于福建组。

综合评定：仅从本研究所选取的材料中可以得出北方刺参的蛋白质营养价值更为合理全面，药用价值高于南方刺参。综合考虑，北方刺参无论在口感、组织形态、加工处理复水率还是营养价值、药用价值方面均优于南方刺参。

（二）不同养殖模式刺参的比较

以同地域同季节同龄不同养殖模式的刺参相比较（海阳组与野生组），在感官评分中，野生组在组织形态、滋味及气味、口感评分中几乎为满分，围堰组相对略低，野生刺参的体形更为肥满，肉质厚实、有弹性，疣足更加挺直，且个体完整性高、无形体萎缩现象，更具有浓郁的海鲜风味，口感软糯，软硬适中，有嚼头，适口性更好。野生组经加工后出成率更高，去内脏后出皮率更高，一般加工及冻干加工后的复水涨发率更高，相对拉力值最大。

一般营养成分分析除灰分含量为围堰组高外，粗蛋白、粗脂肪、多糖含量均是野生组高；在氨基酸组成方面野生组的必需氨基酸、鲜味氨基酸、药效氨基酸及氨基酸总量的绝对值均高于围堰组，但除鲜味氨基酸在氨基酸总量中的比例外，必需氨基酸、药效氨基酸在氨基酸总量中的比重均低于围堰组；在AAS中，二者苏氨酸、缬氨酸、蛋氨酸＋胱氨酸、异亮氨酸均大于1，围堰组赖氨酸等于1，在CS中，围堰组异亮氨酸大于1，野生组苏氨酸大于或1，EAAI围堰组高于野生组；无机元素中，除钾、铅、汞含量野生组高于围堰组外，钠、钙、镁、铁、锌含量围堰组均高于野生组，另外野生组检测到了硒含量，围堰组硒含量几乎为0；野生组的不饱和脂肪酸含量是围堰组的8倍，EPA和粗多糖、岩藻多糖含量野生组高于围堰组。

综合评定：仅从烟台本地两种不同的养殖模式来看，由于自然海区天然饵料营养组成相对单一，野生组蛋白质等外源营养的供应不如围堰组，所以围堰刺参的蛋白质营养价值更为合理全面，常量元素含量更高。但野生刺参生长过程中没有人为的干预，吸收自然环境中的养分，野生刺参硒等微量元素及刺参特有的酸性黏多糖含量更高，天然药用价值更为突出。

但由于本研究所选取的实验材料数量有限，实验数据不能涵盖所有刺参养殖区域，实验结论仅能代表部分海区，不能以一概全。

四、品质评价体系构建设想

评价一种食品品质的优劣至少应包括感官评价、理化指标（主要营养成分分析）、质量安全指标（重金属污染物及药品残留）等几个方面。随着消费者对刺参营养价值的认可度不断提高，刺参制品从饭店逐步走向百姓餐桌。但在刺参产业壮大的同时，少数不良商家的行为制约了行业的健康发展，亟须通过建立统一的海参质量评价体系对其质量的优劣进行有效判别。我国一些大型企业甚至山东、辽宁等刺参养殖大省均制定过相关标准，但由于产品加工方式或工艺不甚一致，所以各个标准的适用范围存在一定局限性。

本研究立足建立刺参的评价体系，仅从本研究的实验数据来看，不同地域与不同养殖模式下的刺参在外形等理化指标和营养成分等方面均存在一定的差异，在构建其品质评价体系时应涉猎上述指标，并根据不同区域、不同养殖模式下的刺参分门别类进行鉴别。除此之外，还应包括胶原蛋白的质量分数的测定，还应加大测量附象的数量，增加方差分析。但由于刺参养殖区域较广，要想建立起综合的质量评价体系需建立刺参质量标准数据库，其中应涉及不同种类、不同参龄、不同组织、不同养殖模式下相应品种的详细养殖数据及统一方法测得的营养成分分析数据，在此基础上，进行对比分析，得出评分标准及相应的品质等级。有学者利用无机元素成功将野生鲍鱼进行了地域鉴别，故本研究希望通过大数据的支撑建立一个统一、准确、高效的刺参评价体系，可以通过营养成分及无机元素的测定比对达到鉴别养殖模式、参龄、是否为野生品种等目的。

第七章

刺参食用方法

刺参可以鲜吃，也可以干制，古人为了长期贮存并输送远方，一般都把刺参加工成干制品。有关干制的方法，古人多有记述。《胶州志》卷一四中有“曝而之”的文字，即将海物干制的意思。郝懿行在《记海错》中记载海参干制的脱水处理过程：“置烈日中濡柔，如欲消尽，瀹以盐则定然，味仍不减。用炭灰腌之，即坚韧而黑，收干之，犹可长五六寸，货致远方，啖者珍之。”至今，海边居民仍采用这种方法加工海参。

由于是干制品，烹调海参之前，必须发制，发制的好坏将直接影响到烹饪效果，为此，古人也有许多经验之谈。清代日照人丁宜曾所著的《农圃便览》介绍说：“制海参，先用水泡透，磨去粗皮，洗净剖开，去肠，切条，盐水煮透，再加浓肉汤，盛碗内，隔水炖极透，听用。”这种先水发再用肉汤二次加热的发制方式，在当时甚为流行。江南才子袁枚在《随园食单》中强调海参的提前发制，说：“大抵明日请客，则先一日要煨，海参才烂。”经过发制的海参，体态膨胀，吸水量充足，肉质松软，可以用于各种菜肴的烹饪。发制好的海参可以烹调出各种各样的美味菜肴。为了做好这种佳肴，古人创造了很多烹调方法。海参原料本身并无特殊风味，必须通过荤料或其他带有香辣气味的配料调料进行特殊烹制，才能使海参菜肴口味达到上乘境界。袁枚《随园食单海鲜单》中这样说：“海参无味之物，沙多气腥，最难讨好。然天性浓重，断不可以清汤煨也。须捡小海参，先泡去沙泥，用肉汤滚泡三次，然后以鸡、肉两汁红煨极烂。辅佐则用香蕈、木耳，以其色黑相似也。”袁枚介绍的海参烹制法是清代厨艺的一种共用模式，即先用肉汤滚泡去腥，再用另一种荤汤入味增香。另外，古人尝试了多种手法来烹制海参，均取得满意效果。如朱彝尊《食宪鸿秘》卷下引汪佛云抄本：“海参烂煮固佳，糟食亦佳，拌酱、炙肉末为不可。”无名氏《调鼎集》卷六记述了煨、炒、烧、焖四类烹饪手法，各具其妙。

煨海参：由于海参本身味淡，煨法可使其尽渍香韵，故而古人烹调，用之最广。仅《调鼎集》一书所载就有 7 款，即火腿爪皮煨海参、鹿筋煨海参、鱼肚煨海参、面条鱼（去头尾）

煨海参、肥鸭块煨海参、拆碎野鸭煨海参、木耳煨海参。在总结煨法时,《调鼎集》说:“海参无论冬夏皆宜,以猪爪尖煨之,加五香作料。”对于煨法,袁枚也持首肯态度,提倡“红煨极烂”。

炒海参:这是相对简易的一种烹调方法,短时间内即可奉上成品。《清稗类钞饮食类》记载说:“炒海参丝者,以鸡、笋、蕈丝炒煨之也。”《调鼎集》卷六记载了“炒海参加火腿丝”的菜肴。一般说来,炒法在过去的海参菜肴制作中用得最少。

烧海参:这是最受欢迎的一种烹调法,烹烧配料可荤可素,口感极佳。《调鼎集》书中记载了 11 款菜品,即木耳烧海参、班子鱼肚烧海参、猪舌烧海参、猪脑木耳烧海参、烧海参丝、野鸭块烧海参、莲肉瓜仁烧海参丁、蟹肉烧海参、冠油块烧海参、鸡肝猪脊烧海参等。

焖海参:《调鼎集》卷六记载了车螯丝焖海参丝、脊筋蹄筋陈糟焖海参这两款海参菜。散见其他史书的还有黄焖海参。作为一种自成风格的烹饪技艺,焖海参在海参菜品中始终占有一席之地。

除了煨、炒、烧、焖之外,古人在烹饪海参菜时还使用了烩、衬、拌等技法。顾禄《桐桥倚录》卷十记述苏式满汉大菜时,就首推烩海参。所谓“衬”即旧史惯指的“衬菜”是指用较便宜的食品来填充名贵食品空间的一种通用手法,以使食客不因为主料太少而难以下筷,又使整盘菜肴看起来琳琅满目,丰富饱满。《调鼎集》中记载“蝴蝶海参”的衬法是:“将大海参披薄,或衬甲鱼裙边,穿肥火腿条。”这种菜肴主要是用各种配料做成蝴蝶形状,既好看出色,又节省海参主料。同书还记载了炸虾圆衬海参、小鱼圆衬海参、烧蹄(去骨)衬海参等衬菜方法,并指出,“八宝海参”要衬三寸段猪髓,“海参汤”要衬火腿、笋片。另有“变蛋配海参”一款菜肴,“配”亦“衬”之意。所谓“拌”通常指凉拌,清代已流行凉拌海参。与热菜不同,拌海参多使用素菜为配料,如《调鼎集》卷二记载的就是“拌海参配杂菜”。拌海参多用辣味,借以去腥增香。袁枚《随园食单海鲜单》中就记载:“尝见钱观察家,夏日用芥末、鸡汁拌海参丝,甚佳。”古时没有味精一类的调味品,所以人们多用鸡汁(鸡汤)来增鲜。古人烹制的海参菜十分丰富,除了上面提到的菜肴外,还有海参羹、海参粥、海参球等吃法。羹是稠浓的汤液,属于半流食物,古人特别偏嗜。《随园食单海鲜单》曾介绍了一种烹制方法:“切小啐丁,用笋丁、香蕈丁入鸡汤煨做羹。”《调鼎集》卷六记述了野鸡海参羹,并强调制羹时要将物料切成末、煨烂。清代诗人方文写有一首《海参》诗,就有“尤宜做羹”的吟咏。

海参食用小贴士:

(1)夏天可以食用海参。海参,性温补,适宜四季食用。夏天选择海参进补非常适宜,正所谓“冬病夏治,夏补冬如牛”。夏天里服用海参会弥补体内阳气不足,增强抵抗疾病的能力,使得冬季好发的疾病,在夏季里通过调养后在冬季不再犯。

(2)儿童可以食用海参。3 岁以上的儿童可以少量食用。海参既可增强儿童体质,也可为其提供生长发育过程中所需的营养成分。此外,海参富含牛磺酸及锌元素,牛磺酸和锌对促进孩子的大脑等重要器官的生长发育具有明显作用。

(3)吃海参不会上火。海参因其富含蛋白质、矿物质、维生素等 50 多种天然珍贵活性物质，成为许多百姓四季进补的首选。古籍《五杂俎》中对海参有这样的记载:“海参辽东海滨有之，其性温补，足敌人参，故名曰海参。”所以，海参是不可多得的天然滋补食品，适宜四季食用。

(4) 海参吃多了不会产生副作用。因为海参属于一种食品而不是药品，吃海参的时间越长起到的滋补作用越好，在经济条件允许的情况下，建议常年食用，效果最佳。

(5) 孕妇适合吃海参进补。《随息居饮食谱》中记载“海参能滋阴补血、健阳润燥，调经、养胎、利产”。海参含有丰富的微量元素，尤其富含丰富的DHA，它是一种多不饱和脂肪酸，是维持正常免疫的必需营养物质，可提高免疫力，尤其是胎儿脑神经细胞发育所必需。如果母体缺乏DHA，会造成胎儿脑细胞的磷脂质不足，影响胎儿神经系统的正常发育。大连及山东半岛的孕妇自古以来就有一天补一个海参的饮食习俗。建议孕妇怀孕3个月以后食用海参，食用海参需根据个人实际情况，可咨询医生后食用。

(6) 术后患者可以食用海参。海参为海珍之首，富含人体所需的多种微量元素和18种氨基酸。海参中富含特有的海参皂苷和海参黏多糖。这两种物质可以调节人体免疫力，抑制肿瘤细胞的生长与转移，有效防癌、抗癌；可激活机体的自然杀伤细胞，抗肿瘤；可促进蛋白质的合成，对损伤细胞有修复作用。因此，手术后病人、产妇、骨折外伤患者、献血者或其他失血过多者，食用海参有助于止血、补血，能明显缩短康复时间。所以，海参素有“百补之首”和“补血之神”的美誉。术后或癌症患者食用海参前，最好与医生进一步沟通，根据个人体质及病情确定是否可以食用海参进补。

第一节 家常炒菜类

一、葱炒刺参

(一) 材料

冻刺参1包，葱段适量，盐适量，鸡精适量，料酒适量，生抽适量，蚝油适量，冰糖适量，上汤适量，生粉适量。

(二) 做法

(1) 刺参解冻后洗净，然后切条焯水。

(2) 锅内放少量油，烧热后加入葱段，爆香后将葱段装起备用。

(3) 原锅中加入刺参，再加入适量盐、鸡精、料酒、蚝油、生抽、冰糖、上汤，然后盖上锅盖焖至汁收。

(4) 加入之前爆香的葱段，翻炒后埋入稀芡即可。

二、葱烧刺参

(一) 材料

刺参2只(约130 g)，姜、葱、酱油、白糖、料酒、盐、上汤、水淀粉适量。

（二）做法

（1）刺参洗净，用加了姜汁的水煮 5 min，捞出控净水；大葱切几段，姜切片。

（2）起净锅，加入橄榄油或色拉油少许，四成热时下入葱段，炸成金黄色时捞出，葱油备用。

（3）另起锅，高汤或清汤加葱段、姜片、适量盐、少许料酒、酱油及一小勺白糖、刺参，大火烧开后转小火煨 2 min，将刺参捞出控干。

（4）另起热锅，加入少许油和一小勺白糖，熬成糖色，下入炸好的葱段、清汤或高汤、盐、刺参、酱油，大火烧开转小火煨 2～3 min，转大火加水淀粉勾芡、收汁，淋葱油装盘即可。

三、家常刺参

（一）材料

水发刺参 450 g，猪五花肉 50 g，黄豆芽 50 g，蒜苗 25 g，香菜 1 棵，淀粉适量，食用油 50 g，香油 3 g，酱油 6 g，高汤 8 大匙，料酒 30 g，辣豆瓣酱 3 g，精盐 3 小匙，味精 1 小匙。

（二）做法

（1）将水发刺参洗净切片，猪肉剁成末，黄豆芽洗干净，蒜苗洗净切段，香菜洗净切段。

（2）锅内加高汤、料酒、盐和刺参煨烧入味待用。

（3）锅内放少许油烧热，放入黄豆芽煸炒，加盐、味精，炒熟，盛入盘内垫底。

（4）锅内注油烧热，放入蒜苗、辣豆瓣、高汤、酱油、猪肉末、刺参煮沸，用水淀粉勾薄芡，加香油、味精后浇在豆芽上，撒上香菜即可。

有关说明：本道菜肴中西结合，鲜嫩可口。煎制鲜贝时火力不宜过旺，时间不宜太长，否则不易嚼烂。

四、一品刺参

（一）材料

油菜、刺参、葱、鸡汤、绍酒 / 白酒、姜、酱油、白糖、味精、湿淀粉。

（二）做法

（1）油菜汆烫装盘。将水发刺参洗净，整个放入凉水锅中，用旺火烧开，约煮 5 min 捞出，沥净水。把大葱切成 5 cm 长的段。

（2）将炒锅置于旺火上，倒入熟猪油，烧到八成热时下入葱段，炸成金黄色时炒锅端离火中，葱段放入碗中，加入鸡汤、绍酒 / 白酒、姜汁、酱油、白糖和味精，上屉用旺火蒸 1～2 min 取出，沥去汤汁，留下葱段备用。

（3）将炒锅置于旺火上，倒入油，烧到八成热时，下入白糖，炒成金黄色，再下入葱末、姜末、刺参、香菇煸炒几下，随即加入绍酒、鸡汤、酱油、姜汁、精盐，待烧开后，挪到微火上㸆 5 min，把汤汁㸆 2/3，再改用旺火，边掂翻炒锅，边淋入调稀的湿淀粉勾芡，使芡汁都裹在刺参上，装盘即可。

五、辣炒刺参

（一）材料

水发刺参 5 只，盐、植物油、葱、姜、蒜、老干妈、豆瓣酱、泡椒、五香粉、红烧酱油、蚝油、稀释水淀粉适量。

（二）做法

（1）将泡发好的刺参洗干净。

（2）处理内脏洗净切成段。

（3）放入开水中汆熟。

（4）捞出备用。

（5）将两勺豆瓣酱、一勺老干妈、两勺剁椒、一勺蚝油加入半碗高汤搅拌匀。

（6）再依次加入适量盐、五香粉、红烧酱油调成调料汁备用。

（7）葱、姜、蒜切成末备用。

（8）锅中倒入少许植物油，油温烧至五成热，下入葱、姜、蒜末炒出香味。

（9）加入调料汁炒熟。

（10）然后将汆好的刺参放入锅中一起翻炒入味，放入少许稀释的水淀粉勾芡，大火收汤即可出锅。

六、双滑刺参

（一）材料

水发或鲜刺参 3 只，鸡胸肉、虾仁、青瓜、葱、姜、蒜、胡椒粉、盐、生抽适量，高汤少许，白糖 1 小匙，料酒、水淀粉适量，蛋清 1 个，麻油数滴。

（二）做法

（1）鲜虾去壳、头、尾、虾线，洗净，拭去水分，加料酒、盐、胡椒粉、蛋清半个、生粉，搅拌均匀，腌制 15 min，做成虾滑。

（2）鸡胸肉斜切薄片，加料酒、盐、胡椒粉、蛋清半个、生粉搅拌均匀，腌制 10 min。

（3）刺参斜切成片，青瓜斜切成菱形片，葱、姜、蒜切末。

（4）锅内放水，烧开，放入虾滑，煮至变色捞出。

（5）起净锅，入油，三成热时下鸡肉片煎至变色，下葱姜蒜末炒香，倒入刺参炒匀，加入生抽、糖、胡椒粉、虾仁炒匀，烹料酒，加入青瓜片炒匀后，加高汤（没有可加水）、盐烧 20 s 左右，倒入水淀粉勾欠，淋麻油炒匀出锅。

七、酱烧刺参

（一）材料

干发刺参 300 g，荷兰豆 100 g，鸡蛋 2 个，豆瓣酱 1 汤匙，蒜香酱 1 汤匙，红蟹籽 30 g，大葱、姜适量。

(二)做法

(1)主材备好。

(2)刺参洗净,提前一天泡发好,汆水后沥干水分;大葱与姜切成碎末,鸡蛋打发成蛋液,豆瓣酱、蒜香酱和红蟹籽备好。

(3)荷兰豆洗净备用。

(4)锅放水烧开后,撒入1小匙盐,将荷兰豆焯熟捞起,放入凉开水里泡一会,沥干水摆盘。

(5)另起锅下油爆香大葱和姜末,然后把豆瓣酱、蒜香酱放入,继续爆香。

(6)倒入刺参翻炒入味。

(7)然后把蛋液倒入,炒至蛋液凝固装盘。

八、肉丝刺参

(一)材料

水发刺参数只,猪肉、姜、葱、油、酱油、糖、盐、鸡精、料酒、鲜汤、水淀粉适量。

(二)做法

(1)将生姜切片,葱白切成段,葱叶切成葱花。

(2)将肉切成肉丝。

(3)将刺参剪开去除内脏,洗净后切成手指粗的条。

(4)锅内放水烧开后放入刺参烫透,去腥,洗净。

(5)锅内放一大勺油,放入姜、葱,煸至焦黄后捞出。

(6)放入肉丝翻炒至变色。

(7)放入一小匙料酒、一大匙酱油、两小匙糖和一碗鲜汤,盖上锅盖烧开。

(8)放入刺参,再次盖上锅盖小焖5 min。

(9)放入一小匙盐和鸡精调味后,用水淀粉勾芡。

(10)盛出后,撒上葱花。

(11)锅内再放入一大匙半的油烧热,将烧热的油浇在葱花上即可。

第二节　焖炖类

一、大蹄扒刺参

(一)材料

水发刺参750 g,猪手2个,植物油800 g,耗油约50 g,熟大油100 g,姜块、酱油各15 g,料酒25 g,盐20 g,白糖50 g,味精5 g,葱25 g,糖少许,湿淀粉适量,鸡汤1. 5 kg。

（二）做法

（1）将猪手刮洗干净，在外侧划上一刀，用开水煮透，捞出沥去水分后放入烧有 7 成热的植物油炒锅中，炸至金黄色，捞出沥油。刺参洗净后用直刀切成两半待用。

（2）炒锅内将大油烧热煸炒葱、姜，并加入料酒、酱油、味精、鸡汤、盐和糖。把糖放入炒锅内，再放上猪手，烧开 1 h 后将猪手翻转过来，再用小火将猪手煨烂，放入盘中。将葱、姜拣出，将刺参放入炒锅中 3 min，用湿淀粉勾芡，淋入葱姜油即成。

二、刺参炆娃娃菜

（一）材料

娃娃菜 250 g，刺参 200 g，甜豆 30 g，辣椒 1 根，青葱 1 根，姜片 10 g，高汤 200 mL，太白粉水少许，盐 1/2 小匙，鸡粉 1/4 小匙，糖 1/4 小匙，料酒 1 大匙，蚝油 1/2 大匙。

（二）做法

（1）娃娃菜洗净后去底部，切段；刺参洗净后切小块；甜豆去头尾后切段；辣椒去籽切切；青葱切段备用。

（2）煮一锅滚水，分别将娃娃菜、甜豆及刺参放入滚水中汆烫后捞出。

（3）热锅，倒入 2 大匙油烧热，先放入姜片、葱段和辣椒片一起爆香，再加入刺参和所有调味料一起快速翻炒。

（4）锅中再加入高汤、娃娃菜和甜豆，拌匀后焖煮至入味，起锅前再以太白粉水勾芡即可。

三、刺参炖羊肉

（一）材料

羊肉（瘦）250 g，刺参（干）100 g，姜 5 g，大蒜（白皮）5 g，大葱 10 g，植物油 25 g，料酒 10 g，盐 3 g。

（二）做法

（1）先将羊肉洗净，切块备用。

（2）刺参用清水泡发，洗净，切块备用。

（3）炒勺里放植物油烧热到六成，下姜、葱煸出香味。

（4）下羊肉块翻炒后放料酒少许，继续翻炒。

（5）加适量清水炖羊肉至九成熟时，下刺参块炖至两者皆熟，加盐适量调味，淋麻油出锅即可。

四、红焖刺参

（一）材料

水发刺参数只，三肥七瘦猪肉、虾米、蒜、姜、蚝油、料酒、高汤、酱油、胡椒粉、盐、糖、味精、生粉芡适量。

（二）做法

（1）炸肉丸制法：三肥七瘦猪肉剁成碎末加胡椒粉、盐、糖、味精、生粉调拌成肉丸，再放进热油锅炸成金黄色备用。

（2）虾米温水泡发，热油锅爆香蒜粒与姜，再放些蚝油炒出香味，下虾米爆香后，再放些料酒，加高汤煮沸后放刺参与炸肉丸，加酱油、胡椒粉、盐、糖、味精一起调味。

（3）再倒进小砂锅，用小火焖大约 45 min 后，勾些生粉芡，再淋点麻油即可出菜。

五、焖烧刺参

（一）材料

水发刺参 750 g，肚肉 500 g，带骨老鸡肉 500 g，湿香菇 50 g，肉丸 10 粒，生蒜 1 瓣，虾米 25 g，猪油 150 g。辅料：盐、味精、绍酒、酱油、红豉油、香菜、姜、葱、芝麻油、甘草、湿淀粉少许。

（二）做法

（1）将刺参切成长约 5 cm、宽约 2 cm 的块和姜、葱、盐一起下锅用水煮沸，加入绍酒，泡去刺参腥味后捞起，去掉姜、葱。肚肉、老鸡肉各斩成几块。

（2）将猪油下鼎烧热，放入刺参略炒，然后倒入锅内，把肚肉、老鸡肉炒香，倒入绍酒，加入香菜头（扎成一把）、生蒜、酱油、红豉油、二汤、甘草片同烧，然后倒入刺参锅内，先用旺火烧沸，后用小火焖约 1 h，再加入香菇、肉丸、虾米，刺参软烂后去掉肚肉、老鸡肉、生蒜、香菜头、甘草片。再把刺参、香菇、肉丸、虾米捞起，盛入汤碗，将原汁下鼎，加入精盐、味精，烧至微沸，用湿淀粉调稀勾芡，加入芝麻油、猪油拌匀，淋在刺参上面即成。

六、什锦烩刺参

（一）材料

水发刺参数只，芦笋、香菇、木耳、炸豆腐、胡萝卜、姜片、蒜、料酒、高汤半碗、盐、糖、味精、生粉水适量。

（二）做法

（1）水发刺参清洗后切成小块，再过热水氽 6～8 min 后捞起过冰水备用。

（2）香菇与木耳用温水泡发后去蒂备用，芦笋斜切成段，炸豆腐切成片，胡萝卜切斜片。

（3）热油锅，先爆香姜片，再下香菇与木耳爆炒，淋料酒，下高汤滚后盖锅盖，微焖大约 8 min 后倒出备用。

（4）再热油锅，放几片姜爆香，放入刺参爆炒继而放入芦笋与胡萝卜片爆炒片刻，倒入料酒再炒 3 min，回锅豆腐片、香菇、木耳与高汤，大滚后加盐、糖与味精调味转中火稍微烩一会，再用生粉水勾芡即可起锅出菜。

七、刺参扒猪手

（一）材料

水发刺参数只，猪手1只，腐竹、菜心、油、姜、料酒、葱、盐、白糖、红枣、腐乳、香叶、桂皮、八角、酱油适量。

（二）做法

（1）将猪手刮洗干净，刺参解冻待用。

（2）准备腐竹、菜心、各式香料。

（3）将猪手冷水入锅焯水后捞起，再用流动的水冲洗干净。

（4）炒锅下油烧热，小火将白糖炒化。

（5）将猪手下锅翻炒。

（6）放入酱油、腐乳炒至猪手均匀上色。

（7）将生姜、红枣、香叶、八角、桂皮放入高压锅内。

（8）高压锅内压制20 min。

（9）将腐竹泡水切断，菜心去皮只留梗，刺参切块。

（10）将菜心和腐竹下锅焯水后捞起过冷水备用（焯水锅里要放盐和油）。

（11）再烧水，放料酒，将刺参焯水后捞起。

（12）将高压锅内的猪手和刺参一起焖至收汁，加适量盐、鸡精调味后装盘。

（13）将焯水的腐竹和菜心切断，摆在刺参、猪手的周围即可。

八、刺参红烧肉

（一）材料

水分刺参数只，五花肉、冰糖、老抽、生抽、盐、八角、料酒、油适量。

（二）做法

（1）五花肉切块，放清水里浸泡10 min，水中倒入小半杯的料酒去腥。

（2）刺参泡发后切成小段，放锅里蒸半小时，凉透后使用。

（3）铁锅里放少许油，放入五花肉小火慢慢煸炒，将五花肉本身的油脂煸出来，减少油腻感。

（4）等到五花肉油脂大部分被煸出来、肉微微发黄时，把锅里的油倒出来一部分。

（5）加入老抽，煸炒上色后，放入葱姜，加入八角一个。

（6）加入半锅热水和一大匙料酒，大火烧开转小火。

（7）加入适量的冰糖调味。

（8）等到肉炖到五成熟时，把刺参放进去，接着炖。

（9）等到肉熟烂、刺参软糯后，加入少许盐调味，汤汁收紧即可出锅。

九、什锦刺参鸡

（一）材料

水发刺参2只，鸡腿1个，莲藕、彩椒、豆腐干、生抽、蚝油、白糖、虾酱、盐、美人椒、葱、姜片、料酒、蛋清、水淀粉适量。

（二）做法

（1）鸡腿洗净去皮切丁，加白糖、料酒、盐、蛋清、淀粉抓匀上浆，腌制20 min。

（2）刺参洗净，切小块后飞水，捞出备用。

（3）美人椒洗净切圈备用。

（4）莲藕切丁，飞水备用；豆腐干切丁，彩椒切丁备用。

（5）热锅入油，四成热时下鸡腿丁滑散至变色捞出控油。

（6）锅留底油，三成热时下葱、姜及美人椒圈煸香。

（7）下彩椒丁、豆腐干丁、藕丁中火快速翻炒到椒类变色。

（8）加生抽、蚝油、虾酱、鸡腿丁、刺参丁、白糖大火翻炒均匀，淋水淀粉勾薄芡出锅。

十、刺参炆排骨

（一）材料

水发刺参数尺，排骨500 g，花胶、瑶柱、香菇、马蹄、土豆、胡萝卜、姜、葱、蒜、生抽、蚝油、老抽、冰糖适量。

（二）做法

（1）排骨焯水。

（2）清水加姜、葱、米酒，焯刺参，刺参切大块。

（3）热油爆香姜、葱、蒜。

（4）放排骨和香菇炒出香味。

（5）加调料和清水没过排骨，大火煮开后转小火30 min。

（6）将马蹄、土豆、胡萝卜、刺参倒入锅中焖20 min，至排骨熟软。

（7）下入调料，大火收汁。

第三节　红烧类

一、红烧肉末刺参

（一）材料

水发刺参4～6只，五花肉100 g，白糖、老抽、白胡椒粉、蚝油、高汤、食盐、葱、姜、蒜适量。

（二）做法

（1）烧一锅开水，水开后加入半碗加饭酒，煮出香味，将刺参下入汆 2 min，盛出备用。

（2）洗净锅加底油，油温五六成热时加入大量葱丝爆香后拣出，在煸好的葱油中加入姜末、蒜末爆香，再加入五花肉碎丁大火炒至水分全出，加一汤勺老抽、一小勺白糖、半小勺白胡椒粉、高汤、蚝油一小勺、食盐 1 g、温水 100 g 烧开后，将刺参倒入，小火炖 10 min 入味。

（3）将刺参挑出摆盘。

（4）锅内剩下的肉末汤汁，大火收汁，再点入少许老抽，水淀粉勾芡，倒在刺参上。

（5）撒适量香葱花即可。

二、虾仁烧刺参

（一）材料

水发刺参 200 g，鲜虾仁 150 g，鸡肉 75 g，火腿、油菜各 25 g，料酒、葱姜汁各 20 g，精盐、鸡精各 3 g，味精 1 g，胡椒粉 0.5 g，湿淀粉 15 g，高汤 75 g，植物油 800 g。

（二）做法

（1）油菜切成段，火腿切成小片。刺参洗净，切成块，虾仁洗净。鸡肉抹刀切成片，与虾仁分别用料酒、葱姜汁各 5 g 和精盐 0.5 g 拌匀腌渍入味，再用湿淀粉 3 g 拌匀上浆。

（2）刺参块下入沸水锅中焯透捞出。虾仁、鸡片分别下入烧至四成热的油中滑散至熟，倒入漏勺。

（3）锅内放油 20 g 烧热，下入刺参块煸炒，下入火腿片炒匀，烹入余下的料酒、葱姜汁，加汤烧开，加入鸡精烧至刺参熟透、汤汁将尽。加入油菜段翻炒，加入虾仁、鸡片、余下的精盐、味精、胡椒粉翻炒，用湿淀粉勾芡，出锅装盘即成。

三、刺参木耳烧豆腐

（一）材料

水发刺参 3 只，豆腐、木耳、芦笋、蚝油、料酒、葱、姜、红椒适量。

（二）做法

（1）豆腐洗净，切块状。

（2）刺参剖开腹部，除去内脏，以沸水加 10 g 料酒和 2 片姜汆烫去腥，捞起冲凉，切寸段。

（3）将鲜芦笋焯水过凉待用。

（4）锅内放油煸香葱、姜，加豆腐、木耳煸炒，加入蚝油调味。

（5）豆腐、木耳入味后加入焯好的刺参煸炒，加盐、鸡精出锅。

（6）将焯好的芦笋码放在盘底，把出锅的刺参、豆腐倒上，并撒上红椒丝即可。

四、刺参豆腐烧全茄

（一）材料

水发刺参 3 只，茄子 300 g，豆腐 300 g，大虾仁 100 g，枸杞 20 g，葱花、蒜末、香菜各少许。调料辣椒酱 2 小匙，精盐 1 小匙，白糖 2 小匙，鸡粉少许，辣椒油适量，白醋 2 小匙，水淀粉适量，色拉油 3 大匙。

（二）做法

（1）将茄子切成菱形块，炸熟；枸杞用温水泡开；将豆腐打成泥做成刺参形炸熟；虾仁焯水。

（2）净锅放底油，放葱、姜、蒜爆香，加入调料辣椒酱炒香，放入炸好的茄子、豆腐、虾仁、枸杞、鸡粉翻炒，加入白醋，之后水淀粉勾芡，出锅装盘即成。

五、南瓜烧刺参

（一）材料

水发刺参 4 只，南瓜 1 块，小油菜几棵，蚝油 1 汤勺，生抽 1 汤勺，料酒 1 茶勺，盐适量，高汤 1 碗，麻油几滴，白糖 1 小匙，葱末适量。

（二）做法

（1）南瓜去瓤洗净，上屉蒸熟，切块或做其他造型。

（2）油菜洗净，用加了盐及油的开水焯好，过凉。

（3）刺参用开水焯烫 3 min，捞出后加高汤半碗再烧 5 min 捞出。

（4）起锅，加入少许油，三成热时下葱末煸香，加蚝油、生抽、料酒、白糖、高汤及盐，大火烧开，放入刺参等食材，中火烧 2～3 min，淋麻油收汁即可。

六、三鲜烧刺参

（一）材料

水发刺参数只，圆青椒 1 个，胡萝卜 1 根，盐、蒜、食用油、料酒、胡椒粉、蚝油、香菇适量。

（二）做法

（1）各食材洗干净，特别是刺参，肚子里面可能有沙子，一定要冲洗干净。如果用的是干香菇，需要事先泡发。

（2）圆青椒切小块，胡萝卜切片，刺参斜刀切块，香菇背部划“十”字刀，蒜切末待用。

（3）坐锅热油，油温八分熟时倒入一半蒜末爆香。

（4）倒入胡萝卜和圆青椒翻炒，大火爆炒 2 min 左右，转小火。

（5）加入香菇，稍微翻炒几下。

（6）加入刺参，翻炒大约 3 min，倒入半碗高汤或水（也可用泡发香菇的水），水微微没过锅中的食材即可，加少量盐(总量的一半左右)、少量料酒、少许胡椒粉、剩余的蒜末，翻炒均匀，加锅盖焖煮 5 min 左右。

(7) 加耗油，翻炒，尝下味道，二次加盐调味，再大火收汁即可。

七、大葱烧刺参

(一) 材料

水发刺参数只，葱白、葱末、姜末、精盐、料酒、酱油、白糖、淀粉适量。

(二) 做法

(1) 刺参去除内脏，煮透后控去水分，切丝。

(2) 葱白切段。

(3) 起油锅烧至六成熟时放入葱段，炸至金黄色时捞出，葱油备用。

(4) 锅里放入一点葱油，爆香葱、姜末，加入刺参，加入一点清汤，依次加入精盐、料酒、酱油和一点白糖。

(5) 烧开后微火煨 2 min。

(6) 用稀淀粉水勾芡，用中火烧透收汁，淋入葱油，盛入盘中即可。

八、肉肠烧刺参

(一) 材料

水发刺参 300 g，肉肠 50 g，油、盐、料酒、葱、蚝油、鸡精、生抽适量。

(二) 做法

(1) 水发刺参切段待用。

(2) 备好葱、蚝油适量。

(3) 上油锅，放入少量的葱爆香。

(4) 再迅速放入水发刺参翻炒。

(5) 放入料酒翻炒。

(6) 再放入剩余的葱翻炒。

(7) 倒入生抽翻炒。

(8) 放入少许鸡精翻炒。

(9) 兑入适量的清水。

(10) 放入肉肠翻炒，出锅前用盐调味即可。

九、肉末烧刺参

(一) 材料

水发刺参 300 g，猪五花肉 150 g，蒜末、葱末、酱油、白糖、料酒、高汤、水淀粉、葱油适量。

（二）做法

（1）将刺参洗净，顺体长切大片，下入开水锅中汆一下，捞出备用，猪五花肉切成肉末。

（2）炒锅加油烧热，加入蒜末、葱末爆香，加入肉末、料酒、酱油煸炒，再加入高汤、白糖、刺参烧透入味，用水淀粉勾芡，淋上葱油，出锅装盘即成。

第四节　汤煲类

一、鲍鱼刺参煲

（一）材料

水发刺参 640 g，鲍鱼 50 g，姜 5 g，大葱 15 g，蚝油 10 g，味精 2 g，盐 4 g，白砂糖 2 g。

（二）做法

（1）水发刺参洗净，放姜、葱入锅内，水滚 20 min 后取出刺参切片。

（2）鲍鱼开罐取出，切片备用。

（3）烧热瓦缸，下油，放入姜、蒜爆香，倒入清水，放入参先煲熟。

（4）约 20 min 后，用蚝油、味精、盐、糖调味，放入鲍鱼后搅匀，下些粉芡、熟油即成。

二、红烧刺参煲

（一）材料

水发刺参 400 g，五花肉 100 g，葱段、姜片、海米、料酒、干贝、香菇、上汤、生抽、老抽适量。

（二）做法

（1）刺参切成 1.5 寸宽的宽条，准备姜片、葱段、五花肉片，刺参焯水，捞出备用。

（2）锅热油，放入五花肉片煸炒出油，放入葱段、姜片炒香，加入泡发的海米、泡发并有料酒蒸熟的干贝、香菇煸炒，倒入米酒、高汤、生抽、老抽烧沸，加入刺参，转入砂锅小火煨 20 min 入味，大火略微收一下汁，淋香油、明油。

三、三鲜刺参煲

（一）材料

水发刺参 3 只，竹笳、蟹肉、蛋清、高汤（或鸡汤）、料酒、盐、味精、糖、生粉水、浙醋适量。

（二）做法

（1）水发刺参先清理内脏后再切成粒状，竹笳泡温水大约 10 min 后去腐衣，头尾再切成 3 份小圈，蛋清打散。

（2）煮一锅开水，参粒与竹笳放入开水中快速地氽一下后立即过冰水，沥干备用。

（3）高汤中加入些料酒再放入刺参与竹笳烧开，去掉浮沫，再加盐、味精、糖等调味，再用生粉水勾芡，倒入蛋清后即熄火，不要急着搅拌，等 1～2 min 后蛋清微熟再加入蟹肉一起拌匀，即可盛碗上桌，吃时加拌浙醋调味。

四、当归刺参汤

（一）材料

水发刺参 150 g，当归 15 g，熟地黄 25 g，玉兰片 50 g，鸡脯肉 100 g，鱿鱼 50 g，黄瓜 50 g，胡萝卜 25 g，青蒜段 10 g，料酒、葱丝少许，食盐适量。

（二）做法

（1）刺参剖干，清洗干净，切段，入沸水中氽一下，捞出沥水。鱿鱼洗净切花刀。鸡脯肉洗净切成薄片，玉兰片切成小片，胡萝卜切小条，分放盘中。

（2）当归、熟地黄放入瓦锅内，注入 6 碗水，小火煎约 90 min，捞去药渣，以药汁作为汤底。

（3）煎锅上火烧热油，下葱丝爆香，加入鸡肉片煎熟后，放入刺参、鱿鱼、玉兰片、胡萝卜条、料酒、青蒜段炒熟，加入汤底略煮，撒入适量盐调味即可。

五、刺参鸡丝汤

（一）材料

水发刺参 1 只，鸡腿 4 只，水煮蛋 3 只取蛋白（蛋白切成一瓣一瓣的形状），黑木耳适量，菜心适量。

（二）做法

（1）加入葱、姜（姜用刀拍碎）、开水、料酒少许，刺参放入锅内，泡 0. 5 h，可去腥味。

（2）鸡腿放入锅里，并加入葱、姜、水，烧开，鸡脚八成熟时取出放入冰水中。煲汤的砂锅中放入水、葱、姜、食用油，开火。

（3）将鸡腿肉撕成丝状，与鸡骨头一起放入砂锅中熬鸡汤。水开后，刺参切丝放入，小火炖 60 min 后放入黑木耳和蛋白，再炖 45 min，取出鸡骨头，加盐、黑胡椒粉调味，最后放入菜心，5 min 后关火，滴几滴麻油，上桌。

六、刺参排骨汤

（一）材料

水发刺参 4 只，排骨 500 g，蘑菇 100 g。

（二）做法

（1）先将水发刺参发泡好后清洗干净，将排骨剁成小块，把蘑菇洗干净切成片状。

（2）将排骨放入碗中，加上葱、姜、盐、胡椒粉和黄酒后搅拌均匀，腌制 2 h 左右。

(3) 将排骨均匀地铺在准备好的砂锅底部，再把蘑菇切片和天麻片铺在排骨上。

(4) 在砂锅中加入足够量的清水后，用毛巾把砂锅盖周围露出的缝隙围起来，用大火加热。

(5) 煮沸后将刺参放入砂锅中，调至小火继续加热 1 h 左右即可。

七、三鲜汤

(一) 材料

水发刺参 1 只，鱿鱼适量，鱼丸适量，鸡蛋 1 个，葱、姜、青菜少许，食盐、香油适量。

(二) 做法

将刺参、鱿鱼切片，焯水；葱、姜、青菜切丝，鸡蛋打散摊成皮后切成细丝。再将鱼丸、刺参、鱿鱼、姜丝、葱花一起下水煮开。然后加食盐、香油用小火煮 10 min，加入蛋皮丝、青菜煮开，即可食用。

八、刺参香菇煲鸡汤

(一) 材料

水发刺参 400 g，干香菇 30 g，(去皮)鸡腿 500 g，食盐适量。

(二) 做法

(1) 将鸡腿焯烫一遍，再次洗净。

(2) 将干香菇洗净，泡发。

(3) 将全部食材放入煮锅中，一次性加足量的清水。

(4) 盖锅盖，大火煮开。

(5) 揭盖，关火。

(6) 整锅汤倒入电炖锅中。

(7) 盖锅盖，通电，大火炖 2 h 即可。

第五节　粥类

一、刺参燕麦粥

(一) 材料

水发刺参 2 只，燕麦片 1 碗，葱末少许，牛奶 1 杯，盐、纯香麻油、胡椒粉适量。

(二) 做法

(1) 水发刺参切丁，焯水后沥干。

(2) 砂锅内一次性加足清水，大火煮开后继续煮 10 min。

(3) 加入燕麦片煮至软糯。

(4) 粥中倒入牛奶。

（5）再次煮沸后熄火。

（6）加入制作调料，撒上葱末即可。

二、砂锅刺参粥

（一）材料

水发刺参 2 只，香米 / 大米、香菇、香葱、盐、香油、姜丝适量。

（二）做法

（1）准备好食材，刺参清洗干净。

（2）将香米或大米倒入砂锅中，清洗干净，按 1∶4 的米水比例一次性加入足够量的水。

（3）盖上锅盖，大火烧开，转中小火熬煮。

（4）这个时间清洗香菇并将其切成薄片，刺参切小段，香葱切粒，姜切丝备用。

（5）待小火熬煮的米粒变软时，放入香菇片再熬煮 3 min。

（6）然后下入姜丝、刺参段。

（7）加入适量盐，盖上锅盖，小火煲 15 min 左右。

（8）出锅时撒少许香葱粒，滴香油即可。

三、刺参小米粥

（一）材料

水发刺参 2 只，小米、蔬菜、姜丝、葱花适量。

（二）做法

（1）小米淘洗干净，用清水泡上。

（2）蔬菜和刺参洗净，刺参切片。

（3）汤锅放入足量的水，水沸之后放入小米，水烧开后放入刺参，再次烧开后继续煮约 5 min，其间不停用勺子搅拌。

（4）加入姜丝，盖上锅盖，转最小火熬煮，期间不要打开锅盖。

（5）大约 25 min 后，开盖，加入 1 小勺浓缩鸡汁，搅拌混合，大火滚煮 2 min，最后撒上适量的盐，加入白胡椒粉调味，滴上几滴香油，撒上葱花，即可关火。

四、刺参白米粥

（一）材料

刺参（干）30 g，粳米 100 g。

（二）做法

（1）将干刺参泡发，剖开腹部，挖去内脏，刮洗干净，切碎，加水煮烂。

（2）粳米淘洗干净，与刺参一并放在砂锅内。

（3）加入清水，先用大火煮沸，再用小火煎熬 20～30 min，以米熟烂为度。

五、金汤刺参

（一）材料

水发刺参2只，南瓜、高汤、菜心适量。

（二）做法

（1）南瓜蒸熟后去皮压成泥，加高汤调制成卤汁，装入盘中。

（2）将烧好的刺参放在卤汁上，放上菜心即可。

六、刺参鸡翅香菇粥

（一）材料

刺参（干）2只，鸡翅中2块，干香菇、食盐、白糖、大米适量。

（二）做法

（1）刺参泡发48 h，去内脏洗净，用高汤煮0.5 h。

（2）鸡翅洗净剁块，加冷水、食盐，浸泡0.5 h以上。

（3）干香菇用温水泡发0.5 h，洗净。

（4）高压锅中加适量水、食盐、白糖、大米，压制5 min。

（5）最后把鸡翅和香菇倒入锅内压制8 min，打开锅盖盛出即可。

七、高汤刺参小米粥

（一）材料

刺参3只，小米适量，高汤一大碗，胡萝卜少许，菜心少许，香菇适量，葱末少许，食盐、香油适量。

（二）做法

（1）小米提前浸泡1 h，将高汤放入锅中，加入小米、刺参、胡萝卜、香菇，大火烧开后改小火慢煮，注意要不时搅拌，不然会粘锅。

（2）煮1.5 h，小米比较软糯，粥也比较黏稠，这时加入白豆腐、菜心，煮沸片刻，出锅前加入适量食盐、香油调味，即可食用。

八、上汤刺参粥

（一）材料

刺参1只（100 g），葱1段少许，高汤一大碗，盐适量，姜片两片，枸杞几粒，大米适量。

（二）做法

（1）刺参洗净，用开水加姜片煮5 min，捞出沥干水分。

（2）汤锅中加入高汤（鸡汤或用清水加鸡粉调匀）及足量的水，将米洗净倒入水中，大火烧开，小火慢熬30 min至熟。

（3）将刺参切片或粒，加入粥中，继续熬煮 5 min 至稠状。

（4）葱切碎，与枸杞一起加入粥中，调入适量盐，煮开即可食用。

第六节　面食类

一、刺参肉丁捞面

（一）材料

水发刺参 6 只，五花肉 200 g，洋葱 1 个，青菜 1 把，红椒 6 只，新鲜面条 500 g，盐、生抽、老抽、糖、料酒、味精、淀粉适量。

（二）做法

（1）刺参纵切成条，花肉切丁，洋葱切丁，备用。

（2）青菜在加了盐的开水中焯一下，沥干备用。

（3）面条煮透后过凉开水，沥干备用。

（4）热锅下少量油，油热后加入红椒爆香。

（5）加入肉丁中火煸炒。

（6）至肉丁内大部分油被煸出，肉丁煸至金黄色，烹入料酒、生抽和老抽。

（7）加入洋葱丁大火翻炒片刻。

（8）加入刺参条，加适量盐、糖、味精调味，大火翻炒 1 min。

（9）淋入勾好的薄芡，待汤汁黏稠，出锅浇盖在面条、青菜上即可。

二、上汤刺参面

（一）材料

刺参 2 只，面条适量，油菜几棵，西红柿 0. 5 个，高汤 1 碗，盐适量，姜、葱末适量，香油少许，香菜末适量，蚝油 1 汤勺，生抽 1 汤勺，鸡蛋 1 个。

（二）做法

（1）用刀在水发刺参内里划上碎刀（方便入味），用水焯一下，捞出。

（2）油菜洗净，用加了盐、少许油的开水飞过。

（3）西红柿洗净切宽片，鸡蛋煮成荷包蛋。面条加水、油煮九分熟，捞出放入大碗中。

（4）起锅，加入少许油，姜、葱花爆锅，加入生抽、蚝油、高汤及适量水，放入刺参，中火煮 5 min，加入盐、香油调味。

（5）煮好的面条上面放上荷包蛋、青菜、西红柿片，倒上刺参及汤，撒上葱花及香菜末即可。

三、韭菜刺参馄饨

（一）材料

刺参数只，面粉、猪肉、韭菜适量，姜、蚝油、盐、生抽、花椒粉、香油、食用油、糖少许。

（二）做法

（1）面粉加少许盐、温水和成面团。

（2）准备猪肉、刺参、韭菜。

（3）猪肉剁成肉糜，刺参切小丁放入容器。

（4）放入蚝油、盐、生抽、香油、食用油、花椒、糖搅打上劲。

（5）韭菜切碎拌入少许油防止出水。

（6）将韭菜放入肉馅拌匀。

（7）面团揉匀下剂。

（8）把面团擀成皮，包入馅料，包成馄饨。

（9）烧开水煮馄饨。

（10）煮馄饨的同时将紫菜、盐、生抽、香油和适量开水倒入另一锅中，烧开。

（11）煮好的馄饨盛入碗中，浇上紫菜汤即可。

第七节　米饭类

一、鲍汁刺参捞饭

（一）材料

水发刺参 40 g，米饭 100 g，胡萝卜 10 g，黄瓜 10 g，上汤 300 g，鲍汁 100 g，湿淀粉 10 g，明油 10 g。

（二）做法

（1）刺参放入上汤中小火煨 15 min，取出备用。

（2）胡萝卜、黄瓜去皮，修成橄榄状，放入沸水中大火汆 1 min 捞出。

（3）刺参放入鲍汁中小火烧 5 min，放入湿淀粉勾芡，淋明油后出锅放入盘中，盛入米饭，放胡萝卜、黄瓜即可。

二、刺参蛋炒饭

（一）材料

刺参一只，鸡蛋 1～2 个，米饭 100 g，胡萝卜 10 g，黄瓜 10 g，葱、盐、油适量。

（二）做法

（1）刺参、胡萝卜、黄瓜切小丁，葱切碎，鸡蛋打散锅内，热油炒散捞出备用。锅中留底油，放葱花炒香，加胡萝卜丁、黄瓜丁、盐，翻炒。

（2）接着放入熟米饭，翻炒均匀后，加刺参丁、鸡蛋炒至入味即可。

第八节　蛋羹类

一、刺参羹

（一）材料

水发刺参 700 g，猪肉末 160 g，冬菇、冬笋少许，鸡蛋 2 只，葱、姜少许，油、盐、醋、菱粉、麻油、清汤、胡椒粉、黄酒适量，酱油 20 g。

（二）做法

（1）将刺参切成小方丁，投入放有葱、姜的开水锅内焯一下，以去除海腥味；冬菇、冬笋都切成丁；鸡蛋打散。

（2）将猪肉末放入热油锅内炒熟，加少许清汤、酱油，使汤上色。再将冬菇丁、冬笋丁与刺参丁一起放入锅中，并加上剩下的清汤和酒，用旺火烧干，下菱粉勾好薄芡，然后将蛋液倒入锅内，再撒上胡椒粉，浇上醋和麻油即好。

二、刺参鸡蛋羹

（一）材料

水发刺参 2 只，鸡蛋 2 个，胡萝卜、芹菜少许，食盐、香油、生抽适量。

（二）做法

（1）将刺参、胡萝卜、芹菜所有配菜都切成丁块，先将刺参丁与鸡蛋打在一起，边打边兑凉开水。加入适量的盐。

（2）隔水蒸。从锅里的水沸开始算，上一步在蒸 5 min 以后，也就是蛋液的表面凝结但里面还是流动的时候，再将胡萝卜丁、芹菜丁撒上去，之后加入适量香油。

（3）再蒸 3～4 min，等里面的鸡蛋液凝结，就可以食用了。

三、香葱刺参蒸蛋羹

（一）材料

水发刺参 2 只，鸡蛋 4 个，牛奶 250 g，小香葱、生抽、香油适量。

（二）做法

（1）将鸡蛋充分打散，倒入牛奶，混合均匀。

（2）将蛋液过筛到容器中。

（3）覆上保鲜膜，放入蒸锅，大火蒸开转小火蒸 13 min 后继续焖 4～5 min。

（4）把刺参放入开水中煮约 10 min 至熟，捞出切段，小香葱切末。

（5）蒸熟的蛋羹淋上生抽、香油，撒上切段的刺参、葱花即可。

第八章

烟台刺参产业分布与发展规划

第一节　烟台刺参产业发展的现状与特点

刺参为海产珍品，位列“海产八珍”之首，营养丰富，是我国北方地区特有的海洋生物资源和名贵海水养殖品种，其不仅为一种美味佳肴，药用价值也很高，市场优势明显。随着社会经济的发展和人们生活水平的提高，人们对刺参的需求量越来越大。目前，质量较好的野生鲜参价格达到了 200～280 元 / 千克，优质干参价格为 6 000～20 000 元 / 千克，且呈现出供不应求的局面。由于刺参特殊的生长和繁殖习性，仅在我国山东、辽宁等少数地区可以养殖，具有养殖区域可选性窄、资源垄断性强的显著特点。

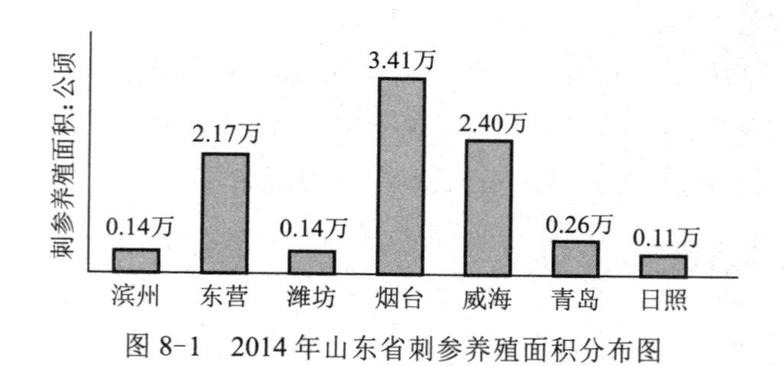

图 8-1　2014 年山东省刺参养殖面积分布图

烟台具有发展刺参养殖得天独厚的优越条件，是全国刺参养殖主产区。早在 20 世纪 70 年就率先在全国突破刺参人工育苗技术。烟台充分发挥资源和地域优势，把刺参产业作为调整养殖结构、培植渔业经济新的增长点，不断加大扶持力度，沿海群众对养殖刺参的积极性高涨，呈现出池塘养殖、围堰养殖、围网养殖、底播增殖及工厂化养殖等多种模式齐头并进的良好局面，较好地解决了水环境调控、饵料搭配及投喂、放养密度、夏眠（越冬）期管理、病（敌）害防治等关键技术环节，形成了较为系统的苗种繁育和养殖技术操作规程。2016 年，全市刺参养殖实现产值 54 亿元，占海水养殖总产值的 29. 59%。整个刺参产

业链包括苗种、养殖、加工、流通实现产值140余亿元，约占烟台渔业总产值的1/6，其中育苗、养殖及加工规模以上企业达120余家。刺参养殖业可谓是烟台海水养殖的半壁江山，在渔业经济的份额中占有举足轻重的地位，产生了显著的经济效益和社会效益，为渔业增效和渔民增收做出了巨大贡献。甚至有人提出了刺参养殖是海水养殖的“第五次浪潮”的说法。

一、苗种产业现状

截止到2016年，全市拥有育苗水体2×10^6 m^3，育苗企业达1 400多家。据调查，育苗水体在3 000 m^3以下的占80%以上，超过5 000 m^3水体的不足10%。烟台年培育各种规格的刺参苗种量达到134. 8亿头，产值达13亿元，占整个水产苗种业产值25. 65亿元的50. 68%，是全国最大的刺参苗种繁育基地。2012年，蓬莱被山东省渔业协会授予“胶东刺参苗种之乡”荣誉称号，同年蓬莱被中国渔业协会授予“中国刺参苗种之乡”荣誉称号，2013年烟台在蓬莱建成国家级刺参良种场一处。

二、养殖现状与产业特点

2016年，全市刺参养殖面积达3. 2万公顷，产量27 064 t，产值54亿元。其中池塘养殖0. 17万公顷，产量1 298 t；潮间带围池养殖307公顷，产量2 520 t；底播增养殖3万公顷，产量18 522 t；工厂化养殖9. 4万平方米，产量3 570 t；网箱养殖19 370个，产量1 154 t。在养殖生产过程中，全市各县市区立足自身区位和资源优势，因地制宜采用不同的养殖模式，形成各具特色的发展特点。

（一）以牟平、莱州、海阳为代表的海水池塘刺参养殖模式

该模式的特点是：选择底质适宜、可自然纳水的虾池进行加深改造，并在池内投石筑礁进行人工投饵养殖。放苗数量主要依据池塘的换水和饵料条件确定。在养殖过程中，不少业户采用将大、中、小规格的苗种以一定比例混合投放的方法。其优点是：可在短时间捕获商品参上市，实行轮捕轮放，每年都有产出和经济效益。

（二）以长岛、芝罘、开发区为代表的潮间带围堰（围网）养殖刺参模式

该模式的特点是：利用自然地势，在潮间带筑坝或围网构筑封闭性养殖池，且池水深在2 m以上，与池外海水的交换能力大，池水受夏季高温和冬季低温的影响小，以人工投饵为主，天然饵料为辅。这种养殖模式下的刺参生长速度快，品质较好。

（三）以北部沿海的长岛、莱州、龙口、蓬莱、芝罘区为代表的刺参底播增殖及深水海底围网养殖模式

该模式的主要做法是：在底质适宜、野生海藻丰富的海底，投放石块或特制的人工渔礁，充分利用海区优越的底质条件，营造刺参栖息场所，投放大规格苗种或移植亲参进行增养殖。这种模式具有投资少、风险低的显著优点，对发挥海域生态效益、保护海洋环境、实现养殖业可持续发展具有重要意义，但成活率和回捕率相对较低，产品的安全管理存在

一定的隐患。

（四）以莱州、蓬莱为代表的工厂化养殖模式

该模式的主要做法是：利用养鱼车间的养殖大棚，把工厂化和池塘养殖结合起来，优势互补，以提高生长速度，减少养殖周期。这种模式具有易管理、风险小、可控性强等优点，但其品质和口感与野生参相比略逊一筹。

三、加工业的现状和特点

刺参具有6亿年生存史，被称为海洋中的“活化石”，一旦离开海洋，就会变得极其脆弱。刺参身体里有一种特殊物质——酶，遇到空气，就会快速氧化，具有极强的自溶能力。刺参打捞上岸后，6 h左右就会失去原貌，甚至化为一摊水。新鲜刺参保存时间不是很长，防止化皮的唯一方法就是对其进行快速加工保存。

烟台养殖和野生捕捞的刺参80%以上都进行了粗加工和精深加工，年加工干参及其他各种形式的食用刺参1 200余吨。加工的形式以家庭作坊为主，占加工规模的90%以上。规模以上的机械化加工企业较少，有东方海洋、新海水产、烟台华康（蓬莱）海洋食品等10多家企业。从产品类型可分为盐干品、淡干品（传统加一次10%的盐）、纯淡干（煮后机械烘干）、即食品（包括单冻和调味品，该产品保质期短）、冻干品、糖干品（属于假冒产品，但市场上有见）。从干燥方式可分为晒干、烘干、冻干等多种方式。最普遍的就是盐干刺参，加工后的刺参含有大量盐分。该加工方法加工时间长、复水时间长、复水后刺参弹性较差、营养成分损失很大。随着加工技术的不断进步，又出现了烘干、微波干燥等加工技术，这些方法加工后的刺参口味、形状发生变化，反复煮、泡、加热等环节让营养也受到一定损失。应用冻干技术加工刺参，优势就是使刺参的营养价值最小限度的流失。

第二节　刺参产业发展存在的实际问题与制约瓶颈

刺参产业是高投入、高效益、高风险的行业，伴随着养殖规模的迅猛扩大和产量、效益的大幅度提高，有关刺参产业盲目投资、布局规划混乱和质量安全存在隐患等实际问题日趋突出。由于种质、饵料、养殖设施及工艺和乱用药品等多方面原因，造成刺参体质下降，抗病害能力差，易引发病害。据统计，2009～2010年，全国刺参养殖因病害造成了20亿元以上的经济损失，严重制约了该产业持续、健康发展。刺参产业面临的制约瓶颈主要表现在以下十个方面。

一、产业发展布局不够合理

产业发展缺乏调控，苗种布局不够合理。由于刺参养殖的高额回报，驱动了社会上的很多投资，来自银行、建筑、煤炭、商业等各行各业的资金和人员，大兴挖池筑坝工程，不计环境条件限制，不顾技术熟练程度，一哄而上，盲目选址投资进行刺参育苗和养殖。这些人片面追求产量，无节制地放苗，对养殖所必需的管理技术知之甚少。作为渔业行政主管

部门又缺乏宏观调控手段和监管力度，造成某一区域养殖规模过大，养殖布局过于集中，超过了海域的负载能力，致使局部水域环境恶化。在刺参育苗和保苗过程中，部分地区单位过于集中，投饵偏多，进排水不畅，换水量少，极易造成水质交叉污染，水环境恶化，引起参苗发病。此类苗用于养殖时，成参感染发病的概率就会增加，并且在养成过程中，无法阻止病害传播。

二、从业人员技能水平偏低

近年来，随着水产养殖业的快速发展，一大批规模宏大、管理规范的高新龙头企业应运而生，同时一家一户、设施简陋的育养方式仍然存在，总体的格局是小、散、弱。据统计，烟台市育苗、养殖业户达2 000多家，养殖散户约占70%以上。烟台市从事刺参育苗、养殖、加工及流通等从业人员近20万人，从业人员受教育程度比例普遍较低，高中文化以下程度占80%以上，中等及大专文化以上程度占比不足10%。从业人员素质高低不一，养殖散户技术水平低下，产业化水平不高，生产环节缺乏统一管理，科学用药意识淡薄，容易产生违规用药情况，养殖标准化生产的实施还不够全面。

三、养殖行业面临风险偏高

自然灾害频发，养殖业面临巨大风险。2005年12月，烟台市遭遇强降暴雪，部分县市区的渔业生产遭受了一定的经济损失。据统计，烟台市养殖育苗大棚受损面积达$1.045\times10^5\ m^2$，直接经济损失5 532万元；2007年3月，烟台市部分地区发生了风暴潮，给渔业生产经济带来了巨大经济损失。据莱州市统计，此次风暴潮损毁刺参养殖池塘及养殖大棚等近300 hm^2，经济损失约3 690.75万元；2013年7～8月，由于受连续降雨和持续高温等异常天气的影响，烟台市刺参养殖区出现了不同程度的脱礁、吐肠、化皮甚至死亡现象。其中受灾严重的莱州、招远降雨持续时间长达1个多月之久，降雨量分别达到641.9 mm和670.1 mm，为常年同期的2倍，是60多年来降雨最大的一次。持续降雨使得两地池塘盐度降低，水质交换不畅，造成刺参大量死亡。据监测，池塘水盐度最低时不足20，远低于刺参所能耐受的正常范围。同时刺参养殖池塘水温骤升，连续数日超过32 ℃，有的甚至达到33 ℃，超过刺参夏眠所能耐受的极限温度28 ℃。由于大量陆地污物随雨水排入大海，造成局部水质环境恶化，底部海水溶解氧最低值仅在2～4 mg/L，养殖区内亚硝酸盐含量的最低值一度达到0.2 mg/L，导致深海底播的刺参有化皮和死亡现象。据统计，烟台市受灾面积约为4 300 hm^2，其中池塘养殖超过1 600 hm^2，海区底播增殖超过2 600 hm^2，经济损失约11亿元。面对自然灾害的侵袭，养殖业户束手无策，政府有关部门也心有余而力不足。在水产养殖业中建立和引入金融担保、商业保险等机制，是降低灾害损失、化解养殖风险、促进产业可持续发展的一个重要手段。

四、种质质量提升缺乏手段

种参保护缺乏手段，种质质量下降。近几年来，烟台市刺参苗种大部分在青岛一带采购，而青岛胶南的大部分种参是多年以前从烟台长岛、芝罘、蓬莱等地引进，育苗种参许多是近亲繁殖，种质退化现象日趋严重。作为本地种参也没有长期的种质保护计划，海上刺参受到污染和病害的侵染，并呈种群减少趋势，使用种参很大部分是人工培育的，质量难以保证。另外，养殖所用亲参没有进行系统的品种选育和改良，经过累代养殖，亲参种质退化现象日趋严重，其原有的优良性状在生产中不能继承和发展，造成苗种生长速度缓慢，抗病能力下降。

五、苗种市场环境不够规范

苗种市场不够规范，价格低迷。长期以来，苗种销售市场没有统一的标准和规范，质量参差不齐。刺参苗种的生产和经营缺乏监督管理，在销售过程中更没有实行强制性的参苗检疫制度，难以阻止带病参苗的流散，给养殖业的健康发展埋下了较大的隐患。2013年春季，苗种和成品鲜参价格持续走低，600头/千克的参苗价格只有75元，200头/千克的参苗价价格只有50～60元，不足往年的60%，蓬莱、莱州、长岛、牟平等刺参苗种繁育基地，有近百万斤的苗种出现了积压滞销。商品鲜参的价格比往年同期也有不同程度的下降，6头/千克的池塘养殖成品鲜参价格在130元/千克，底播增殖野生参价格在200～280元/千克。这给广大养殖业户和渔业行政主管部门敲响了警钟，如何走可持续发展之路是摆在我们面前的一项紧迫任务。

六、生态环境恶化时有发生

生态环境恶化时有发生，养殖病害随之加剧。近年来，水产养殖业病害种类增多、受病害影响面积扩大、危害性增加。20世纪90年代初，中国对虾养殖暴发传染性病毒，扇贝病害发生，均造成大面积死亡。据统计，全国每年因病害经济损失100亿～150亿元，使水产养殖业蒙受巨大经济损失。近几年来，刺参养殖又发生不同程度病害，病害一直呈上升趋势，仅刺参每年发病面积在20%以上，损失产量在15%左右。造成生态环境恶化的主要途径表现在：一是大量富含有机质、无机氮、磷和有机农药的农业污水未经处理，直接流入海洋，致使养殖水质恶化，遭受环境污染的生物大量死亡，严重地影响养殖品种的生存和生长。据统计，我国每年直接入海的污水高达80多亿吨、有害及有毒物质146万吨，并且每年以5%～8%的速度增长，仅渤海沿岸每年入海污水就达20多亿吨，各类污染物约70万吨。二是水产养殖业中在不同生态类型海区的养殖种类结构不合理现象非常普遍，局部海区长期养殖结构单一、密集，使生态系统能量和物质贫乏，致使某些污损、赤潮和病原生物异常发生，极易造成病害发生和流行。三是有些养殖户使用劣质饵料和化学药品，从工厂化养殖场和养殖池塘排出的废弃海水，不仅有粪便、残饵，还有很多消毒用的高锰酸钾、次氯酸钠、福尔马林等药液大量排入海区，污染养殖水域环境，易造成养殖病害发生。

七、生产管理技术不够规范

养殖设施简陋，养殖技术不够规范。许多育苗和养殖单位的设施和设备条件相对简陋，育苗和养殖用水及排污处理系统还不完善，配套基础设施不适宜；刺参养殖池建设不规范，进排水管道设置不科学，换水不畅，海水不能得到充分净化，重复使用，会造成交叉

污染；许多虾池改造的养参池多年不清池消毒，池底污泥杂物堆积、腐烂变质，水质污染非常严重；另有一部分养殖池水太浅，遇到气温急剧变化，即造成池内水温忽高忽低，也是诱发病害发生的原因之一。刺参标准化养殖技术的宣传和实施还不够到位，养殖业户为追求产量和效益，不顾参池实际情况，无节制增加放养密度。按常规每公顷放养大苗 7.5 万头左右、小苗 10 万头左右，但现在每公顷放养 30 万头左右比较普遍，有的甚至每公顷放苗 45 万到 150 万头之多，加上又不舍得投饵，刺参逐步长大，天然饵料严重缺乏，易造成刺参缺氧缺食而体弱患病，直至死亡。

八、饵料质量研究滞后

饵料质量较差，相关科学的系统研究明显滞后。目前，烟台市乃至山东省普遍存在刺参养殖密度过大的实际问题，自然饵料难以保证刺参正常生长需要，人工饵料生产质量缺乏统一标准。刺参营养研究相对滞后，使得刺参养殖缺乏全价饵料，导致刺参营养不良，生长效果不佳。许多保苗、养殖单位自行配制饵料，营养单一且不符合卫生要求。养成过程中使用劣质饵料和发霉变质的海藻，严重污染了水域环境，引发细菌繁殖。刺参正常的栖息、存活和生长受到制约，抗病能力下降，因而容易感染发病。刺参养殖业发展得如火如荼，但关于刺参生态学、饵料营养研究、养殖技术规范和病害防治的系统研究较为匮乏，无法满足刺参养殖的生产需要。一旦刺参发病，养殖户便束手无策，不仅延误了疾病治疗，而且加剧了病害的发展和传播，最后导致刺参死亡。

九、药品质量监管制度不够完善

药品监管相对滞后，质量安全不容乐观。长期以来，由于管理部门职责分工交叉，渔用药品的生产、经营、管理一直处于无序状态，加上养殖业户缺乏科学指导，有病乱投医、乱投药，有时不但不治病，反而延误了病害防治，对苗种的体质产生了很大的负面作用，造成巨大经济损失。部分企业和养殖业户没有严格按照国家有关规定和行业标准组织生产，违规使用禁用药现象时有发生。近几年，烟台市加大了对刺参苗种和产品进行检测的力度，2013 年，抽检刺参苗种 86 个、产品 56 个，从检测结果来看，合格率都没有达到 100%，足以证明质量安全存在着隐患。

十、规范宣传和加工流通较弱

行业规范宣传不够，加工流通相对较弱。目前，关于水产养殖方面的标准繁多，出处不一。在国家渔业方面的无公害标准中，涉及水产养殖技术规范有 29 项，产品标准 35 项，水质和药物、饲料使用标准 10 余项。山东省颁布的地方养殖技术标准有 100 多项。尽管行业和地方标准之多，但由于缺乏宣传力度，没有得到很好的贯彻落实。对一些标准和规范，部分养殖单位和业户知之甚少，难以按照标准化的要求组织生产。在刺参加工方面，产品种类繁多，标准不一，行业标准执行困难。《中华人民共和国水产行业标准 干刺参》（SC/T 3206—2009），2009 年 9 月 1 日由农业部发布，2009 年 10 月 1 日实施。该标准界定了刺参分为特级（纯干）、一级、二级、三级品四个等级，除了对色泽、气味、外观、杂质、复水后状况等感官指标进行了规定外，还对理化指标进行了严格规定（见附录）。干海参首个国家标准《食品安全国家标准——干海参》（GB 31602—2015）2015年11月13日由国家卫生和计划生育委员会发布并于2016年11月13日实施。该标准除了对感官要求进行了细化，还对六大理化指标进行了严格要求，为海参加工行业制定了多条“红线”，各项要求均标准化，比以往标准要严格许多，必将推进整治海参行业乱象力度，打造食品安全新环境。但由于加工多以家庭作坊式的散户为主，在监管方面存在松散等问题，标准执行率不高。烟台海区西起长岛东至养马岛都是最佳的刺参养殖区，但是，与之不相称的是“烟台刺参”产业没有几个知名品牌，流通市场比较混乱。主要表现在：一是烟台刺参地理标志保护的外延和辐射范围不广，宣传力度不足。现在市场出现了许多“烟参”冒充“辽参”的奇怪现象。二是刺参加工环节不够规范，“掺假”现象严重。目前，市场许多盐干刺参的含盐量超过70%，另有商家经销糖干刺参。一些不法商贩从温州、大连以及日本、俄罗斯、南美洲等地购进低价刺参，加工包装后谎称烟台刺参对外销售，误导和欺骗消费者。三是“北参南养”对市场造成一定冲击。利用渤海、黄海的刺参苗种，在冬季运到水温相对较高的福建、浙江附近海域进行养殖，形成“北方供苗，南方越冬”的模式，以此缩短养殖周期，提高产量。

第三节　刺参产业健康可持续发展的思路与对策

我国刺参养殖研究已取得巨大进步，刺参人工育苗和增养殖走在世界前列，已成为我国海水养殖的朝阳产业，发展速度快，潜力巨大，作为我国北方养殖结构调整的重要优良水产品种之一而加以推广。烟台的刺参养殖业之所以能够在较短时间内得以迅速发展，靠的是各级政府及渔业主管部门审时度势，调整结构，积极引导，奋力推动，同时也是科技进步支撑和技术推广得以加强的结果。20世纪70年代率先在全国突破刺参人工育苗技术关，进入90年代以来，经过广大科技工作者和养殖业者的不断探索，目前烟台市的刺参育苗与养殖的技术工艺已日渐成熟，单位水体的出苗量和养殖产量不断提高，技术水平处于国内领先地位。由于育苗技术的突破与普及，育苗产量的不断增加，极大地推动了烟台市刺参养殖业的迅速发展。刺参养殖业是烟台市继海带、扇贝、对虾等养殖大发展之后出现的海水养殖的又一大朝阳产业。其发展速度之快，规模之大，效益之高，可以讲不亚于历史上任何一个养殖品种的开发。但随着发展规模的迅速膨胀和产量的大幅度增加，也显现出值得我们高度重视的问题。从2003年初开始，室内越冬保苗和池塘成参养殖，均有不同程度的以烂嘴、排脏、僵缩、化皮等为主要症状的病害发生。出现上述问题的原因是多方面的，既有宏观管理的原因，也有技术操作、养殖管理以及刺参种质和饵料等制约因素。任何一个养殖品种，当其在生产发展到一定的规模，随着集约化程度的提高和产量大幅度增加，必然伴随病害不同程度的发生。问题的关键是怎样采取措施，最大限度地避免病害的发生。当前烟台市的刺参养殖业正处在蓬勃发展的重要阶段，其养殖规模仍然呈现出快速扩大的态势。作为海水养殖的支柱产业，现在面临着盲目投资、养殖密度过大和病害频

发的困扰，在大好形势下，如何防止重蹈以往中国对虾和栉孔扇贝养殖由于病害发生使生产严重受挫的覆辙，保持刺参养殖业持续、健康、稳定发展，已是摆在广大养殖者和各级行政主管部门面前的主要课题。刺参养殖业的发展要认真吸取20世纪90年代对虾、扇贝由于盲目发展而发生大规模病害、造成巨大损失的教训。要以科学发展观为指导，加大投入力度，着力发展刺参健康养殖。在发展方向上，坚持大力推行健康养殖模式，优化品质，提高质量，扩大效益；在养殖规模上，坚持优化环境，适度发展；在养殖方法上，坚持多样化，提倡底播增养殖和生态养殖；在养殖和苗种生产管理上，坚持科学化、规范化和标准化。要积极推广无公害养殖技术规范，形成完整的病害防治技术体系，实现监测和信息资源共享机制，从而保证刺参养殖业持续、健康、稳定发展。

一、合理规划养殖总量

合理规划和布局，控制育苗和养殖总量。海域的养殖容量是有限度的。不顾水域生态环境的承载力，过度超负荷开发，必然导致生态失衡。近几年来，烟台市先后出台了加强全市海水养殖业管理的规定，对新上的育苗与养殖项目需经严格审批，并编制了优势水产品区域布局规划和水域滩涂养殖规划。但由于受经济利益的驱动，在一些地方并没有得到很好的执行，而是不顾自然条件，一哄而上，无序开发。特别是育苗场、保苗棚多家紧密相依，连成一片，形成用水的交叉污染，容易导致病害的传播。搞好育苗与养殖总量的控制是实现刺参科学养殖和可持续发展的重要前提。世界一些养殖发达国家都十分重视养殖容量，如挪威规定，同一海区养殖只能连续两年，然后闲置几年后方能再进行养殖，海上养殖网箱的间距不得低于1 km。澳大利亚则规定，在半径50 km范围内只准建设1处养殖场。我们的国情不同，目前尚不能达到如此标准，但我们一定要以科学的发展观来指导刺参养殖生产，积极开展调查研究，结合本辖区的实际情况，因地制宜地对刺参养殖进行合理规划和布局，实行总量控制。以有利于刺参的栖息度夏、有利于藻类的附生并能为刺参正常生长提供良好的空间、环境和饵料为原则，参池尽量选择在海区较近、潮流通畅、水质条件好、能自然纳潮、基础饵料丰富、无污染源的池塘。北部沿海为刺参养殖高密区，要控制发展，进行合理布局，不能再新上育苗和保苗室，不能再新上围海堵坝养殖。南部沿海等发展新区，要搞好规划设计，科学确定育苗与养殖总量，对养殖规模和数量进行宏观调控，充分合理利用资源，切忌一哄而上，防止养殖规模过大，布局过于集中而超过海域负载能力，致使局部环境恶化，导致刺参病害的发生和蔓延。严格控制养殖密度和总量，确保刺参养殖生产的可持续发展是摆在我们面前的一项紧迫任务。

二、加强种参资源保护

加强种参资源保护，提高亲参质量。苗种质量是刺参养殖生产持续发展的重要前提，而要培育出健康的苗种，必须有好的参种做保证。由于没有长期的参种保护计划，加之近几年刺参价格不断上涨，滥捕行为严重，造成当前自然优质种参资源匮乏。育苗所用亲参的个体重量出现逐年减小之趋势，质量也难以保障。因此，加强参种的保护已成当务之急。

在这方面，一是要采取限额捕捞、适时捕捞、分区轮捕、规定采捕量及捕捞规格等有效措施，保护自然资源和自然优良种参种质；二是要在易于刺参增殖的地方进行增殖放流，并设立刺参保护区，禁止非法捕捞，保护自然优良种质；种参质量要求按照《刺参增养殖技术规范 亲参》（SC/T 2003.1—2000）的规定，逐步提高刺参种质质量；三是要充分利用现代生物技术，积极开展刺参的遗传基础和抗病、抗逆、生长速度快的苗种选育技术研究，比如在国内开展不同地域的种参杂交、引进国外生长速度快且抗病能力强的亲参进行杂交培育等，切实为养殖生产提供高质量种参。

三、加强刺参苗种管理

加强刺参苗种管理，实行苗种生产许可制度。烟台市是全国最大的刺参苗种繁育基地。从近几年生产情况来看，苗种生产病害时有发生，质量安全存在隐患，已给整个产业链带来负面影响，成为生产者和渔业行政主管部门必须高度重视的问题。根据《渔业法》赋予的职能和农业部《水产苗种管理办法》的有关规定，要全面实施水产苗种生产许可证制度。对新建养殖场、育苗保苗场实行审批和许可制度，凡未经主管部门审批，不得开工建设；按照农业部《水产苗种管理办法》对符合生产条件的发放《水产苗种生产许可证》，对不符合生产条件的单位和个人取消生产经营权，对违反《水产苗种管理办法》的厂家，可取消生产许可证，确保苗种生产有序发展；采取必要措施，清理整顿已建育苗场、水产养殖场，建立许可登记备案制度。符合生产条件的，发放《水域滩涂养殖使用证》，确保辖区养殖总量不超过海域的负载能力，做到统筹规划，布局合理；严格实行参苗繁育和中间培育许可制度和参苗疫病检疫制度。苗种的质量要求按照《刺参增养殖技术规范 苗种》（SC/T 2003.2）的规定，按质量标准销售苗种，确保优质苗种投放市场。从外地引进苗种，由于运输距离长、病害传播途径广而容易发病，因此提倡使用本地健康苗种。要研究建立苗种规格、苗种质量、养殖密度、产品规格等标准，为刺参健康养殖提供保证。

四、推进标准化生产管理

优化养殖条件，加强标准化生产管理。烟台市刺参人工育苗和养殖走在全国的前列，但从育苗与养殖的设施条件来看，还相对简陋。虽然烟台市的育苗场达 2 000 多处，但许多是在原有对虾和扇贝等育苗室的基础上加以利用，结构不尽合理，配套不够齐全，特别是在育苗用水的处理上还处在原始的一级砂滤阶段，污水的排放也没有经过处理而直接排入海中。相当多的养参池塘面积过大，池水的深度及换水能力达不到标准要求，加之多年重复养殖，池底污染加重，池水的质量及稳定性较差。这些问题的存在，都直接制约着育苗与养殖水平的提高，应该加以解决。刺参养殖池塘的水深必须达到 1.5 m 以上，日换水量达到 20% 以上，一个养殖周期过后必须彻底清淤，这是促进刺参正常生长、防止病害发生的重要保证。在设施上，改进基础配套设施，例如紫外线消毒器、藻类发生器、多因子水质分析仪和生物显微镜等，提升养殖设备性能和育苗保障能力。标准化生产是渔业的生命，是增强渔业竞争力的有力武器。近几年来，烟台市在这方面做了大量工作，但覆盖面

还不大，许多养殖业户还没有完全实行标准化生产，乱用药的现象比较普遍。有些育苗和养殖者为片面追求产量和效益，在育苗、保苗、养成等环节上，盲目增大密度，结果适得其反。一些养殖场为了自身利益，甚至销售带病苗种，不仅给养殖者造成损失，更重要的是造成疾病传播。对此，应引起我们的高度重视。要切实加强管理，按照无公害生产要求制定符合当地实际的生产管理标准和技术措施规程，通过生产实践逐步配套完善并加以推广。要按照山东省制定的《无公害食品 刺参养殖技术规范》（DB 37/T442）和《无公害食品 刺参池塘养殖技术规范》（DB 37/T445）的规定组织生产。严格执行《无公害食品渔药使用准则》（NY 5071）和《无公害食品 水产品中渔药残留限量》（NY 5070）关于休药期的规定。禁止使用国家明令禁止或者淘汰的渔药、添加剂以及高残毒的投入品。水质标准应符合《无公害食品　海水养殖用水水质》（NY 5052）的规定，切实把好养殖用水关。继续扩大刺参标准化养殖的覆盖面，严格按照农业部《水产养殖质量安全管理规定》的要求组织生产，建立健全养殖日志、饲料使用情况和用药记录制度；建立严格的标准化生产档案，对养殖情况从育苗、养成到进入市场的各个生产环节登记造册。严把苗种出库关，为刺参健康养殖提供保证。通过推进标准化生产，规范刺参养殖业健康发展。

五、探索养殖新型模式

探索养殖新模式，提高产业化水平。随着刺参产业的飞速发展，我国沿海各地根据当地实际条件，采取不同方式开展刺参养殖。北方地区主要的养殖方式有池塘养殖、潮间带围堰养殖、大棚室内养殖、内湾网箱养殖、深水网箱养殖、底播增殖等；南方地区主要是利用其冬季水温优势，拓展出“北参南养”的接力式养殖思路，目前主要的养殖方式是海区吊笼养殖、池塘养殖和参鲍混养。研究推广健康养殖模式，提高产业化水平是今后的发展重点。

（一）底播增养殖

底播增养殖的刺参接近野生参，口感较好，鲜参价格一直保持在200～300元/千克。北部沿海底质条件优越，岩礁资源丰富，水质清新，是发展刺参底播增养殖不可多得的理想区域，有条件的地区要科学选址，采用人工造礁的方式重点发展。

（二）室内大棚工厂化养殖

这是近几年发展起来的一种养殖方式，是利用室内水泥池、全人工控制的一种养殖模式，大规格参苗（30头/千克左右）经70～90 d的养殖周期可以增重1～1.5倍，即可作为成品出售，关键技术是控制好水温（13 ℃～17℃）和饲料投喂量；由于此种养殖模式对环境造成一定的影响，所以将逐渐被新兴的工厂化循环水养殖模式取而代之。工厂化循环水养殖模式的最大优点是节能减排，即采用现代技术，通过水动力回旋式物理沉淀、热能交换、生物絮团吸附净化、曝气及微生物硝化降解、大型藻类三级吸收降解、定期清理沉淀物等工艺，实现养殖水体除污、增氧，实现水质净化循环利用。日添加新水量小于20%，常温期节能30%，冬季节能达40%以上。

（三）内湾网箱养殖方式

选择水质条件好、风浪小的内湾架设网箱，网箱规格一般为 5 m×5 m×3 m，组合式布局，放苗规格以大规格参苗为宜，200 头 / 千克参苗每箱放 15 kg 左右，100～120 头 / 千克的参苗放 25 kg 左右，网箱内投放网片附着基。根据刺参生长情况及网箱污损程度定期更换网箱，清除污物，投饵量少，经 12 个月左右的养殖周期，成活率可达到 80%左右。

（四）深水网箱养殖

这是近几年开发研制的科技含量高、低碳环保的一种刺参养殖方式，实现了深水刺参生态养殖的安全和稳定性，这也是水产养殖业将来走工业化道路的新起点。其显著特点包括以下几点。

（1）深水中养殖水质转换速度快，减少了养殖清污的工作量，有效降低了养殖的劳动强度。

（2）设备使用年限长，防污和防生物附着能力强。框架使用寿命可达 15 a 以上，网衣使用寿命可达 5 a 以上。

（3）抗风浪能力强，应用海域广阔。该技术可适应风浪大、海流大的海区，适合任何适宜刺参生长的海域，包括筏式养殖区底部和航道水道旁边，该技术可有效防止强风浪袭击、局部海区污染、赤潮等自然灾害及敌害生物侵袭。

（4）养殖容量大、效益高。该技术单箱成品刺参养成量可达到 250 kg，养成周期为 12 个月左右。

（5）不污染环境，降低养殖风险和成本。网箱养殖海区，水流畅通，养殖水质转换速度快，保证水质条件优良，减少病害侵袭，养殖成活率可达 90%以上。每 6 台网箱为 1 个养殖单元，其中 1 台网箱用于养殖幼苗，另外 5 台网箱用于成品养殖。幼参养殖箱可选用 100 头左右苗种，经过 1 a 养殖就能达到 40 头 / 千克的规格；成参养殖箱可选用 20 头左右苗种，经过一年养殖就能达到 8 头 / 千克成品参标准。

（五）"北参南养"模式

主要养殖区在浙南及福建地区。养殖时间为每年的 11 月下旬至次年的 4 月下旬。当期当地水温降低至 20℃以下时，将北方池塘养殖的大规格参苗（16～30 头 / 千克）移入南方，利用当地鱼排实施吊笼养殖，利用池塘实施池塘养殖，池塘养殖所用参苗规格偏小，一般控制在 40～60 头 / 千克，也有移入陆地鲍鱼养殖池或海上鲍鱼养殖笼进行参鲍混养的，但以养鲍为主。整个养殖周期刺参可增重 2～3 倍，条件优越、管理精细的可超过 4 倍。这种模式由于刺参生长周期短，营养累积效果相对差一些，对烟台刺参市场也形成了一定的冲击。

六、加强刺参营养研究

加强刺参营养学研究，研制和投喂优质饵料。刺参育苗需要大量的单细胞藻类、鼠尾藻和活性海泥等，由于当前育苗场单细胞藻类的培养方式基本为开放型的，培养过程中很

容易引入原生动物等敌害，存在着培养困难的问题。特别是在气温较高的夏季，很难保证有足够的藻类用于投喂，而育苗与养殖都需要的野生鼠尾藻资源也面临匮乏。另外，投喂粉末饵料存在着流失和污染问题，海泥携带着众多而复杂的微生物和敌害生物，因此，研制并投喂合适的刺参育苗与养殖的人工配合饵料迫在眉睫。一是要对刺参的消化系统发育及营养学进行重点研究，了解刺参在不同发育时期的营养需求，在此基础上制定刺参不同生长阶段的营养标准和饵料标准，开发刺参养殖专用全价配合饵料，并提高饵料加工工艺，研制出营养高、成本低、稳定性、诱食性及吸收性好、饵料系数低的环保型饵料；二是对刺参饲料生产企业进行规范和监督管理，使用渔用饲料应当严格按照农业部《无公害食品　渔用饲料安全限量》(NY 5072)的要求；三是坚决杜绝劣质饵料的生产、销售和使用，尽量减少对环境的污染。同时要加强投饵技术研究，不同规格的刺参日摄食量，不同养殖密度条件下的刺参日投喂量、投喂方法等，都需要在实践中不断探索，做到准确投饵，以达到既满足刺参的物质需要，又最大限度地避免饵料的浪费，降低养殖成本，保护养殖环境，促进刺参生长，提高产量和经济效益的目的。

七、推行科学养殖管理

推行科学养殖管理，防止病害发生。随着刺参养殖规模的不断扩大，养殖水域环境日趋恶化，刺参养殖病害防治必须引起高度重视，并作为今后养殖病害防治工作的重点。从流行性病学调查来看，当前的刺参病害主要为细菌性疾病，其病原也具有多样性和复杂性。又因为在环境恶化和受病原感染时，刺参容易排脏，失去摄食能力，很难进行口服药物治疗，因此，刺参疾病应以预防为主。要加大投入，建立健全病害防治体系，切实搞好病害的预报与防治，及时观察和掌握刺参病害发生情况，组织专家会诊，做到早防、早治。要组织科研力量，加强对刺参病害领域的攻关，以防为主，科学防治。在生产过程中，预防病害发生的具体技术措施是：一是苗种选择。健康的参苗伸展自然，爬行快，体表色泽黑亮，肉刺尖而高，排出的粪便不粘连。如果参苗黏滑而体色暗淡，肉刺秃而短，活动缓慢，粪便粘连等，则说明参苗不健壮。二是调控水质，加大水体交换量。刺参活动范围小，行动速度缓慢，主要是依靠海水的流动带走排泄物和周围的污物，以得到良好的生活水环境。一般日换水量保持在10%以上，适温生长期的日换水量应达30%。三是严格清池消毒。在刺参养殖过程中，要及时清除对刺参生存不利的大型动植物和长期积累的淤泥、粪便等杂物，防止刺参受枯死腐烂的藻类和杂物污染而大量死亡。池塘清淤后要进行消毒，消毒时进水30 cm，全池泼洒生石灰750～1 500 kg/hm^{2}或漂白粉30 mg/L，待药效消失方可注水施肥和投苗养成。四是合理确定放苗密度。参苗的放养密度是体长1～3 cm(体重0.4～0.6克/头)的当年参苗，播苗量为10头/平方米左右；人工越冬苗或海捕自然苗(体长5 cm左右)，播苗量3～5头/平方米为宜。一般单养放苗量约10头/平方米，混养小于5头/平方米。五是合理投喂优质饵料。根据池塘条件、养殖密度适量投饵，避免投饵堆积，尽量减少饵料在池底没被摄食完便腐烂变质现象。日投饵量为鲜参体重的2%～10%，并根据摄食情况适当调整。六是加强观测。发现刺参少量发病时，要及时将病参移出，防止蔓延。如发现较大量刺参发病，最好是及时收获，减少损失。七是坚持科学用药。养殖刺参经常出现皮肤溃烂或排脏现象，对皮肤溃烂的刺参，可下水收集放在容器中用青－链霉素药浴 30 min，重新投入池中即可。目前尚未发现防治刺参病害的特效药物，要定期进行养殖水体消毒，坚持在专家指导下科学用药，提倡使用微生态制剂。

八、树立负责任水产养殖意识

加强行业技术培训，树立负责任水产养殖意识。1995 年 10 月，联合国粮农组织（FAO）通过了《负责任渔业行为守则》。虽然是一个非强制性的原则和标准，但世界各国都将它作为本国发展和管理渔业包括养殖业的必要框架，也就成为世界水产养殖发展的总趋势。其主要内涵就是企业和组织要负责任地发展养殖生产，企业要对养殖过程、产品质量等行为负责，主动履行义务，建立健全企业自查监督机制，切实履行产品质量安全主体责任，打造守信用企业形象。渔业行政主管部门要对养殖业包括合理规划、宏观调控、质量监管、技术推广等行为负责任，负责任地发展水产养殖业。要加大刺参健康育苗、生态养殖技术的推广力度，定期举办养殖技术、病害防治技术培训班，切实搞好技术服务，从参池建造、苗种培育、养成管理、渔药使用等多方面引导养殖业户科学组织生产。要加强技术服务体系建设，稳定技术推广队伍，鼓励科技人员深入生产一线，进行巡回指导，提高技术服务水平，不断提高刺参养殖技术水平。

九、抓好品牌质量建设

抓好质量安全和品牌建设，确保刺参整个产业的可持续发展。刺参加工终端产品的质量监管不属于渔业行政部门的职能，质量由质检部门负责监督。但是它与刺参育苗和养殖业息息相关。全市年加工干刺参及其他即食产品 1 200 多吨，市场潜力巨大。目前市场上的刺参产品良莠不齐，消费者对刺参质量存在疑惑，不同程度影响了刺参产业的健康发展。抓好质量安全和品牌建设要突出以下几个重点环节：一是建立监督检查和抽样检测机制。除了积极做好国家、省水产品质量安全定期强制性抽检外，全市还要加大检测频率和批次，对原料生产、加工、市场流通环节的定期检查，作为产品质量的一道重要防线，为公众提供优质可信的刺参产品。二是建立质量保障联盟机制。2013 年 10 月 18 日，山东省成立了“胶东刺参”质量保障联盟，20 家联盟发起单位获得“胶东刺参”《商标使用授权证书》。这对刺参主产区的烟台也起到了借鉴作用。三是加大宣传力度，叫响“烟台刺参”。在市场经济快速发展的今天，品牌经营是水产业强渔兴水的有效途径，品牌化的竞争已经成为水产品行业的新动向，应该引起生产企业和政府的高度关注，共同培育“烟台刺参”一流产品品牌。

十、引入保险运营机制

引入保险运营机制，化解养殖风险。水产养殖面临的主要风险为台风、风暴潮、热带风暴等风灾，以及赤潮、病害等。山东等沿海是自然灾害频发地区，台风、风暴潮、浮冰、污

染、病害等灾害严重威胁水产养殖的安全。根据《中国渔业统计年鉴》统计，2009年全国水产养殖因台风和洪涝损失61.6亿元，因病害损失34.5亿元，合计占全部直接经济损失（152亿元）的63.2%。在水产养殖业中引入商业保险已迫在眉睫。政府要为水产养殖户参加保险提供保费补贴。据了解，我国从2007年开展政策性农业保险试点，对参加种植业、畜牧业保险的农户给予保费补贴。2010年，财政部为实施农作物保险、能繁母猪保险、奶牛保险等保费补贴，安排预算资金103.2亿元。水产业是农业的重要产业，养殖风险也大于种植业和畜牧业，但政策性农业保险保费补贴不包含水产养殖业，对养殖户是不公平的。水产养殖业保险不仅应该享受财政保费补贴，而且补贴水平应高于种植业、畜牧业。2006年，由省海洋与渔业厅发起并经省民政厅批准成立了山东省渔业互保协会，建立起渔民自愿入会、风险共担、利益共享、互助共济的渔业互助保障机制。协会成立以来，立足渔业行业特点和渔民现实需求，先后开展了渔船财产互保、雇主责任险互保等主营业务，为全省平安渔业建设和渔区社会稳定做出了积极贡献，也为水产养殖引入保险机制提供了参考。2013年，大连獐子岛为提高公司风险分散的能力，降低增养殖海珍品客观存在和可能出现的自然灾害造成财产损失的风险，与中国人民保险签订了《战略合作协议》，承保海域为公司所在大连长海、山东长岛及山东荣成的增养殖海域，每年保费支出2 000万元，保险金额为4亿元。此举将有利于提高海水养殖风险防范能力，降低自然灾害风险造成的财产损失，保障增养殖海珍品资产的安全。

十一、建立全产业链追溯体系

尽快建立健全产品市场准入、产品追溯体系。加强产品流通领域和农产品生产环节的衔接管理，形成工商、卫生、农业等相关部门协调一致的工作格局，将农业部门实行的产地证明作为产品市场准入的基本条件，尽快探讨建立养殖水产品市场准入体系，推行对不合格产品的追溯制度和退出市场机制。企业质量管理必须可追溯，内部要建立产品质量检测制度，从原料到加工、到出厂，每个环节都实行严格的自检自查，实施全过程质量监管，产品可追溯。抓好产品质量、强化水产养殖执法管理、打击养殖生产环节的违法行为既是渔业行政主管部门的职责，也是规范养殖业健康发展和提升水产品质量安全的重要保障。通过近几年的药物残留抽检，无论苗种还是产品或多或少都存在质量安全问题。按照《农产品质量安全法》和《国务院关于加强食品等产品安全监督管理的特别规定》，渔业行政部门负责水产品生产环节的质量安全问题。渔业行政主管部门要切实履行职责，不断扩大渔业执法内涵，改进渔业管理重捕捞而忽视养殖生产管理的不足，加大养殖执法力度，重点对养殖企业生产管理制度、养殖证和苗种生产许可证持有情况、饲料和药品使用情况、生产销售记录和索证索票制度的建立情况进行检查，依法对渔药、苗种、饲料、添加剂等主要生产资料市场进行监督检查，及时公布检查结果。对水域环境污染等事故进行依法查处，严厉打击渔业生产中各种违法违规行为，生产出让百姓放心消费的高品质产品，确保刺参产业的可持续发展。

十二、打造刺参产业文化

打造刺参产业文化，建设刺参博物馆。海参生存史已有6亿年之久，种类繁多，全世界有1 300多种海参，可食用的有40多种。我国海域就有140多种，可食用的有20余种，在我国辽宁大连沿海和山东半岛分布最多。但消费者对品种、质量、加工、食用等知识知之甚少，在烟台缺少一个可供市民参观学习、游览观光的场所。像烟台的张裕酒文化博物馆、张裕卡斯特酒庄，福山区的农博园，招远的黄金博物馆都对相关产业的发展起到了巨大推动作用。目前，辽宁丹东阿里郎海参博物馆总面积600 m^2，馆内展示了世界各地具有代表性的海参标本近180种。大连海参博物馆占地面积2 200 m^2，馆藏世界各地海参标本近千件。通过调研，许多刺参产业的知名企业对建设烟台刺参博物馆也有非常浓厚的兴趣，但目前缺少政府有关土地等方面的大力支持。通过政府搭台、企业唱戏的方式，建设一处烟台刺参博物馆意义深远。刺参博物馆可设置世界刺参展厅、刺参标本展厅、刺参养生文化展厅、刺参美食文化展厅、刺参采捕加工文化展厅和大型海洋互动展厅等。打造一座集世界各地刺参标本展示、刺参科普知识普及、刺参科学研究、刺参文化研究、旅游购物为一体的专业化博物馆，可叫响“烟台刺参”品牌，推进刺参产业可持续发展，也是摆在我们面前的一个崭新课题。

第四节　刺参苗种产业发展规划与措施

“发展养殖，种业先行”，2012年国务院发布了《关于加快推进现代农作物种业发展的意见》，确定了种业是国家战略性、基础性核心产业的重要地位，指明了现代种业的发展方向，提出了种业发展的新思路，也为渔业种业转型提升提供了难得的机遇。通过积极争取中央和地方各级财政、科研资金，大力实施水产良种工程，烟台市初步建立起了以遗传育种中心为龙头、国家级及省级原良种场为基础、苗种繁育场为骨干的渔业种业研发和生产体系。到2016年年底，烟台水产育苗单位达到1 200余家，烟台成为我国北方重要的刺参苗种生产基地。

一、刺参苗种产业发展规划

根据烟台市人民政府办公室文件（烟政办发〔2014〕49号）内容，结合烟台市特色，规划确立打造1处大型刺参苗种聚集区、1个种质科技创新与支撑服务平台，创建1～2个种质创新团队，培育2～3个水产新品种，推动建立5家以上刺参现代渔业种业品牌企业的发展目标。突出苗种资源优势，形成苗种企业由国家级到省级原良种场的层层带动辐射效应。

（一）育苗规模

到2020年，全市刺参良种育苗水体达到1×10^6 m^3，年育苗量1 000亿单位，产值10亿元，良种覆盖率提高到95%。

（二）体系建设

建立和完善“遗传育种中心—良种场—苗种场”三位一体，产学研相结合，“育繁推一体化”的渔业种业体系，以及配套的多元资金保障体系。

（三）平台建设

建立和完善商业型育种、技术研发和新品种推广平台，形成良种创制到产业化的畅通渠道。

（四）队伍建设

培育原始创新能力，构建适合烟台市实际情况的水产育种创新技术团队。

（五）品牌建设

树立种业品牌意识，不断提升烟台市渔业种业核心竞争力。

（六）支撑保障

实现“政府引导、市场调节、企业运作、政策扶持、科技支撑、统一规划、多元发展”的现代化种业运行机制。

二、苗种产业发展推进措施

（一）加强组织领导

建立部门联动、政策集成、资源整合、资金聚集工作机制，成立烟台市种业发展联席会议，负责协调解决现代种业发展中遇到的重大问题，组织拟订有关政策规划。各县市区要建立健全领导机制，结合自身实际制定种业发展规划，并抓好落实。

（二）强化政策支持

对符合条件的“育繁推一体化”种业企业生产经营种子、种苗所得，免征企业所得税。经认定的高新技术种业企业享受有关税收优惠政策。对种业企业兼并重组涉及的资产评估增值、债务重组收益、土地房屋权属转移等，按照国家有关规定给予税收优惠。加大金融支持力度，促进银企、银农合作，鼓励涉农金融机构加大对种业企业的信贷支持力度。鼓励企业建立良种生产基地，加大对带动本地农户超过千户并且能够促进农民持续增收种业企业扶持力度。培育种业名优品牌和骨干企业，优化种业企业发展环境。在符合土地利用总体规划前提下，对符合条件的种业企业用地需求予以优先考虑。

（三）建立多元化投资渠道

发挥财政资金导向作用，统筹整合各类资金，支持实施“烟台市农业良种工程”，重点开展种质资源保护和开发、育种创新、品种测试、种子种苗生产加工与检测、救灾备荒种子种苗储备、工程研究中心及保障性苗圃建设等工作。推进规模大、实力强、成长性好的种业企业向“育繁推一体化”方向发展，开展商业化育种。支持种业企业参与转基因生物新品种培育国家科技重大专项。鼓励种业企业通过兼并、重组、联合、入股等方式集聚资本，引导发展潜力大的种业企业上市融资、招商引资。

（四）完善管理体系

强化各级农业部门的种子种苗管理职能，明确管理机构，落实工作责任，以行业管理、许可管理、品种管理、质量监督、市场监管等为重点，对种子、种苗生产经营实施全过程监管，严厉打击无证生产经营、未审先推、虚假广告、假劣种苗等违法行为，保护新品种知识产权。完善和落实国有苗圃分类经营管理政策，加强种业管理队伍建设，配齐质检人员和仪器设备，加强种业管理队伍建设。支持引导种业行业协会发挥行业内协调、服务、维权、自律作用，规范企业行为，促进企业做大做强。

第九章

刺参品牌文化与历史渊源

第一节　烟台刺参品牌建设历程

作为渔业大市的烟台对渔业品牌工作历来高度重视，2006 年，烟台市海洋与渔业局出台了《关于推进烟台品牌渔业建设工作的实施意见》，制定扶持政策，充分发挥地域优势、资源优势和质量优势，加大宣传推介力度，提高刺参品质，全力打造“烟台刺参”品牌。到 2012 年底，烟台市刺参养殖企业无公害认证数量达 55 个，认证产量 3 712 t，认证面积 13 035. 6 hm^2，占养殖面积的 60%。这对促进烟台刺参养殖业可持续发展和打造烟台刺参品牌有着十分重要的意义。

一、刺参品牌拥有数量全省领先

近年来烟台水产品牌推介力度逐年加大，推介经费逐年增加，多次组织企业参加农交会、渔博会等各种展会，充分展示烟台渔业企业的形象，大力宣传烟台的渔业品牌。刺参作为烟台特色海珍品之一，渔业行政主管部门始终把刺参品牌建设作为养殖业健康发展的重要举措加以推进，成功申报烟台刺参国家地理标志保护产品。目前拥有 1 个中国名牌产品——京鲁远洋牌冷冻调理水产品；1 个中国驰名商标——东方海洋；2 个山东省著名商标——新海、东方海洋（包括刺参）；拥有东方海洋即食刺参、新海牌即食刺参、崆峒岛刺参、芝罘岛刺参 4 个山东省名牌产品；通过了长岛干刺参、长岛鲜刺参、蓬莱刺参 3 个地理标志证明商标；桑岛刺参、蓬莱刺参和崆峒岛刺参分别通过了农业部地理标志保证登记；2012 年东方海洋的东方海洋牌干刺参、蓬莱安源的蓬安源牌刺参、蓬莱市刘家沟镇天保育苗场的宏发牌刺参、烟台泰华海珍品的金山港牌即食刺参分别获得烟台首届名牌农产品（水产品）称号。烟台刺参的知名度和市场占有率不断提升。

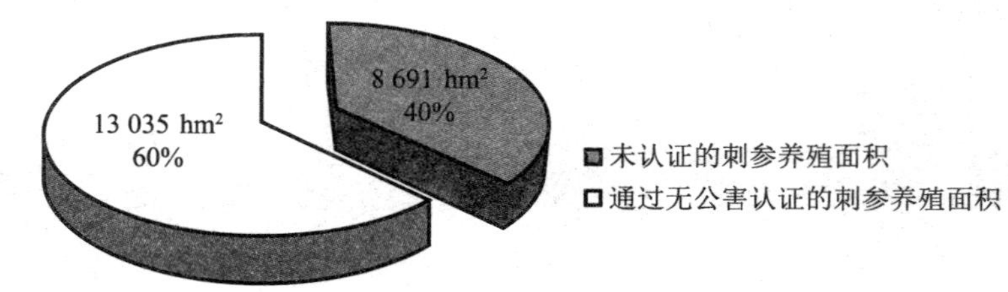

图 9-1　烟台刺参无公害认证养殖面积比例图

表 9-1　烟台刺参品牌建设情况一览表

品牌商标或标志认证	中国名牌产品	京鲁远洋牌冷冻调理水产品
	中国驰名商标	东方海洋
	山东省著名商标	新海
		东方海洋
	山东省名牌产品	东方海洋即食刺参
		新海牌即食刺参
		崆峒岛刺参
		芝罘岛刺参
	地理标志证明商标	长岛干刺参
		长岛鲜刺参
		蓬莱刺参
	农业部地理标志保证登记产品	桑岛刺参
		蓬莱刺参
		崆峒岛刺参
	烟台首届名牌农产品（水产品）	东方海洋的“东方海洋牌干刺参”
		蓬莱安源的“蓬安源牌刺参”
		蓬莱市刘家沟镇天保育苗场的“宏发牌刺参”
		烟台泰华海珍品的“金山港牌即食刺参”

二、刺参品牌宣传力度不断加大

2012 年烟台联合中央电视台拍摄制作《探秘烟台海参》专题片，从烟台刺参营养价值、生长环境以及育苗、养殖、捕捞、加工、烹饪等环节，全方位展示了烟台刺参的魅力，在中央电视台第七频道黄金时段播出，产生了较大影响。2013 年烟台联合市电视台拍摄制作的《烟台海参市场调查》重点对刺参营养价值以及优劣辨识等进行介绍，引导市民安全消费。2014 年烟台积极创新，开拓品牌推介各种新思路。一是开展水产电子商务建设。主动配合省开展中国水产商务网网上展厅、网上商城建设，先期组织 24 家渔业企业入网上线宣传，并举办培训班，培训联络员和技术员近 50 名。委托网络公司设计制作《蔚蓝烟台》

宣传网页，在淘宝网中国特色烟台馆挂接。在淘宝网举办烟台刺参节，网上销售额达到700万元。二是筹划建设烟台海产名品展示中心，全方位推介烟台名优水产品。三是开展户外大型广告宣传。在荣乌与烟海高速、荣乌与沈海高速立交桥租赁广告牌和大型LED广告显示屏，宣传推介"烟台刺参"等渔业品牌，效果良好。

三、开展"烟台刺参"十大品牌评选

2014年，烟台市渔业协会联合烟台日报传媒集团，举办"烟台刺参"十大品牌评选活动。9个县市区28个参选品牌共收到网络投票1 700多万票，短信近12万票。东方海洋等"烟台刺参"品牌成功入选。11月中旬召开刺参品牌培育推介座谈会，为入选品牌授牌颁证。评选工作准备充分，标准明确，程序科学，参与面广，透明度高，充分体现了客观、公正、公平的原则，基本达到了宣传品牌的目的，社会反响强烈。

表9-2　2014年烟台刺参十大品牌一览表（以参选品牌首字母为序）

刺参品牌	注册商标	生产单位	主要产品
"担子岛"海参	担子岛 DANZIDAO	烟台得沣海珍品有限公司	盐干、淡干海参
"东方海洋"海参	東方海洋 ORIENTAL OCEAN	山东东方海洋科技股份有限公司	盐干、淡干、冻干、即食、鲜活海参等
"方氏"海参	方氏海参 信誉标识	方氏（烟台）水产有限公司生产	冻干、即食海参
"富瀚海洋"海参	FU HAN HAI YANG 富瀚海洋	山东富瀚海洋科技有限公司	盐干、淡干、冻干、鲜活海参
"海益宝"海参		山东海益宝水产股份有限公司	淡干、即食海参
"崆峒岛"海参	崆峒岛	烟台市崆峒岛实业有限公司	盐干海参
"蓬安源"海参	蓬安源	山东安源水产股份有限公司	淡干、鲜活海参等
"参福元"海参	参福元	烟台参福元海洋食品有限公司	淡干海参

续表

刺参品牌	注册商标	生产单位	主要产品
“参山”海参	BLUE OCEAN 蓝色海洋	山东蓝色海洋科技股份有限公司	淡干、鲜活海参
“新海”海参	XINHAI 新海集团 XINHAI GROUP	烟台新海水产食品有限公司	淡干、冻干、即食海参等

第二节　刺参历史渊源

海参与燕窝、鱼翅、鲍鱼等同列为“八珍”，是中国菜中的名贵佳肴，素有“长寿之神”的美誉，是一种名贵的滋补食品和药材。我国是世界上最早吃海参的国家，早在三国时期，吴国沈莹著的《临海水土异物志》中，就有吃海参的记载：“土肉，正黑，如小儿臂大，长五寸，中有腹，无口目，有三十足。炙食。”由于那时没有掌握烹调技术，只用火烤——“炙”，不能领略其美味，所以给它取了个很难听的名称——“土肉”。到了明代，海参的营养价值逐渐被人们所识。海参历来被认为是一种名贵的滋补品。《五杂俎》说：“海参甘温、无毒，能补胃，生脉血，治休息和治溃疡生蛆等。”清乾隆年间之《本草从新》也说，海参有“补肾益精，壮阳疗痿”的功效；《药性考》言可“降火滋肾，通肠润燥，除劳祛疾”；《本草纲目拾遗》则记载能“生百脉血，治体息痢”；现代医学则证实，海参之所以具有抗衰延寿等独特功效。

现在朝鲜、日本以及欧美许多国家的人都爱食海参，考其源流，都是出自我国。据统计，全世界有海参 1 300 余种，我国有 140 余种。太平洋的海参可供食用的约 30 种，其中我国有 20 种之多，以辽宁、河北、山东沿海所产的海参为上品。烟台海参作为胶东地区的特色海珍品之首，与山东的地域文化有着千丝万缕的联系，海参与众历史人物一样，有许多的传说故事。

一、铁拐李与海参的故事

蓬莱阁八仙之一的“铁拐李”在成仙之前，是一个穷困潦倒的书生，屡次谋取功名均遭失败，而且由于长期的寒窗苦读，身患重病，身体一天比一天差，由此动了轻生的念头。一日，他来到蓬莱海边，想把自己淹没在海水之中，以求解脱。就在他要投入海中时，突然有一股鲜美的香气扑鼻而来，他顺着香气回头张望，见有一老者在海边支着一口锅，不知在煮着什么东西，这香气正是从那口锅中飘出来的。这诱人的香味使他忘记了轻生的念头，并顺着香味来到了老者身边。老者精神矍铄，仙风道骨，于是，“铁拐李”便问老者：“老人家，您这锅中所煮何物？”老者微微一笑，道：“此乃‘海参’，乃海中珍品，食之可强身健体，常食可忘却人世间一切烦恼。年轻人，人生不得意之事十有八九，但为此枉断性命，就太不值了，人世间还有多少美好的事情在等着你去体验啊，就像这‘海参’，你若刚才投了

海，恐怕今天就没福气享受这等美食了。年轻人，好自为之吧。”一席话惊醒梦中人，就在“铁拐李”还在体味老者这番话的时候，老者忽然化作一股仙云，随风而去，只留下这一口锅和锅里的海参。

从此，“铁拐李”便日日参悟老者的话，天天食用“通天海海参”，四十天后，他便觉得身体清爽，脑清目明；八十天后，他便参透禅机；第八十一天，他得道升天了。后经菩萨点化，抛弃肉身，得成“八仙”之首“铁拐李”，为世人造福。民间冬季进补八十一天海参的说法也由此而来。

二、仙童与海参的故事

据说在很早以前，开天辟地之祖太上老君为玉皇大帝炼仙丹时睡着了，拉风箱的童子便偷了仙丹下凡到人间，发现后被李天王追捕，于是一边跑一边把仙丹撒下去，第一把仙丹撒在了云南，变成了田七，也称“田七参”，第二把仙丹从渤海一直撒到了长白山一带，撒到渤海里变成了海参，撒到长白山一带变成了人参。仔细观察，田七参和人参形状很像，药理也有相通的地方，人参有“延年益寿”的作用，人参也被传如此，可见三者是有关联的。

三、秦始皇与海参的故事

秦时寻仙汉炼丹，长生不老风正酣。从传说中的嫦娥奔月，到历史上的方士炼丹，羽化成仙，长生不老，这是人类由来已久的向往。从帝王将相，到达官财主，再到布衣平民，妄想成仙者趋之若鹜。统一六国，梦想自己长命百岁，期待江山千古永固，一代枭雄秦始皇当然不能例外。

公元前219年，秦始皇坐船出游，期间听说在渤海湾里有三座仙山，分别叫蓬莱、方丈、瀛洲。据说仙山上居住着许多仙人，均藏有长生不老之药。告诉秦始皇这个神奇故事的人叫徐福，是当地的一个方士，他说曾经看到过这三座仙山。秦始皇听后大喜，于是就派徐福带领千名童男童女入海寻找长生不老药。徐福奉秦始皇之命，率“童男童女三千人”和“百工”，携带“五谷种子”，乘船泛海东渡寻找长生不老药。但他在海上漂流了好长时间也没有找到他所说的仙山，更不用说长生不老药了。秦始皇是个暴君，徐福怕被砍头，心生惧怕，不敢无功而返，只好和童男童女们流落荒岛，以打鱼为生。

在岛上，徐福发现了一种奇丑无比的海洋生物，也就是我们现在所说的海参。徐福向来有冒险精神，好奇心驱使决定尝尝此“怪物”何味，乃命属下蒸煮，但闻清香徐来，徐福食欲大振，食之，顿感爽滑可口，连连叫好。之后，每日必食，数日后，倍感气运通畅，浑身活力四射，便长期坚持服用下去。就这样，徐福在岛上生活了50多年，年逾90，依然面如童颜，须发俱黑，百病皆无，徐福大悟：吾皇三次遣我苦苦寻觅的长生不老药，原来乃海参也！因参如土色，故称之泥肉、土肉。

徐福遂派人送至始皇，然始皇此时早已驾崩。徐福叹息曰：“早知土肉（海参）如此，尔岂会崩命焉！”

四、天井海参的故事

相传古时农村有一老汉，已生育有九女，在50岁时喜得贵子，乐得老汉做梦都笑出声来。在儿子满百天之时，一家人齐聚贺喜，庭院之中满是欢乐祥和的氛围。老汉将潜水攒的大半筐海参交给老伴烧食，老伴将海参简单地加葱烧食后，便一一盛出，交予众女儿、女婿之手。因人口众多，室内没有空间放置桌子和足够的凳子，大家就坐在天井端着一碗葱花海参，独享属于自己的那一份美味。

香味四溢布满庭院，亦飘入邻居家中，左邻右舍纷纷前来一探究竟，发现竟是海参的奇香，又因大家都坐于天井食用，遂得天井海参的别名，随着众人口口相传，迅速传播开来，成就了海参的又一段趣闻。

这正是"香味四溢满庭院，天井海参美名扬"，海参的葱烧煮食方法也逐渐为众人所接受。这是如何吃海参的最早传说，等后来海参上了皇帝的餐桌，其身价更是倍增。

五、刘公与海参的故事

史料记载，在东汉末年，战事连连，天灾亦不断出现，乱世之中，汉少帝为乱臣贼子迫害，无奈之中，少帝妃子只能带上尚且年幼的儿子踏上漫漫无尽的逃生之路。

在历经后有追兵、艰辛的跋山涉水的生死磨难之后，母子俩终于到达了东海，暂且结束了颠沛流离的逃之生活。

由于多年的颠沛流离，少帝妃子积劳成疾，身体常常出现各种不适，一位老渔民告诉尚未成年的刘公，海里最滋补的当属海参，体型大而肉质肥厚，口感上乘，具有补养身体的功效，不妨给母亲试试。

从此，年少的刘公每日都捞几只这种"软绵绵，刺短粗壮"的黑家伙，拿回家煮给母亲吃。据传，刘母食用了海参后，身体状况明显好转，由虚弱无力变为可以手提轻物，脸色由枯黄渐渐变得白里透红，身子骨一天比一天硬朗，孝顺的刘公惊喜不已，把海参当成佛物一样深爱有加。生性善良的刘公，走到哪里便将"秘方"传到哪里，海参因此身价倍增。

这正是"刘公捞参救母，孝行感天动地"，小小海参见证了古人的孝行，让后世之人广为传颂。

六、崆峒岛海参的传说

据说，在清朝初年，居住在烟台后七夼村的一位老渔民摇船在海里捕鱼，突然海面刮起了大风，渔夫赶紧往回返，但是风急浪高，小船快到岸边时被大浪掀翻了，渔夫落水时一直抱着船橹在海里飘，大风把渔夫吹到崆峒岛海边，风平了，浪静了，惊恐、饥饿、疲惫不堪的渔夫，终于有了一丝生还的意念。爬上岛屿，艰难地四处察看：只有树木、海鸟、礁石、海滩。经验告诉他，有树木必有淡水，却没发现丝毫食物的来源。有水无食，要生存也枉然。聪明的渔夫陷入思考，唯一的希望还是要向大海要饭，看看火种还在，心存一丝安慰。但渔具已失，赤手空拳，再好的渔夫也无能为力。太阳高照，一个上午过去了，一无所获，难道生命就要在这美好的光阴中耗尽？濒临绝望的渔夫，终于从水下摸到了几只奇怪的生物。

这是啥东西？七代相传的渔夫，面对这难看的虫子也傻了眼，听天由命吧，先吃了它再说吧。渔夫吃了它后就睡了一觉，醒来后感觉不到冷和饿，还面色红润，精神饱满。心想看来这海虫子，定然是海神送来的宝物，我老汉还不到寿限。又过了些天，几十年风雨辛劳积下的老毛病，也烟消云散了，凭着一身水性，渔夫日日都能捕到很多这种海虫子。敏锐的渔夫很快意识到，寒冬季节无法下水了怎么办？有了这海虫子的营养，体魄强健起来的渔夫，信心倍增就地伐木，在很短的时间内，在这小岛上建造了一座木草屋。渔夫发现把这海虫子煮熟，在礁石和海滩上很容易将其晒干，就解决储存问题了。不知过了多久，渔夫被船队发现救回，吃海虫子能强身健体、除病耐寒的功效也随着渔夫传到了他的父老乡亲耳里。第二年渔夫带领住在前、后七夼等村庄的八户渔民迁移过来，在崆峒岛上安家落户。由于这奇异的海虫子的滋补功效不亚于陆地上的人参，所以渔民们给它起名叫海参。吃海参的好处一传十、十传百，现在崆峒岛上的人依然有冬至后日吃一个海参补养身体的习俗。海参还成为婚宴上必不可少的一道菜，至今崆峒岛居民办婚宴依然有上三道海参的习俗。

七、海洋之神的传说

传说，很久很久以前，渤海湾深处住着一位神通广大的海参，庇佑着整个渤海湾。海参有四个孩子，每一个都有着神奇的力量，人们只要得到他们的祝福，就会被幸福好运所包围，心想事成。

后来，在一个漆黑的夜晚，瘟疫魔王悄然降临人间，大肆散播瘟疫病毒。一夜之间，美丽富饶的渤海湾便化为人间炼狱，瘟疫肆虐。渤海海神含怒出手，奋战七七四十九日，终将魔王击杀。但是，魔王虽灭，瘟疫却并没有停止，身受重伤的海神也无能为力，只能看着自己的子民一个个倒在痛苦之中。

在海神和魔王奋战期间，四个孩子往复奔走于人群之间，大太子福运用副牌，二公主缘喜用荷花，三太子深寿用仙桃，四太子厚禄用金元宝，想通过自己的神奇力量救治感染了瘟疫的渔民。但是，瘟疫太强大了，四个孩子根本就没有办法将其去除，只能同父亲一样，无助地看着渔民们在痛苦中挣扎。危难之际，四个孩子在海神满脸悲痛中做出了最终决定。四个孩子手拉着手，于漫天金光中腾空而起，最后爆发精元，幻化成为一个个肉刺状生物，投进渤海湾茫茫海洋之中。

后来，为了纪念四个为人们牺牲的孩子，便将这种神奇的生物称为“海参”，寓意为“以另一种形态存在的海洋之神”。

第三节　烟台刺参名优品牌企业

一、山东安源水产股份有限公司

山东安源水产股份有限公司成立于2006年，位于烟台市经济技术开发区潮水镇，是集刺参、扇贝等海珍品苗种繁育、养殖和饲料生产、销售为一体的现代化企业。现有员工

300余人，注册资本1.16亿元，总资产3.5亿元，在刺参苗种生产方面具有绝对优势，是目前国内产量最大的刺参苗种生产企业，年产刺参苗种100余万千克(图1～5)。先后荣获“国家级刺参原种场”“农业部水产健康养殖示范场”“山东省农业产业化重点龙头企业”“中国渔业协会常务理事单位”等称号，“蓬安源”牌刺参被评为烟台市海参十大品牌。

公司注重产学研结合，先后与中国海洋大学、大连海洋大学、中国科学院海洋研究所、中国水产科学研究院黄海水产研究所等高校和科研机构建立了良好的长期合作关系，在公司的科技发展和技术进步中发挥了举足轻重的作用。

公司先后承担国家、省、市各类科研项目15项，其中“刺参健康养殖综合技术研究及产业化应用”项目获国家科技进步二等奖。公司申报的海参新品种“安源1号”已通过农业部良种审定委员会验收。公司坚持绿色、有机生产，先后通过无公害产地认定和产品认证，近三年部级、省级、市级、县级产品抽检合格率100%。

图1　山东安源水产股份有限公司鸟瞰图

图2　刺参苗种繁育车间

图3　海上网箱养殖

图4　“安源1号”参苗

图5　安源多刺种参

二、山东富瀚海洋科技有限公司

山东富瀚海洋科技有限公司位于山东省海阳市留格庄镇，成立于2011年7月，注册资金2 200万元，总资产2. 6亿元，公司现有职工总数176人。是一家集水产育苗、海水养殖、海产品精深加工、海洋科研开发和休闲渔业等项目于一体的综合性国家高新技术企业。先后组建了“山东省泰山产业领军人才团队”“山东省人工鱼礁工程技术协同创新中心”“烟台市人工鱼礁工程技术研究中心”等多个省市级创新平台。并与中国科学院海洋研究所、国家海洋局第一海洋研究所、中国水产科学研究院黄海研究所、山东省海洋资源与环境研究院、山东省海洋生物研究院、烟台大学、烟台市水产研究所等9家科研院所和高校建立了长期战略合作伙伴关系。已共建科研教学、实习基地5处，承担省级以上科研项目13余项，获全国农牧丰收一等奖1项。拥有国家授权专利6项，其中发明专利3项。先后荣获“国家级海洋牧场示范区”“全国休闲渔业示范基地”“2017中国最具影响力水产品牌”“农业部水产健康养殖示范场”“省级刺参原种场”“省级海洋牧场示范项目”“山东省十佳省级休闲海钓钓场”以及“山东省省级渔业增殖示范站”“中国水产流通与加工协会贝类分会理事”“2014年烟台海参十大品牌”“烟台市农业产业化龙头企业”、山东省“胶东刺参”质量保障联盟20家发起单位之一等荣誉。

公司拥有1 300余公顷海洋牧场及人工鱼礁区（图6），10 000 m^3 水体的高标准苗种繁育车间，2 000 m^2 海珍品精深加工车间，1 200吨／次冷库，餐饮娱乐中心15 000 m^2，以及拥有海洋牧场钓场、小青岛钓场、千里岩钓场、布鸽岚钓场和近海海岸钓场等5大海钓场。年产刺参苗种2 000万头，鲜品刺参200 t，干品刺参3 t，贝类及各种经济鱼类500 t。公司刺参、魁蚶等主要产品均获得农业部无公害农产品认证和山东省无公害产地认证，通过QS国家质量安全认证，通过国家有机食品认证，企业通过ISO 9001质量体系认证、ISO 22000食品安全管理体系认证等（图7～9）。

图6　实拍海底牧场刺参

图7　冻干刺参产品

图8　淡干刺参产品

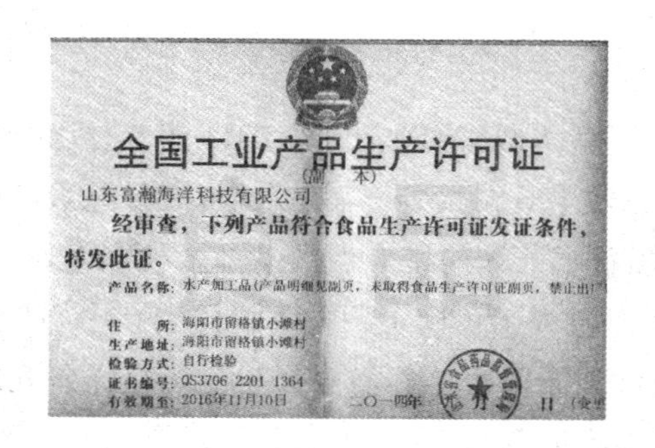
全国工业产品生产许可证
(副本)
山东富瀚海洋科技有限公司
经审查，下列产品符合食品生产许可证发证条件，特发此证。
产品名称：水产加工品(产品明细见副页，未取得食品生产许可证副页，禁止出厂)
住　　所：海阳市留格镇小滩村
生产地址：海阳市留格镇小滩村
检验方式：自行检验
证书编号：QS3706 2201 1364
有效期至：2016年11月10日
二〇一四年

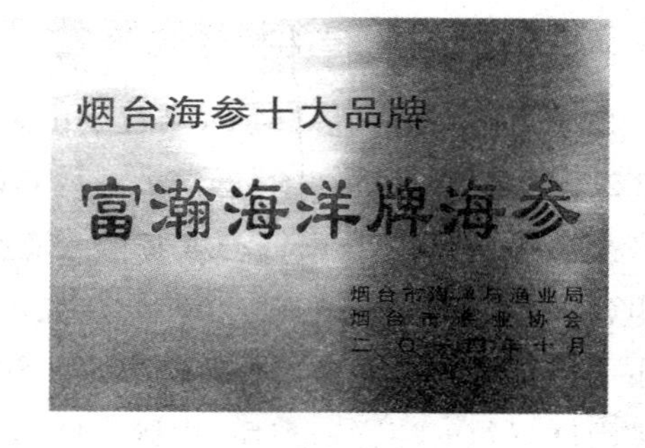
烟台海参十大品牌
富瀚海洋牌海参

CERTIFICATE OF REGISTRATION
质量管理体系认证证书
海阳富瀚海洋科技有限公司
GB/T19001-2008/ISO9001:2008 标准

CERTIFICATE OF REGISTRATION
食品安全管理体系认证证书
海阳富瀚海洋科技有限公司
GB/T 22000-2006/ISO 22000:2005 标准

"胶东刺参"
质量保障联盟品牌产品
山东省渔业协会监制
商标使用授权证书
发证日期：2013年10月18日

有机产品认证证书
海阳富瀚海洋科技有限公司

图 9　刺参产品认证证书

三、烟台市崆峒岛实业有限公司

烟台市崆峒岛实业有限公司成立于 1991 年 12 月 3 日，原名“烟台市崆峒岛养殖捕捞总公司”，2008 年 4 月 2 日公司综合配套改革后名称变更为“烟台市崆峒岛实业有限公司”。公司所处的地理环境恍如“世外桃源”，有“四周环水，超尘绝俗”之美誉。岛上生态环境优美，林木繁多，奇礁怪石随处可见，山光水色浑然一体。列岛周围海域广阔，水质清新，海底礁石林立，藻类茂盛，天然饵料资源极为丰富，经中国科学院海洋研究所专家考证，该海区发展以刺参、鲍鱼为主的海珍品增养殖自然条件属全国一流。

公司下辖一个海珍品综合养殖公司、一个旅游公司和七个水产养殖公司，是集育苗、养殖捕捞、加工、旅游观光为一体的综合性企业。公司资产总值已达 17 081 万元，年产值 15 173 万元，实现利税 2 915 多万元。公司现属烟台市农业产业化龙头企业。公司现拥有野生刺参资源面积 3 500 余公顷，年产刺参约 18 万千克，并拥有 1 000 m^2 的二级原种提纯复壮苗种培育场和 3 000 m^2 的三级育苗场。扇贝养殖面积从公司初创时的不足 130 公顷扩大到 1 800 多公顷；近年来公司为了扩大刺参养殖生产规模，采取了海上人工投石造礁、底播增殖等措施，效益逐年提高。经过多年的发展，已成为集科研、技术支持和海洋工程技术与施工能力全面的综合性公司。公司还与中国海洋大学、山东省海洋水产研究所等省内外科研机构建立了长期紧密性技术合作关系，承担了多项省内外水产项目技术攻关工作。公司与多家单位联合培育的刺参新品种“崆峒岛 1 号”通过全国原种和良种审定委员会审定。“崆峒岛 1 号”是采用人工选育方法获得的快速生长新品种，填补了国内空白，为刺参养殖产业发展带来了新契机。

公司主要产品之一的“崆峒岛牌刺参”，1999 年被评为中国“国际农业博览会名牌产品”；2006 年被农业部审定为“无公害产品”；2007 年被山东省名牌战略推进委员会评审确定为山东省“首批名牌产品”。2009 年荣获中国绿色食品博览会金奖，2010 年荣获烟台海参市场十大畅销品牌，同年公司被省海洋与渔业厅批准为第一批山东十大渔业品牌冠名企业。2012 年荣获第十届中国国际农产品交易会金奖。2003 年，崆峒列岛被山东省人民政府批准为“崆峒列岛省级自然保护区”，2006 年崆峒岛原种场被山东省海洋与渔业厅批准为省级“芝罘刺参原种场”，2007 年崆峒列岛被农业部批准为“崆峒列岛刺参国家级水产种质资源保护区”。公司实景及所获证书见图 10。

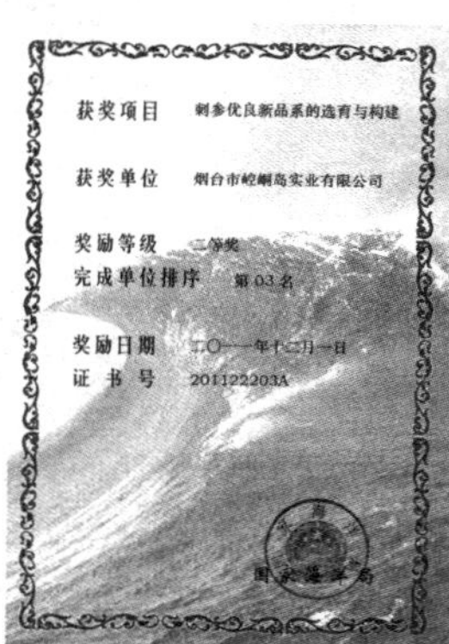

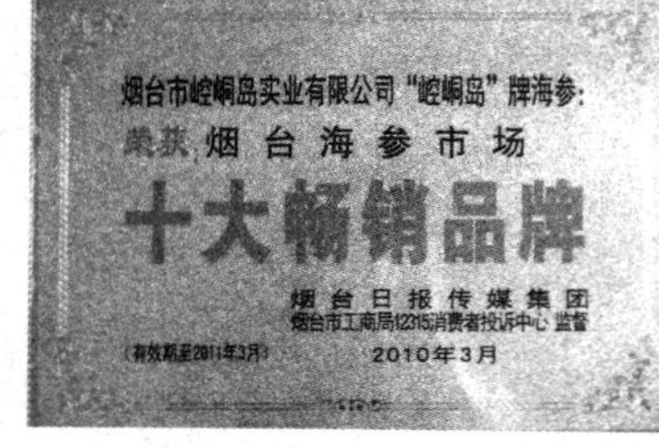

2011年度

消费者最喜爱品牌

烟台消费者协会

烟台广播电视台

编号：2011 NO.003

烟台市崆峒岛实业有限公司"崆峒岛"牌海参

荣获：

烟台市十大海参名牌

烟台日报社

烟台市工商局12315消费者投诉中心 监督

（有效期至2012年11月）

二〇一一年十二月

图 10　崆峒实业有限公司实景及所获证书

附　录

附录一　刺参大事记

• 公元前6亿年前寒武纪刺参开始存在。

• 公元220年～280年，沈莹著《临海异物志》，首次介绍刺参的食用。

• 1666年前后，望加锡人发现澳大利亚北部海参，开创澳大利亚与中国海参贸易。

• 1758年第十版《自然系统》一书，林奈将海参Holothuria一词用于游泳动物。

• 1765年，清乾隆年间赵学敏著《本草纲目拾遗》，介绍刺参相关特性。

• 1801年，拉马克把海参定名为Holothuria。

• 1955年，山之内提取荡皮海参中皂苷混合物，其中含海参素A。

• 1980年前后，天津药物研究所樊绘曾等人提取刺参酸性黏多糖SJAMP，具有抗肿瘤和诱导血小板凝集的生理活性。

• 2000年，人类已经从海参中提取了50多种海参皂苷。

• 2003年，受"非典"事件影响刺参迅速打开京津地区市场。

• 2003年6月16日，国内首条刺参冻干生产线在某品牌公司正式建成投产。

• 2004年11月，我国第一种从刺参中提取的刺参肽溶解到白酒中的刺参酒上市。

• 2005年，大连轻工业学院朱蓓薇教授"海参自溶酶技术及其应用"项目获国家技术发明二等奖。

• 2005年12月22日，大连市总商会海参商会成立，为全国第一家刺参行业组织。

• 2007年夏，多场台风连续影响山东地区。

• 2008年夏，山东南部地区出现大面积浒苔。

• 2008年秋，刺参价格被推到新高点——200头苗价高达300元左右。

• 2009年，受席卷全球的金融危机影响鲜刺参价格降低到50元/斤左右。

• 2009年，受"甲流"影响刺参迅速在南方市场流通，呈几何倍数增长。

• 2009年9月1日，中华人民共和国水产行业标准《干海参》(SC/T 3206—2009)发布。

• 2010年9月10日，中国第一届国家海参文化节开幕。

• 2010年，各大媒体开始纷纷关注糖苷等非国家标准制作类型的干刺参产品。

• 2010年秋，全面通货膨胀背景下，鲜刺参被推高到90～100元/斤。

• 2011年3月24日，卫计委办公厅关于糖干刺参有关问题的复函，部分地区开始相关整治工作。

• 2011年，威海市政府组织联合地方刺参企业开拓全国市场，打造威海海参品牌。

• 2011年6月，“康菲”溢油事故给威海湾刺参等海水养殖带来严重损失。

• 2011年8月，“梅花”超级台风袭扰山东、大连，沿岸部分大堤垮塌，养殖场损毁事故发生。

• 2011年12月22日，大连刺参原产地保护论坛暨大连海参商会2011年会召开，呼吁加强大连海参原产地品牌保护。

• 2012年6月，我国潜水器“蛟龙”号海试在7 000米海底抓到两只金边海参，海参生长的深度可以达到7 000米首次被证实。

• 2013年1月，福建海参养殖户北上购苗量锐减标志着2011年红极一时的“北参南养”模式失败。

• 2013年3月，我国南方首个海参交易中心在霞浦县揭牌成立，也是我国南方唯一的一个海参交易市场。

• 2013年10月，山东组建“胶东刺参质保联盟”，首批有20家海参龙头企业加盟，宗旨是为消费者提供优质可信的刺参产品，提高“胶东刺参”的知名度。

附录二 刺参相关技术标准及摘要

序号	标准编号	标准名称	发布部门	实施日期
1	SC/T 2003. 1—2000	《刺参增养殖技术规范 亲参》	中华人民共和国农业部	2000-04-01
2	SC/T 2003. 2—2000	《刺参增养殖技术规范 苗种》	中华人民共和国农业部	2000-04-01
3	SC/T 3215—2014	《盐渍海参》	中华人民共和国农业部	2014-03-24
4	SC/T 3206—2009	《干海参(刺参)》	中华人民共和国农业部	2009-10-01
5	SC/T 3308—2014	《即食海参》	中华人民共和国农业部	2014-06-01
6	SC/T 3307—2014	《冻干海参》	中华人民共和国农业部	2014-06-01
7	NY/T 1514—2007	《绿色食品 海参及制品》	中华人民共和国农业部	2008-03-01
8	SC 2037—2006	《刺参配合饲料》	山东省质量技术监督局	2006-10-01
9	NY 5328—2006	《无公害食品 海参》	中华人民共和国农业部	2006-04-01
10	NY 5052—2001	《无公害食品 海水养殖用水水质》	中华人民共和国农业部	2001-10-01
11	NY 5070—2002	《无公害食品 水产品中渔药残留限量》	中华人民共和国农业部	2002-09-01
12	NY 5071—2002	《无公害食品 渔用药物使用准则》	中华人民共和国农业部	2002-09-01
13	NY 5072—2002	《无公害食品 渔用配合饲料安全限量》	中华人民共和国农业部	2002-09-01
14	DB 37/T 445—2010	《无公害食品 刺参池塘养殖技术规范》	山东省质量技术监督局	2010-03-01
15	DB 37/T 442—2010	《无公害食品 刺参养殖技术规范》	山东省质量技术监督局	2010-03-01
16	DB 37/T 1564—2010	《胶东刺参底播增殖技术规程》	山东省质量技术监督局	2010-03-01
17	DB 37/T 1186—2009	《刺参工厂化养殖技术规程》	山东省质量技术监督局	2009-03-01
18	DB 37/T 685—2007	《刺参苗种生产技术规程》	山东省质量技术监督局	2007-11-01
19	DB 37/T 1186—2008	《地理标志产品 烟台海参》	山东省质量技术监督局	2010-12-20
20	DB 37/T 1093—2008	《海参胶囊通用技术条件》	山东省质量技术监督局	2009-03-01
21	DB 37/T 1781—2011	《即食刺参加工技术规范》	山东省质量技术监督局	2011-11-01
22	DB 37/T 1095—2008	《即食海参通用技术条件》	山东省质量技术监督局	2009-03-01
23	DB 37/T 2293—2013	《刺参池塘生态育苗技术规范》	山东省质量技术监督局	2013-04-01
24	DB 37/T 1094—2008	《非盐渍干海参通用技术条件》	山东省质量技术监督局	2009-03-01

标准一 刺参增养殖技术规范 亲参

(水产行业标准 SC/T 2003.1—2000)

1. 适用范围。本标准规定了刺参亲参的质量要求、检验方法、检验规则和运输要求。适用于刺参增养殖过程中亲参的生产和销售。

2. 检验规则。本标准检验规则规定刺参亲参销售时应进行检验；对待售刺参亲参应逐个检验;经检验,有不合格项的刺参个体,为不合格亲参。

3. 亲参养殖要求。为获得质量符合要求的亲参,在刺参繁殖季节应密切监视亲参生殖腺发育和水温的变化。若常温育苗,宜在自然海区水温 16 ℃～18 ℃、半数个体生殖腺指数大于 10%时采捕亲参。

运输亲参用水应符合 GB 11607 的要求,盐度应大于 28。

4. 运输方法。亲参的运输主要采用以下两种方法:

(1) 干运法。运输容器(如帆布桶等)应无毒、无污染。刺参与经海水浸湿的海带草(或马尾藻)相间放入运输容器内,防止日晒、风干、雨淋。按容器容积计,运输密度不宜超过 150 头/立方米。若温度控制在 11 ℃～15 ℃,运输时间可达 10 h;若温度控制在 6 ℃～10 ℃,运输时间可达 20 h。

(2) 水运法。亲参放入盛水 2/3 的无毒塑料袋内,塑料袋内充氧并置于盛水的玻璃钢桶或帆布桶内。按塑料袋内水体计,运输密度不宜超过 150 头/立方米。若温度控制在 11 ℃～15 ℃,运输时间可达 8 h;若温度控制在 6 ℃～10 ℃,运输时间可达 15 h。

标准二　刺参增养殖技术规范　苗种

(水产行业标准 SC/T 2003.2—2000)

1. 适用范围。本标准规定了刺参苗种的规格、质量要求、检验方法、检验规则和计数方法、运输要求。适用于刺参增养殖中苗种的生产和销售。

2. 苗种规格及质量要求。苗种规格应符合表 1 的要求,苗种质量要求应符合表 2 的要求。

表 1　刺参苗种规格分类

规格指标 / 分类	体长/cm	适用范围
一类	≥ 3.0	养殖、放流增殖
二类	≥ 2.0	养殖、放流增殖
三类	≥ 1.0	养　殖

表 2　刺参苗种质量要求

类别 / 项目	一类	二类	三类
规格合格率(%)	≥ 95	≥ 90	≥ 90
畸形率(%)	≤ 1	≤ 2	≤ 3
伤残率(%)	≤ 1	≤ 3	≤ 5

3. 伤残率计算方法。把样品分别放入水深 1～2 cm 的结晶皿等无色透明玻璃容器中,

容器放在精度为0.1 cm的方格纸上，待刺参苗种自然水平伸展时，用方格纸测量其体长，计算规格合格率；把样品置于水深3 cm的容器内，通过感官检验，统计畸形个体和伤残个体，计算畸形率和伤残率。

4. 计数方法。苗种计数方法一般采用如下方法。

（1）逐个计数法：当苗种数量较少时可采用此法。

（2）重量计数法：将苗种按表1分类，对各类苗种抽样称重计数，分别计算单位重量的苗种数；然后对各类苗种称总重，求出各类苗种的数量。

（3）附着基计数法：在不同地点随机抽取三个以上附着基，计数测算每个附着基的苗种平均数，乘以附着基的总数，求得苗种数量。在附着基结构相同、大小相等、苗种规格一致的情况下可用此法。

5. 运输方法。苗种运输用水应符合GB 11607的要求，盐度不得低于28。运输主要有以下几种方法：

（1）干运法。装运过程中，防止风干、雨淋、日晒。

a. 不剥离干运法

苗种不经剥离，随附着基一起运输。装运时，防止附着基相互挤压，上盖篷布或塑料布，下铺塑料布。运输途中，温度控制在20℃以下，每隔2 h淋海水一次。运输时间10 h以内可用此法。

b. 剥离干运法

剥离后的苗种和用海水浸湿的海带草（或鼠尾藻）分层放入玻璃钢桶等硬质容器内运输。温度控制在20 ℃以下。运输时间10 h以内可用此法。

（2）水运法。苗种剥离后用玻璃钢桶运输，桶内海水深为桶壁高的1/3，水面撒放适量海带草以防水震荡溅出，充氧；或剥离后的苗种装入盛有2/3容积海水的塑料袋中，然后充氧封闭运输。温度控制在20 ℃以下，装入苗种的密度按水体计，一类苗种不大于1 000头/立方米，二类苗种不大于2 000头/立方米，三类苗种不大于3 000头/立方米。运输时间20 h以内可用此法。

标准三　盐渍海参

（水产行业标准SC/T 3215—2014）

1. 适用范围。本标准规定了盐渍刺参的要求、试验方法、检验规则、标签、包装、运输、贮存，适用于以新鲜刺参为原料，经去内脏、清洗、预煮、盐渍、沥干等工艺制成的盐渍刺参产品。其他海参原料加工的产品可参照本标准执行。

2. 产品要求。产品规格同规格产品个体大小应基本均匀，单位重量所含的数量应与标示规格一致。

感官要求的规定见表1。

表 1　感官要求

项目	一级品	二级品	合格品
色泽	黑色或褐灰色		
组织	肉质组织紧密，富有弹性	肉质组织较紧密，有弹性	
形态	体形完整，肉质肥满，刺挺直，切口较整齐	体形完整，肉质较肥满，刺较挺直，切口较整齐	
气味与滋味	具有本品固有滋味、气味，无异味		
其他	无混杂物，体内无盐结晶		

理化指标的规定见表 2。

表 2　理化指标

项目	一级品	二级品	合格品
蛋白质	≥ 12	≥ 9	≥ 6
盐分（以 NaCl 计）（%）	≤ 20	≤ 22	≤ 25
水分（%）	≤ 65		
附盐	≤ 3. 0		

附盐检验称取最少 3 只海参，称重 m_1（精确至 0. 01 g），去除海参体表及体内附着的肉眼可见盐粒，再称海参重 m_2，附盐含量按下列公式计算，至少做两个平行样。

$$X=\frac{m_1-m_2}{m_1}\times 100\%$$

式中：

X——附盐含量，单位为百分率（%）；

m_1——试样质量，单位为克（g）；

m_2——去除附盐后的试样质量，单位为克（g）。

3. 检验方法。每批产品必须进行出厂检验。出厂检验由生产单位质量检验部门执行也可委托正式检验机构进行，检验项目应选择能快速、准确反映产品质量的规格、感官、水分、盐分等指标。检验合格签发检验合格证，产品凭检验合格证入库或出厂。

有下列情况之一时，应进行型式检验。检验项目为本标准中规定的全部项目。

a）新产品投放前；

b）主要工艺有变化，可能影响产品质量时；

c）长期停产再恢复生产时；

d）国家监督机构提出型式检验要求时；

e）正常生产时，每年至少一次的周期性检验。

4. 判定标准。感官检验所检项目全部符合规定，则判本批合格；规格应与产品标示相符合，每批平均净含量不得低于标示量。所检项目中若有一项指标不符合标准规定时，允许加倍抽样将此项指标复验一次，按复验结果判断本批产品是否合格。

所检项目中两项或两项以上指标不符合标准规定时，则判本批产品不合格。

5. 包装及运输贮存要求。包装材料所用塑料袋、纸盒、瓦楞纸箱等包装材料应坚固、洁净、无毒、无异味，质量符合相关食品卫生标准规定。箱中产品要求排列整齐，箱中应有产品合格证。包装应牢固、防潮、不易破损。运输工具必须清洁、卫生，运输中不得靠近或接触潮湿、有腐蚀性和有毒有害的物质。严防日晒雨淋。贮存仓库必须清洁、干燥、阴凉通风，防止有害物质污染和其他损害。底层仓库内堆放成品时，应用木板垫起，堆放高度以纸箱受压不变形为宜。

标准四 干海参 刺参

（水产行业标准 SC/T 3206—2009）

1. 适用范围。本标准规定了干海参的要求、试验方法、检验规则、标签、包装、贮存、运输，适用于以鲜活刺参为原料，经去内脏、煮熟、干燥等工序制成的干海参。以其他品种海参为原料制成的干海参产品可参照执行。

2. 产品要求。干海参规格按个体大小划分，以每 500 g 所含海参的数量确定规格，同规格个体大小应基本均匀，单位重量所含的数量应与标示规格一致。

干海参的感官要求见表 1。

表 1 干海参的感官要求

项目	特级（纯干）	一级	二级	三级品
色泽	黑褐色、黑灰色或灰色，色泽较均匀			
气味	海参特有的气味，无异味			
外观	体形肥满，刺参棘挺直、整齐、无残缺，个体坚硬，切口整齐，表面无损伤，嘴部无石灰质露出。	体形肥满，刺参棘挺直、较整齐、个别有残缺，个体坚硬，切口较整齐，嘴部基本无石灰质露出。		体形较饱满，刺参棘挺直，个别有残缺，嘴部有少量石灰质露出。
杂质	无外来杂质			
复水后	体形肥满，肉质厚实，弹性及韧性好，刺参棘挺直无残缺。	体形饱满，肉质厚实，刺参棘挺直、较整齐，个别有残缺。		体形较饱满，肉质较厚实，刺参棘挺直，个别有残缺。

海参理化指标的规定见表 2。

表 2 干海参理化指标

项目	特级	一级	二级	三级品
蛋白质（%）	≥ 60	≥ 55	≥ 50	≥ 40
水分（%）	≤ 15			
盐分（%）	≤ 12	≤ 20	≤ 30	≤ 40
水溶性还原糖（g/100 g）	≤ 1.0			
复水后干重率（%）	≥ 65	≥ 60	≥ 50	≥ 40
含砂量（%）	≤ 1.5			≤ 2.0

净含量应符合国家质量监督检验检疫总局令〔2005〕第75号的规定。污染物指标应符合GB 10144的规定。兽药残留限量指标应符合农业部公告第235号的规定。

3. 试样制备。干海参的试样制备及复水过程中应避免沾染油污。

取至少3只干海参，横切成约1 cm的段，称8～10 g（m_1，精确至0.01 g）样品（其中一块为海参嘴部），放入1 000 mL高型烧杯中，倒入约500 mL蒸馏水，水量应浸没参体，再盖上表面皿，室温浸泡24 h。在原浸泡液中，清洗浸泡后海参体附着的泥沙，去除嘴部石灰质；将泥沙及嘴部石灰质保留在原浸泡液中。

将上述烧杯，盖上表面皿，大火煮沸，然后调至小火，保持沸腾继续煮30 min，晾至室温后，置于0 ℃～10 ℃冰箱中，放置24 h。再重复煮沸一次，放置24 h；煮沸过程中应保持水量浸没参体。

4. 样品预处理。

a）将上述浸出液及海参体全部倒入1 000 mL量筒中，定容至500 mL；

b）取出海参，用于复水后感官检测；

c）过滤浸泡液，将其中的砂杂等全部转移至无灰滤纸中，用于含砂量的检测；

d）所得滤液用于盐分和水溶性还原糖的检测。

将样品平摊于白搪瓷盘内，于光线充足无异味的环境中，按表1的规定检查色泽、气味、外观。

5. 干海参处理。取干海参约2 g（m_2，精确至0.01 g），放入200 mL烧杯中，倒入约100 mL蒸馏水（水量应浸没参体），盖上表面皿，室温浸泡24 h。然后按规定进行水煮、复水、清洗、沥干备用。

6. 干重率计算方法。将复水后的海参取出切成0.5 cm×0.5 cm小块，置于已恒重的10 mL称重瓶中，将瓶盖斜支于瓶边，于105 ℃ ±2 ℃烘箱中烘4 h，盖好瓶盖取出，在干燥器中冷却30 min，称重。再重复烘1 h，冷却称重（m_3，精确至0.01 g），重复恒重直至前后两次质量之差不大于0.005 g为恒重。

复水后干重率按公式（1）计算，结果保留两位小数。

$$X_1=\frac{m_3}{m_2}\times 100 \tag{1}$$

式中：

X_1 —— 复水后干重率，单位为百分率（%）；

m_2 —— 复水前样品质量，单位为g；

m_3 —— 复水并烘干后样品质量，单位为g。

7. 含砂量计算方法。将得到的过滤杂质以无灰滤纸包好，置入已干燥称重的坩埚中，先将坩埚置于电炉上炭化，再移入马福炉中，550 ℃～600 ℃烧灼4 h，至颜色变白。取出坩埚，在空气中冷却1 min后，放入干燥器中冷却30 min，称重（m_4，精确至0.01 g）。

含砂量按公式（2）计算，结果保留两位小数。

$$X_2(\%)=\frac{m_4}{m_1}\times 100 \quad (2)$$

式中：

X_2——样品中含砂量，单位为百分率（%）；

m_1——试样质量，单位为 g；

m_4——灼烧后残渣质量，单位为 g。

8. 检验方法。检验分为出厂检验和型式检验。

（1）出厂检验。每批产品必须进行出厂检验。出厂检验由生产单位质量检验部门执行，检验项目为感官、水分、盐分、水发后干重、含砂量、净含量检验合格签发检验合格证，产品凭检验合格证入库或出厂。

（2）型式检验。有下列情况之一时，应进行型式检验。检验项目为本标准中规定的全部项目。

a）长期停产，恢复生产时；

b）原料变化或改变主要生产工艺，可能影响产品质量时；

c）加工原料来源或生长环境发生变化时；

d）国家质量监督机构提出进行型式检验要求时；

e）出厂检验与上次型式检验有大差异时；

f）正常生产时，每年至少一次的周期性检验。

9. 判定标准。感官检验所检项目全部符合规定，合格样本数符合表 1 规定，则判本批合格。规格符合标示规格；每批平均净含量不得低于标示量。所检项目中若有一项指标不符合标准规定时，允许加倍抽样将此项指标复验一次，按复验结果判定本批产品是否合格。所检项目中若有二项或二项以上指标不符合标准规定时，则判本批产品不合格。

10. 包装要求。销售包装的标签必须符合 GB 7718 的规定，主要包括产品名称、海参品种、级别、原料产地、规格、产品标准代号、净含量、生产者或经销者的名称、地址、生产日期、保质期、食用方法。散装销售的产品应有同批次的产品质量合格证书。包装材料所用塑料袋、纸盒、瓦楞纸箱等包装材料应洁净、坚固、无毒、无异味，质量符合相关食品卫生标准规定。一定数量的小包装，再装入纸箱中。箱中产品要求排列整齐，箱中应有产品合格证。包装应牢固、防潮、不易破损。

11. 运输方法。运输工具应清洁卫生，无异味，运输中防止受潮、日晒、虫害、有害物质的污染、不得靠近或接触腐蚀性的物质、不得与有毒有害及气味浓郁物品混运。本品应贮存于干燥阴凉处，防止受潮、日晒、虫害、有害物质的污染和其他损害。

标准五　即食海参

（水产行业标准 SC/T 3308—2014）

1. 适用范围。本标准规定了即食刺参的产品形式、要求、试验方法、检验规则及标签，包装、运输与贮存。适用于以鲜活刺参、冷冻刺参、盐渍刺参、干刺参等为原料，经过加工制成的即食产品；以其他品种海参为原料制成的即食海参可参照执行。

2. 产品形式。未调味即食海参：原料经清洗、去脏、发制、杀菌或冷冻等工序制成的产品。调味即食海参：原料经清洗、去脏、发制、入味烘干、杀菌等工序制成的产品。

3. 产品要求。原辅料要求：鲜活、冷冻海参应符合 GB 2733 的规定，干海参应符合 SC/T 3206 的规定，盐渍海参应符合 SC/T 3215 的规定；食品添加剂应符合 GB 2760 的规定；加工用水应符合 GB 5749 的规定；食用盐应符合 GB 5461 的规定；酱油应符合 GB 2717 的规定；白砂糖应符合 GB 317 的规定；谷氨酸钠应符合 GB/T 8967 的规定；香辛料应符合 GB/T 15691 的规定。

4. 感官要求。感官要求应符合表 1 的规定。

表 1　感官要求

项目	要求	
	未调味即食海参	调味即食海参
色泽	黑褐色、黑灰色或灰色，色泽较均匀	
组织形态	体形完整，肉质肥厚，刺挺直，切口整齐，表面无损伤；肉质软硬适中，有弹性，适口性好；充水包装的产品，填充水的透明度好，允许略有悬浮颗粒	体形完整，肉质肥厚，刺挺直，切口整齐，表面无损伤；肉质软硬适中，有弹性，适口性好
滋味、气味	具有海参固有的滋味，无异味	具有海参固有的滋味，咸淡适中，无异味
杂质	无外来杂质，不牙碜	

5. 理化指标。理化指标应符合表 2 的规定。

表 2　理化指标

项目	指标
固形物	与标识相符
pH	6.5～8.5

6. 安全指标。污染物指标应符合 GB 2762 的规定，微生物指标应符合 GB 29921 的规定。

7. 检验方法。产品检验分为出厂检验和型式检验两种：

（1）出厂检验。每批产品必须进行出厂检验。出厂检验由生产单位质量检验部门执行，检验项目为感官、固形物、pH、净含量等。检验合格签发检验合格证，产品凭检验合格证入库或出厂。

（2）型式检验。有下列情况之一时，应进行型式检验。检验项目为本标准中规定的全部项目。

a）长期停产，恢复生产时；

b）原料变化或改变主要生产工艺，可能影响产品质量时；

c）加工原料来源或生长环境发生变化时；

d）国家质量监督机构提出进行型式检验要求时；

e）出厂检验与上次型式检验有大差异时；

f）正常生产时，每年至少2次的周期性检验。

8. 包装要求。包装环境应符合卫生要求。一定数量的小包装，装入纸箱中。箱中产品要求排列整齐，并有产品合格证。包装应牢固、防潮、不易破损。

9. 运输方法。运输工具应清洁卫生，无异味，运输中防止受潮、日晒、虫害、有害物质的污染、不得靠近或接触腐蚀性的物质、不得与有毒有害及气味浓郁物品混运。不同品种、规格、批次的产品应分别堆垛，并用木板垫起，与地面距离不少于10 cm，与墙壁距离不少于30 cm，堆放高度以纸箱受压不变形为宜。

标准六　冻干海参

（水产行业标准SC/T 3307—2014）

1. 适用范围。本标准规定了冻干刺参的要求、试验方法、检验规则、标签、包装、运输、贮存，适用于以鲜活刺参、冷冻刺参、盐渍刺参等为原料，经真空冷冻干燥等工序制成的产品；其他海参原料加工的产品可参照本标准执行。

2. 产品要求。感官要求应符合表1的规定。

表1　冻干海参感官要求

项目	要求
色泽	黑灰色或灰白色，色泽较均匀
外观	体形完整，海参刺基本无残缺，表面无损伤
气味	无异味
杂质	无外来杂质

理化指标应符合表2的规定。

表2　冻干海参理化指标

项目	要求
蛋白质（%）	≥ 70
水分（%）	≤ 12
盐分（%）	≤ 1.0

污染物指标应符合GB 2762的规定，微生物指标应符合GB 29921的规定。

3. 试验方法。取至少3只冻干海参，粉碎至20目，密封，备用。将样品平摊于白搪瓷盘内，于光线充足、无异味的环境中，按要求逐项检验。

污染物指标检验需取2只冻干海参，浸泡于蒸馏水中约24 h复水。取出用滤纸沾除体表水分，绞碎后，再按规定执行。

无菌操作应取至少 3 只海参，称取 2 g 样品剪碎，加入 198 mL 无菌水中混匀，形成 10^{-2} 稀释液，再按规定执行。

4. 检验规则。组批规则需同一产地、同一条件下加工的同一品种、同一等级、同一规格的产品组成检查批；或以交货批组成检验批。

5. 检验分类。

（1）出厂检验。每批产品必须进行出厂检验。出厂检验由生产单位质量检验部门执行，检验项目为感官、水分、盐分、净含量偏差等。检验合格签发检验合格证，产品凭检验合格证入库或出厂。

（2）型式检验。型式检验是对产品进行全面考核，本标准规定的所有项目均为型式检验项目。一般情况下型式检验每半年进行一次，有下列情形之一时进行检验：

a）新产品投产鉴定时；

b）正式生产后，原材料及工艺有较大改变时；

c）停产半年以上又恢复生产时；

d）监督检验与上次出厂检验结果有较大差异时；

e）质量监督部门提出进行型式检验的要求时。

6. 判定规则。感官检验所检项目应符合规定，合格样本数符合规定，则判本批合格。

规格符合标示规格，每批平均净含量不得低于标示量。

所检项目中若有一项指标不符合标准规定时，允许加倍抽样将此项指标复验一次，按复验结果判定本批产品是否合格。微生物指标不得复检。

所检项目中若有两项或两项以上指标不符合标准规定时，则判本品产品不合格。

7. 包装。包装材料所用塑料袋、纸盒、瓦楞纸箱等包装材料应洁净、坚固、无毒、无异味，质量应符合相关食品卫生指标的规定。

一定数量的小包装装入大袋，再装入纸箱中。箱中产品要求排列整齐，箱中应有产品合格证。包装应牢固、密封、防潮、不易破损。

运输工具应清洁卫生、无异味，运输中防止受潮、日晒、虫害、有害物质的污染，不得靠近或接触腐蚀性的物质，不得与有毒有害及气味浓郁的物品混运。

本品应贮存于阴凉、干燥的仓库。贮存仓库必须清洁、卫生、无异味，有防鼠防虫设施，并防止有害物质污染和其他损害。不同品种、规格、批次的产品应分别堆垛，并用木板垫起，与地面距离不少于 10 cm，与墙壁距离不少于 30 cm，堆放高度以纸箱受压不变形为宜。不能接触油性物质。

标准七　绿色食品　海参及制品

（农业行业标准 NY/T 1514—2007）

1. 适用范围。本标准规定了绿色食品海参及制品的术语和定义、要求、试验方法、检

验规则、标签、标志、包装、运输和贮存，适用于绿色食品海参及制品，包括活海参、盐渍海参、干海参、即食海参和海参液等产品。

2. 原料要求。主要原辅材料感官要求应符合表1的规定。

表1　感官

项目	要求				
	活海参	盐渍海参	干海参	即食海参	海参液
外观	体形完整，肉质肥满，表面无溃烂现象	体形完整，肉质肥满，切口较整齐	体形完美，肉质肥满，体表无盐霜，刺参要求刺挺直无残缺	体形完整，肉质肥满	呈棕褐色半透明液体，允许有少量沉淀物
色泽	具有活海参的自然色泽	具有盐渍海参的自然色泽	具有干海参的自然色泽	具有即食海参的自然色泽	—
组织	肉质厚实，有弹性	肉质组织紧密，有弹性	肉质厚实	肉质脆嫩，软硬适中	—
气味与滋味	具有海参固有气味与滋味，无异味	具有本品固有的气味与滋味，无异味	—	—	—
杂质	无泥沙或其他外来杂质	如肉眼可见杂质	—	—	—

理化指标应符合表2的规定。

表2　理化指标

项目	指标			
	盐渍海参	干海参	即食海参	海参液
水分，%	≤ 65	≤ 12	≤ 85	——
盐分（以 NaCl 计），%	≤ 22	≤ 50	≤ 10	——
蛋白质（mg/100 g）	——	——	——	≥ 500

净含量应符合国家质量监督检验检疫总局〔2005〕第75号令的规定。

卫生指标应符合表3的规定。

表3　卫生指标

项目	指标
甲基汞，mg/kg	≤ 0.5
无机砷，mg/kg	≤ 0.5
铅（mg/kg）	≤ 0.5
镉（mg/kg）	≤ 0.5
多氯联苯（mg/kg）（以 PCB28、PCB101、PCB118、PCB138、PCB153 和 PCB180 总和）	≤ 2.0
PCB138（mg/kg）	≤ 0.5
PBC153（mg/kg）	≤ 0.5

续表

项目	指标
土霉素[a](oxytetracycline)(mg/kg)	≤0.1
磺胺类[a](以总量计)(sulfonamiddes)(mg/kg)	不得检出(<0.005)
氯霉素[a](chloramphenicol)(μg/kg)	不得检出(<0.3)
硝基呋喃代谢物[a](metabolites nitrofurans residues)(μg/kg)	不得检出(<0.25)
苯甲酸[b](g/kg)	不得检出(<0.001)
山梨酸[b](g/kg)	≤1.0
注[a]适用于人工养殖产品; [b]适用于即食海参和海参液等产品	

3. 制品要求。即食海参、海参液微生物学指标应符合表4的规定。

表4 微生物学指标

项目	指标
菌落总数(cfu/g)	≤30 000
大肠菌群(MPN/100 g)	≤30
沙门氏菌	不得检出
志贺氏菌	不得检出
副溶血性弧菌	不得检出
金黄色葡萄球菌	不得检出

4. 检验方法。感官检验外观和色泽需取至少3个包装的样品,在光线充足、无异味、清洁卫生的环境中用目测法检查外观、色泽、组织和杂质。先检查包装袋有无涨袋和破损;然后剪开包装袋,检查袋内产品色泽、组织形态;再检查杂质。

检验气味和滋味时,若产品为即食产品,打开包装袋后直接品尝检验其滋味;若为其他产品,打开包装后嗅其气味,检查有无异味。

标准八 刺参配合饲料

(水产行业标准 SC/T 2037—2006)

1. 适用范围。本标准规定了刺参配合饲料的分类、要求、检验方法、检验规则、标识、包装、运输和贮存。本标准适用于刺参粉末状配合饲料。

2. 产品要求。配合饲料产品规格与分类应符合表1的要求。

表1 配合饲料产品分类

产品分类	适用对象	饲育刺参体长(cm)
1号饲料	稚参	附着后≤1

续表

产品分类	适用对象	饲育刺参体长(cm)
2 号饲料	幼参	1～5
3 号饲料	养成参	≥5

感官要求色泽一致，具有主原料自然气味，无发霉、变质、结块现象，无酸败等异味，不得有虫、卵滋生。

质量指标应符合表 2 的规定。

表 2　饲料质量指标

<table>
<tr><td colspan="2" rowspan="2">指标</td><td colspan="6">产品种类</td></tr>
<tr><td>稚参饲料</td><td>指标</td><td>幼参饲料</td><td>指标</td><td>成参饲料</td><td>指标</td></tr>
<tr><td colspan="2" rowspan="2">原料粉碎粒度(筛上物，%)
0.100 mm 筛孔试验筛</td><td>0.250 mm
筛孔试验筛</td><td>≤2</td><td>0.425 mm
筛孔试验筛</td><td>≤2</td><td>0.600 mm
筛孔试验筛</td><td>≤2</td></tr>
<tr><td>≤10</td><td>0.250 mm
筛孔试验筛</td><td>≤10</td><td>0.425 mm
筛孔试验筛</td><td>≤10</td><td></td></tr>
<tr><td rowspan="2">混合均匀度
(变异系数)</td><td>粉料</td><td colspan="2">≤9</td><td colspan="2">≤9</td><td colspan="2">≤9</td></tr>
<tr><td>预混合料添加剂</td><td colspan="2">≤5</td><td colspan="2">≤5</td><td colspan="2">≤5</td></tr>
</table>

主要营养成分指标应符合表 3 的规定。

表 3　主要营养成分指标(%)

指标	产品种类		
	稚参饲料	幼参饲料	成参饲料
粗蛋白	≥20	≥18	≥16
粗脂肪	≤5	≤3.5	≤3.5
粗纤维	≤5	≤8	≤8
粗灰分	≤28	≤32	≤32
氯化钠	≤2		
钙	≤3		
磷	≥0.45		
赖氨酸	≥0.80	≥0.80	≥0.80
水分	≤10	≤10	≤10

3. 取样规则。在原料及生产条件基本相同的情况下，同一天或同一班次生产的产品为一个检验批次。产品抽样地点应在生产者成品仓库内按批次进行抽样，测定混合均匀度的样品按 GB/T 5918 的要求在生产现场抽取。取样单填写内容包括：样品名称、抽样时间、地点、产品批号、抽样数量、抽样人签字等；必要时，应注明抽样环境条件及仓储情况等。

4. 检验方法。

（1）出厂检验。每批产品必须进行出厂检验，出厂检验由生产单位质量检验部门执行，检验项目应选择能快速、准确反映产品质量的主要技术指标，一般为感官指标、水分、粗蛋白质、粗脂肪、粗纤维、粗灰分等。检验合格后签发检验合格证，产品凭检验合格证出厂。

（2）型式检验。有下列情况之一时，应进行型式检验。

a）长期停产，恢复生产时；

b）原料变化或改变主要生产工艺，可能影响产品质量时；

c）国家质量监督机构提出要求时；

d）出厂检验与上次型式检验有较大差异时；

e）正常生产时，每年至少一次的周期性检验。

5. 判定标准。所检项目的检验结果均应符合标准要求，检验结果全部符合标准规定的判为合格；有霉变、腐败、生虫等现象时，该批产品判为不合格；其他指标不符合规定时，应加倍抽样复检一次，按复验结果判定该批产品是否合格。

6. 运输方法。产品运输应保证运输工具的清洁，防止受药品、油类等有毒、有害物质的污染；在装卸中应轻装轻卸；避免日晒、雨淋。贮存仓库必须清洁、干燥、阴凉通风，防止霉变、生虫及微生物污染等。

标准九　无公害食品 海参

（无公害标准 NY 5328—2006）

1. 适用范围。本标准规定了无公害食品海参活体的要求、试验方法、检验规则以及标志、包装、运输及暂养。适用于海参纲中的刺参、绿刺参、花刺参、梅花参、白底辐肛参、糙海参的活体，其他品种海参可参照执行。

2. 感官要求。感官要求见表 1。

表 1　感官要求

项目	要求
色泽	体表色泽亮洁均匀，花刺参、糙海参体表带有正常色斑
外观	体形肥满，肉质厚实、有弹性，表面无溃烂现象，无肿口、形体萎缩等现象
气味	具有海参正常的气味，无异味
杂质	无可见泥沙等杂质

3. 安全指标。安全指标见表 2。

表 2　安全指标

项目	指标
无机砷（mg/kg）	≤0.5

续表

项目	指标
甲基汞(mg/kg)	≤0.5
铅(mg/kg)	≤0.5
镉(mg/kg)	≤0.5
土霉素(μg/kg)	≤100
磺胺类总量(μg/kg)	≤100
注:其他农药、兽药残留应符合国家有关规定	

4. 检验方法。在光线充足无异味的环境中,将样品放在白色搪瓷盆中,按上述要求逐项进行检验。

同一养殖场或同一海域、同一天收获的同一种的海参归为同一检验批。检验时,至少取3只海参,去内脏清洗后,绞碎混合均匀作为试验样品备用;试样量为400 g,分为两份,其中一份用于检验,另一份作为留样。检验分为出厂(场)检验和型式检验。

(1)出场检验。每批产品必须进行出厂(场)检验。出场检验由生产单位的质检部门执行,检验项目为感官检验。

(2)型式检验。有下列情况之一时应进行型式检验,检验项目为本标准中规定的全部项目。申请使用无公害农产品标志时:

新建养殖场的养殖海参或新海域捕捞的野生海参;

收获期间养殖水质有较大变化,可能影响产品质量时;

正常生产时,每年至少一次的周期性检验;

有关行政主管部门提出进行型式检验要求时;

出场检验与上次型式检验有较大差异时;

检验项目全部符合本标准的要求时,则判该批产品为合格。

感官检验所项目应全部符合规定;结果判定按SC/T 3016—2004附录A或附录B的规定执行;

安全指标的检验结果中有一项指标不合格,则判本批产品不合格,不得复检。

5. 标志及运输方法。标志应符合无公害农产品的相关规定,每批产品应有标签,标明产品名称、生产单位或销售单位名称与地址、产地、收获日期。

(1)运输包装容器应牢固、清洁、无毒、无异味。

(2)运输过程中使用保温车(船)为宜,使温度保持在4 ℃~10 ℃,如无保温车(船)应做到快装快运,运输工具应清洁卫生、无毒、无异味,注意防晒,不得与有害物品混装,防治运输污染。

(3)流通过程中,海参应暂养于洁净环境中,防治有害物质的污染及其他损害。暂养用水的水质应符合NY 5052。

标准十　无公害食品　海水养殖用水水质

（无公害标准 NY 5052—2001）

1. 适用范围。本标准规定了海水养殖用水水质要求、测定方法、检验规则和结果判定，适用于海水养殖用水。

2. 水质要求。海水养殖用水水质应符合表 1 要求。

表 1　海水养殖用水水质要求

序号	项目	标准值
1	色、臭、味	海水养殖水体不得有异色、异臭、异味
2	大肠菌群（个/升）	≤ 5 000，供人生食的贝类养殖水质 ≤ 500
3	粪大肠菌群（个/升）	≤ 2 000，供人生食的贝类养殖水质 ≤ 140
4	汞（mg/L）	≤ 0. 000 2
5	镉（mg/L）	≤ 0. 005
6	铅（mg/L）	≤ 0. 05
7	六价铬（mg/L）	≤ 0. 01
8	总铬（mg/L）	≤ 0. 1
9	砷（mg/L）	≤ 0. 03
10	铜（mg/L）	≤ 0. 01
11	锌（mg/L）	≤ 0. 1
12	硒（mg/L）	≤ 0. 02
13	氰化物（mg/L）	≤ 0. 005
14	挥发性酚（mg/L）	≤ 0. 005
15	石油类（mg/L）	≤ 0. 05
16	六六六（mg/L）	≤ 0. 001
17	滴滴涕（mg/L）	≤ 0. 000 05
18	马拉硫磷（mg/L）	≤ 0. 000 5
19	甲基对硫磷（mg/L）	≤ 0. 000 5
20	乐果（mg/L）	≤ 0. 1
21	多氯联苯（mg/L）	≤ 0. 000 02

3. 检验方法。海水养殖用水水质按表 2 提供方法进行分析测定。

表 2　海水养殖水质项目测定方法

序号	项目	分析方法	检出限（mg/L）	依据标准
1	色、臭、味	（1）比色法 （2）感官法	— —	GB/T 12763. 2 GB 17378
2	大肠菌群	（1）发酵法 （2）滤膜法	— —	GB 17378

续表

序号	项目	分析方法	检出限(mg/L)	依据标准
3	粪肠菌群	(1)发酵法 (2)滤膜法	—	GB 17378
4	汞	(1)冷原子吸收分光光度法 (2)金捕集冷原子吸收分光光度法 (3)二流腙分光光度法	1.0×10^{-6} 2.7×10^{-6} 4.0×10^{-4}	GB 17378 GB 17378 GB 17378
5	镉	(1)二流腙分光光度法 (2)火焰原子吸收分光光度法 (3)阳极溶出伏安法 (4)无火焰原子吸收分光光度法	3.6×10^{-3} 9.0×10^{-5} 1.0×10^{-5}	GB 17378 GB 17378 GB 17378 GB 17378
6	铅	(1)二流腙分光光度法 (2)阳极溶出伏安法 (3)无火焰原子吸收分光光度法 (4)火焰原子吸收分光光度法	1.4×10^{-3} 3.0×10^{-4} 3.0×10^{-5} 1.8×10^{-3}	GB 17378 GB 17378 GB 17378 GB 17378
7	六价铬	二苯碳酰二肼分光光度法	4.0×10^{-3}	GB/T 7467
8	总铬	(1)二苯碳酰二肼分光光度法 (2)无火焰原子吸收分光光度法	3.0×10^{-4} 4.0×10^{-4}	GB 17378 GB 17378
9	砷	(1)砷化氢－硝酸银分光光度法 (2)氢化物发生原子吸收分光光度法 (3)催化极谱法	4.0×10^{-4} 6.0×10^{-5} 1.1×10^{-3}	GB 17378 GB 17378 GB 7485
10	铜	(1)二乙氨基二硫代甲酸钠分光光度法 (2)无火焰原子吸收分光光度法 (3)阳极溶出伏安法 (4)火焰原子吸收分光光度法	8.0×10^{-5} 2.0×10^{-4} 6.0×10^{-4} 1.1×10^{-3}	GB 17378 GB 17378 GB 17378 GB 17378
11	锌	(1)二流腙分光光度法 (2)阳极溶出伏安法 (3)火焰原子吸收分光光度法	1.9×10^{-3} 1.2×10^{-3} 3.1×10^{-3}	GB 17378 GB 17378 GB 17378
12	硒	(1)荧光分光光度法 (2)二氨基联苯胺分光光度法 (3)催化极谱法	2.0×10^{-4} 4.0×10^{-4} 1.0×10^{-4}	GB 17378 GB 17378 GB 17378
13	氰化物	(1)异烟酸－吡唑啉酮分光光度法 (2)吡啶－巴比士酸分光光度法	5.0×10^{-4} 3.0×10^{-4}	GB 17378 GB 17378
14	挥发性酚	蒸馏后4-氨基安替比林分光光度法	1.1×10^{-3}	GB 17378
15	石油类	(1)环己烷萃取荧光分光光度法 (2)紫外分光光度法 (3)重量法	6.5×10^{-3} 3.5×10^{-3} 0.2	GB 17378 GB 17378 GB 17378
16	六六六	气相色谱法	1.0×10^{-6}	GB 17378
17	滴滴涕	气相色谱法	3.8×10^{-6}	GB 17378
18	马拉硫磷	气相色谱法	6.4×10^{-4}	GB/T 13192
19	甲基对硫磷	气相色谱法	4.2×10^{-4}	GB/T 13192
20	乐果	气相色谱法	5.7×10^{-4}	GB/T 13192

续表

序号	项目	分析方法	检出限(mg/L)	依据标准
21	多氯联苯	气相色谱法		GB 17378
注:部分有多种测定方法的指标,在测定结果出现争议时,以方法(1)测定为仲裁结果				

海水养殖用水水质监测样品的采集、贮存、运输和预处理按 GB/T 12763. 4 和 GB 17378. 3 的规定执行。

4. 判定标准。本标准采用单项判定法,所列指标单项指标,判定为不合格。

标准十一　无公害食品　水产品中渔药残留限量

（无公害标准 NY 5070—2002）

1. 适用范围。本标准规定了无公害水产品中渔药及通过环境污染造成的药物残留的最高限量,适用于水产养殖品及初级加工水产品、冷冻水产品,其他水产加工品可以参照使用。

2. 渔药限量要求。水产养殖中禁止使用国家、行业颁布的禁用药物,渔药使用时按 NY 5071 的要求进行。

水产品中渔药残留限量要求见表 1。

表 1　水产品中渔药残留限量

药物类别		药物名称		指标(MRL)/(pg/kg)
		中文	英文	
抗生素类	四环素类	金霉素	chlortetracycline	100
		土霉素	Oxytetracycline	100
抗生素类	四环素类	四环素	Tetracycline	100
	氯霉素类	氯霉素	Chloramphenicol	不得检出
磺胺类及增效剂		磺胺嘧啶	Sulfadiazine	100（以总量计）
		磺胺甲基嘧啶	Sulfamerazine	
		磺胺二甲基嘧啶	Sulfadimidine	
		磺胺甲噁唑	sulfamethoxazole	
		甲氧苄啶	Trimethoprim	50
喹诺酮类		噁喹酸	Oxilinic acid	300
硝基呋喃类		呋喃唑酮	Furazolidone	不得检出
其他		己烯雌酚	Diethylstilbestrol	不得检出
		喹乙醇	Olaquindox	不得检出

同一水产养殖场内,在品种、养殖时间、养殖方式基本相同的养殖水产品为一批(同一养殖池或多个养殖池);水产加工品按批号抽样,在原料及生产条件基本相同下同一天或

同一班组生产的产品为一批。

3. 取样量要求。养殖水产品随机从各养殖池抽取有代表性的样品，取样量见表 2。

表 2　取样量

生物数量/（尾、只）	取样量/（尾、只）
500 以内	2
500～1 000	4
1 001～5 000	10
5 001～10 000	20
≥ 10 001	30

水产加工品每批抽取样本以箱为单位，100 箱以内取 3 箱，以后每增加 100 箱（包括不足 100 箱）则抽 1 箱。按所取样本从每箱内各抽取样品不少于 3 件，每批取样量不少于 10 件。

4. 检验方法。采集的样品应分成两等份，其中一份作为留样。从样本中取有代表性的样品，装入适当容器，并保证每份样品都能满足分析的要求；样品的处理按规定的方法进行，通过细切、绞肉机绞碎、缩分，使其混合均匀，混匀的样品，如不及时分析，应置于清洁、密闭的玻璃容器，冰冻保存。

5. 判定标准。按不同产品的要求所检的渔药残留各指标均应符合本标准的要求，各项指标中的极限值采用修约值比较法。超过限量标准规定时，允许加倍抽样将此项指标复验一次，按复验结果判定本批产品是否合格。经复检后所检指标仍不合格的产品则判为不合格品。

标准十二　无公害食品　渔用药物使用准则

（无公害标准 NY 5071—2002）

1. 适用范围。本标准规定了渔用药物使用的基本原则、渔用药物的使用方法以及禁用渔药，适用于水产增养殖中的健康管理及病害控制过程中的渔药使用。渔用药物的使用应以不危害人类健康和不破坏水域生态环境为基本原则。

2. 病防原则。水生动植物增养殖过程中对病虫害的防治，坚持“以防为主，防治结合”；病害发生时应对症用药，防止滥用渔药与盲目增大用药量或增加用药次数、延长用药时间。

3. 用药原则。渔药的使用应严格遵循国家和有关部门的有关规定，严禁生产、销售和使用未经取得生产许可证、批准文号与没有生产执行标准的渔药。

积极鼓励研制、生产和使用“三效”（高效、速效、长效）、“三小”（毒性小、副作用小、用量小）的渔药，提倡使用水产专用渔药、生物源渔药和渔用生物制品。

食用鱼上市前，应有相应的休药期。休药期的长短，应确保上市水产品的药物残留限量符合 NY 5070 要求。

4. 使用方法。水产饲料中药物的添加应符合 NY 5072 要求，不得选用国家规定禁止使用的药物或添加剂，也不得在饲料中长期添加抗菌药物。

各类渔用药物使用方法见表 1。

表 1　渔用药物使用方法

渔药名称	用途	用法与用量	休药期(d)	注意事项
氧化钙(生石灰) calcii oxydum	用于改善池塘环境，清除敌害生物及预防部分细菌性鱼病	带水清塘：200～250 mg/L (虾类：350～400 mg/L) 全池泼洒：20 mg/L (虾类：15～30 mg/L)		不能与漂白粉、有机氯、重金属盐、有机络合物混用
漂白粉 bleaching powder	用于清塘、改善池塘环境及防治细菌性皮肤病、烂鳃病、出血病	带水清塘：20 mg/L 全池泼洒：1.0～1.5 mg/L	≥5	(1) 勿用金属容器盛装。 (2) 勿与酸、铵盐、生石灰混用
二氯异氰尿酸钠 sodium dichlo-roisocyanurate	用于清塘及防治细菌性皮肤溃疡病、烂鳃病、出血病	全池泼洒：0.3～0.6 mg/L	≥10	勿用金属容器盛装
三氯异氰尿酸 trichlorosi-socyanuric acid	用于清塘及防治细菌性皮肤溃疡病、烂鳃病、出血病	全池泼洒：0.2～0.5 mg/L	≥10	(1) 勿用金属容器盛装。 (2) 针对不同的鱼类和水体的 pH，使用量应适当增减
二氧化氯 chlorine dioxide	用于防治细菌性皮肤病、烂鳃病、出血病	浸浴：20～40 mg/L，5～10 min 全池泼洒：0.1～0.2 mg/L，严重时 0.3～0.6 mg/L	≥10	(1) 勿用金属容器盛装。 (2) 勿与其他消毒剂混用
二溴海因	用于防治细菌性和病毒性疾病	全池泼洒：0.2～0.3 mg/L		
氯化钠(食盐) sedium chioride	用于防治细菌、真菌或寄生虫疾病	浸浴：1%～3%，5～20 min		
硫酸铜(蓝矾、胆矾、石胆) copper sulfate	用于治疗纤毛虫、鞭毛虫等寄生性原虫病	浸浴：8 mg/L(海水鱼类 8～10 mg/L)，15～30 min 全池泼洒：0.5～0.7 mg/L(海水鱼类 0.7～1.0 mg/L)		(1) 常与硫酸亚铁合用。 (2) 广东鲂慎用。 (3) 勿用金属容器盛装。 (4) 使用后注意池塘增氧。 (5) 不宜用于治疗小瓜虫病
硫酸亚铁 (硫酸低铁、绿矾、青矾) ferroussulphate	用于治疗纤毛虫、鞭毛虫等寄生性原虫病	全池泼洒：0.2 mg/L(与硫酸铜合用)		(1) 治疗寄生性原虫病时需与硫酸铜合用。 (2) 乌鳢慎用
高锰酸钾(锰酸钾、灰锰氧、锰强灰) potassium permanganate	用于杀灭锚头鳋	浸浴：10～20 mg/L，15～30 min 全池泼洒：4～7 mg/L		(1) 水中有机物含量高时药效降低。 (2) 不宜在强烈阳光下使用

续表

渔药名称	用途	用法与用量	休药期(d)	注意事项
四烷基季铵盐络合碘(季铵盐含量为50%)	对病毒、细菌、纤毛虫、藻类有杀灭作用	全池泼洒:0.3 mg/L(虾类相同)		(1)勿与碱性物质同时使用。 (2)勿与阴性离子表面活性剂混用。 (3)使用后注意池塘增氧。 (4)勿用金属容器盛装
大蒜 crow's treacle, garlic	用于防治细菌性肠炎	拌饵投喂:10～30 g/kg(体重),连用4～6 d(海水鱼类相同)		
大蒜素粉 (含大蒜素10%)	用于防治细菌性肠炎	0.2 g/kg(体重),连用4～6 d(海水鱼类相同)		
大黄 medicinal rhubarb	用于防治细菌性肠炎、烂鳃	全池泼洒:2.5～4.0 mg/L(海水鱼类相同) 拌饵投喂:5～10 g/kg(体重),连用4～6 d(海水鱼类相同)		投喂时常与黄芩、黄檗合用(三者比例为5:2:3)
黄芩 raikai skullcap	用于防治细菌性肠炎、烂鳃、赤皮、出血病	拌饵投喂:2～4g/kg(体重),连用4～6 d(海水鱼类相同)		投喂时常与大黄、黄檗合用(三者比例为2:5:3)
黄檗 amur corktree	用防防治细菌性肠炎、出血	拌饵投喂:3～6 g/kg(体重),连用4～6 d(海水鱼类相同)		投喂时常与大黄、黄芩合用(三者比例为3:5:2)
五倍子 chinese sumac	用于防治细菌性烂鳃、赤皮、白皮、疖疮	全池泼洒:2～4 mg/L(海水鱼类相同)		
穿心莲 common andrographis	用于防治细菌性肠炎、烂鳃、赤皮	全池泼洒:15～20 mg/L 拌饵投喂:10～20 g/kg(体重),连用4～6 d		
苦参 lightyellow sophora	用于防治细菌性肠炎、竖鳞	全池泼洒:1.0～1.5 mg/L 拌饵投喂:1～2 g/kg(体重),连用4～6 d		
土霉素 oxytetracycline	用于治疗肠炎病、弧菌病	拌饵投喂:50～80 mg/kg(体重),连用4～6 d(海水鱼类相同;虾类50～80 mg/kg(体重),连用5～10 d)	≥30(鳗鲡) ≥21(鲶鱼)	勿与铝、镁离子及卤素、碳酸氢钠、凝胶合用
噁喹酸 oxolinic acid	用于治疗细菌肠炎病、赤鳍病、香鱼、对虾弧菌病,鲈鱼结节病,鲱鱼疖疮病	拌饵投喂:10～30 mg/kg(体重),连用5～7 d(海水鱼类1～20 mg/kg(体重);对虾6～60 mg/kg(体重),连用5 d)	≥25(鳗鲡) ≥21(鲤鱼、香鱼) ≥16(其他鱼类)	用药量视不同的疾病有所增减
磺胺嘧啶 (磺胺哒嗪) sulfadiazine	用于治疗鲤科鱼类的赤皮病、肠炎病,海水鱼链球菌病	拌饵投喂:100 mg/kg(体重)连用5 d(海水鱼类相同)		(1)与甲氧苄啶(TMP)同用,可产生增效作用。 (2)第一天药量加倍

续表

渔药名称	用途	用法与用量	休药期(d)	注意事项
磺胺甲嗯唑（新诺明、新明磺）sulfamethoxazole	用于治疗鲤科鱼类的肠炎病	拌饵投喂：100 m/kg（体重），连用 5～7 d		(1) 不能与酸性药物同用。(2) 与甲氧苄啶(TMP)同用，可产生增效作用。(3) 第一天药量加倍
磺胺间甲氧嘧啶（制菌磺、磺胺-6-甲氧嘧啶）sulfamono-methoxine	用鲤科鱼类的竖鳞病、赤皮病及弧菌病	拌饵投喂：50～100 mg/kg（体重），连用 4～6 d	≥37（鳗鲡）	(1)与甲氧苄啶(TMP)同用，可产生增效作用。(2) 第一天药量加倍
氟苯尼考 florfenicol	用于治疗鳗鲡爱德华氏病、赤鳍病	拌饵投喂：10.0 mg/kg（体重），连用 4～6 d	≥7（鳗鲡）	
聚维酮碘（聚乙烯吡咯烷酮碘、皮维碘、PVP-1、伏碘）（有效碘 1.0%）povidone-iodine	用于防治细菌烂鳃病、弧菌病、鳗鲡红头病。并可用于预防病毒病：如草鱼出血病、传染性胰腺坏死病、传染性造血组织坏死病、病毒性出血败血症	全池泼洒：海、淡水幼鱼、幼虾 0.2～0.5 mg/L；海、淡水成鱼、成虾 1～2 mg/L；鳗鲡 2～4 mg/L 浸浴：草鱼种 30 mg/L，15～20 min；鱼卵 30～50 mg/L（海水鱼卵 25～30 mg/L），5～15 min		(1) 勿与金属物品接触。(2) 勿与季铵盐类消毒剂直接混合使用
注：1. 用法与用量栏未标明海水鱼类与虾类的均适用于淡水鱼类； 2. 休药期为强制性				

5. 禁用药物。严禁使用高毒、高残留或具有“三致毒性”（致癌、致畸、致突变）的渔药。严禁使用对水域环境有严重破坏而又难以修复的渔药，严禁直接向养殖水域泼洒抗生素，严禁将新近开发的人用新药作为渔药的主要或次要成分。禁用渔药见表 2。

表 2 禁用渔药

药物名称	化学名称(组成)	别名
地虫硫磷 fonofos	0-2 基 -S 苯基二硫代磷酸乙酯	大风雷
六六六 BHC（HCH） Benzem，bexachloridge	1，2，3，4，5，6- 六氯环己烷	
林丹 lindane gammaxare gamma-BHC gamma-HCH	γ-1，2，3，4，5，6- 六氯环己烷	丙体六六六
毒杀芬 camphechlor（ISO）	八氯莰烯	氯化莰烯
滴滴涕 DDT	2，2- 双（对氯苯基）-1，1，1- 三氯乙烷	

续表

药物名称	化学名称(组成)	别名
甘汞 calomel	氯化汞	
硝酸亚汞 mercurous nitrate	硝酸亚汞	
醋酸汞 mercuric acetate	醋酸汞	
呋喃丹 carbofuran	2,3-氢-2,2-二甲基-7-苯并呋喃-甲基氨基甲酸酯	克百威、大扶农
杀虫脒 chlordimeform	N-(2-甲基-4-氯苯基)N',N'-二甲基甲脒盐酸盐	克死螨
双甲脒 anitraz	1,5-双-(2,4-二甲基苯基)-3-甲基1,3,5-三氮戊二烯-1,4	二甲苯胺脒
氟氯氰菊酯 cyfluthrin	α-氰基-3-苯氧基-4-氟苄基(1R, 3R)-3-(2,2-二氯乙烯基)-2,2-二甲基环丙烷羧酸酯	百树菊酯、百树得
氟氰戊菊酯 flucythrinate	(R, S)-α-氰基-3-苯氧苄基-(R, S)-2-(4-二氟甲氧基)-3-甲基丁酸酯	保好江乌氟氰菊酯
五氯酚钠 PCP-Na	五氯酚钠	
孔雀石绿 malachite green	$C_{23}H_{25}ClN_2$	碱性绿、盐基块绿、孔雀绿
锥虫胂胺 tryparsamide		
酒石酸锑钾 antimonyl potassium tartrate	酒石酸锑钾	
磺胺噻唑 sulfathiazolum ST, norsultazo	2-(对氨基苯磺酰胺)-噻唑	消治龙
磺胺脒 sulfaguanidine	N_1-脒基磺胺	磺胺胍
呋喃西林 furacillinum, nitrofurazone	5-硝基呋喃醛缩氨基脲	呋喃新
呋喃唑酮 furazolidonum, nifulidone	3-(5-硝基糠叉氨基)-2-噁唑烷酮	痢特灵
呋喃那斯 furanace, nifurpirinol	6-羟甲基-2-[-5-硝基-2-呋喃基乙烯基]吡啶	P-7138 (实验名)
氯霉素 (包括其盐、酯及制剂) chloramphennicol	由委内瑞拉链霉素生产或合成法制成	
红霉素 erythromycin	属微生物合成,是 *Streptomyces erythreus* 生产的抗生素	

续表

药物名称	化学名称(组成)	别名
杆菌肽锌 zinc bacitracin premin	由枯草杆菌 *Bacillussubtilis* 或 *B. leicheniformis* 所产生的抗生素,为一含有噻唑环的多肽化合物	枯草菌肽
泰乐菌素 tylosin	*S. fradiae* 所产生的抗生素	
环丙沙星 ciprofloxacin(CIPRO)	为合成的第三代喹诺酮类抗菌药,常用盐酸盐水合物	环丙氟哌酸
阿伏帕星 avoparcin		阿伏霉素
喹乙醇 olaquindox	喹乙醇	喹酰胺醇羟乙喹氧
速达肥 fenbendazole	5- 苯硫基 -2- 苯并咪唑	苯硫哒唑氨甲基甲酯
己烯雌酚 (包括雌二醇等其他类似合成等雌性激素) diethylstilbestrol,stilbestrol	人工合成的非甾体雌激素	乙烯雌酚,人造求偶素
甲基睾丸酮 (包括丙酸睾酮、去氢甲睾酮以及同化物等雄性激素) methyltestosterone,metandren	睾丸素 C_{17} 的甲基衍生物	甲睾酮,甲基睾酮

标准十三　无公害食品　渔用配合饲料安全限量

(无公害标准 NY 5072—2002)

1. 适用范围。本标准规定了渔用配合饲料安全限量的要求、试验方法、检验规则,适用于渔用配合饲料的成品,其他形式的渔用饲料可参照执行。

2. 原料标准。加工渔用饲料所用原料应符合各类原料标准的规定,不得使用受潮、发霉、生虫、腐败变质及受 NY 5072—2002 到石油、农药、有害金属等污染的原料;皮革粉应经过脱铬、脱毒处理;大豆原料应经过破坏蛋白酶抑制因子的处理;鱼粉的质量应符合 SC 3501 的规定;鱼油的质量应符合 SC/T 3502 中二级精制鱼油的要求。

3. 添加剂标准。使用的药物添加剂种类及用量应符合 NY 5071《饲料药物添加剂使用规范》《禁止在饲料和动物饮用水中使用的药物品种目录》《食品动物禁用的兽药及其他化合物清单》的规定;若有新的公告发布,按新规定执行。

4. 安全指标限量。渔用配合饲料的安全指标限量符合表 1 规定。

表 1 渔用配合饲料的安全指标限量

项目	限量	适用范围
铅(以 Pb 计)(mg/kg)	≤ 5.0	各类渔用配合饲料
汞(以 Hg 计)(mg/kg)	≤ 0.5	各类渔用配合饲料
无机砷(以 As 计)(mg/kg)	≤ 3	各类渔用配合饲料
镉(以 Cd 计)(mg/kg)	≤ 3	海水鱼类、虾类配合饲料
	≤ 0.5	其他渔用配合饲料
铬(以 Cr 计)(mg/kg)	≤ 10	各类渔用配合饲料
游离棉酚(mg/kg)	≤ 300	温水杂食性鱼类、虾类配合饲料
	≤ 150	冷水性鱼类、海水鱼类配合饲料
氰化物(mg/kg)	≤ 50	各类渔用配合饲料
多氯联苯(mg/kg)	≤ 0.3	各类渔用配合饲料
异硫氰酸酯(mg/kg)	≤ 500	各类渔用配合饲料
噁唑烷硫酮(mg/kg)	≤ 500	各类渔用配合饲料
油脂酸价(KOH)(mg/g)	≤ 2	渔用育苗配合饲料
	≤ 6	渔用育成配合饲料
	≤ 3	鳗鲡育成配合饲料
黄曲霉毒素 B- (mg/kg)	≤ 0.01	各类渔用配合饲料
六六六(mg/kg)	≤ 0.3	各类渔用配合饲料
滴滴涕(mg/kg)	≤ 0.2	各类渔用配合饲料
沙门氏菌(cfu/25 g)	不得检出	各类渔用配合饲料
霉菌(cfu/g)	≤ 3×10	各类渔用配合饲料

5. 检验方法。以生产企业中日(班)生产的成品为一检验批,按批号抽样。在销售者或用户处按产品出厂包装的标示批号抽样。

渔用配合饲料产品的抽样按 GB/T 14699.1—1993 规定执行。批量在 1 t 以下时,按其袋数的 1/4 抽取。批量在 1 t 以上时,抽样袋数不少于 10 袋。沿堆积立面以"×"形或 w 型对各袋抽取。产品未堆垛时应在各部位随机抽取,样品抽取时一般应用钢管或铜制管制成的槽形取样器。由各袋取出的样品应充分混匀后按四分法分别留样。每批饲料的检验用样品不少于 500 g。另有同样数量的样品作为留样备查。作为抽样应有记录,内容包括:样品名称、型号、抽样时间、地点、产品批号、抽样数量、抽样人签字等。渔用配合饲料中所检的各项安全指标均应符合标准要求。

6. 判定标准。所检安全指标中有一项不符合标准规定时,允许加倍抽样将此项指标复验一次,按复验结果判定本批产品是否合格。经复检后所检指标仍不合格的产品则判为不合格品。

标准十四　无公害食品　刺参池塘养殖技术规范

（渔业地方标准 DB 37/T 445—2010）

1. 适用范围。本标准规定了池塘养殖刺参的放养规格、密度、环境条件、放养前的准备、栖息环境与设置方式、投苗时间、收获、管理与投饵等，适用于无公害刺参池塘养殖。

2. 苗种要求。放养苗种要求身体伸展，肉刺尖而高，色泽光艳，头尾活动自如，摄食快，活力强，排便呈条状。放养规格为 30～40 只 / 千克和 300～500 只 / 千克。前者放养密度为 5～10 只 / 平方米，其中投石为 10 只 / 平方米，投瓦为 5 只 / 平方米，养殖周期大 8～12 个月。后者放养密度为 10～15 只 / 平方米，其中投石为 15 只 / 平方米投瓦为 10 只 / 平方米，养殖周期为 18～24 个月。

3. 池塘要求。刺参池塘最适面积为 7 000～20 000 m^2，水深为 1. 5～2 m，池底以岩礁石，硬泥沙或硬沙泥较好，池底不漏水，坡比 1∶2. 5，有条件者可用水泥板护坡。

池内应具有较丰富的单胞藻类、微生物、动植物碎屑及有机质。可通过施肥适当移植海带、裙带菜、鼠尾藻等海藻类。应避免刺参非食用藻类大量繁殖。

清污整池虾池改建和养刺参 3 a 以上的池塘，要清污整池。应将池塘、沟渠等积水排净，封闸晒池，维修堤坝。对池底和石块、瓦片等反复冲洗，促进有机物分解和病原体排出，不得将池中污泥直接排入海中。

清污整池后，将池水排至 30～40 cm 后，全池泼洒生石灰，用量为 600～800 kg/hm^2，对全池进行消毒。

4. 水质要求。水源水质符合 GB 11607 要求，养殖用水符合 NY 5052 的要求。海水水源充沛、水质清新、无污染，严禁淡水进入，排灌方便，进、排水分开。

水透明度 1～1. 5 m，水温 0 ℃～30 ℃，最适生长温度 10 ℃～16 ℃，水色呈浅黄绿色或浅棕绿色。

pH 7. 5～8. 5，溶解氧 5 mg/L 以上，有机物耗氧量 1. 4 ～2. 3 mg/L，盐度 28～34。

及时清除刺参的敌害生物如海星类等，另外要严防哈氏美人虾、口虾姑打穴而导致参苗落入窒息死亡。

5. 施肥要求。培育基础饵料清污整池消毒结束 2 d 后，开始放水，同时按氮、磷比 3∶1 溶于水中或用适量尿素和发酵有机肥培育基础生物饵料。

应平衡施肥，其中有机肥所占比例不得低于 50%，并控制肥料使用总量，水中硝酸盐含量应在 40 mg/L 以下。不得使用未经国家或省级农业部门登记的化学或生物肥料，有机肥应经过充分发酵方可使用。池塘池底严禁臭底，应加入底质改良剂或益生菌，保持池底健康。

6. 栖息环境要求。栖息环境人工投放石块重以 10～20 kg 为宜。一种堆放成条状，其宽为 0. 5～1 m，长度以池长而定，高为 1. 0～1. 5 m，行距为 1. 5～2 m。另一种为堆状并排成行，每堆为 1. 0～2. 0 m^3 石块，堆距 1～1. 5 m，行距 1. 5～2 m，投石总量应控制在

900～1 200 m^3/hm^2 左右。

将三块瓦呈三角形绑牢为一组，以 20 组左右为一堆，堆间距离为 3～4 m，行间距为 4 m 左右，每公顷投瓦 22 500～30 000 片，其组数为 7 500～9 900 组。

投放其他器材可投放人工参礁。也可投放旧轮胎、碎石瓦、水泥管、陶瓷片、扇贝笼三网衣、塑料薄膜等器材。

7. 投苗要求。投苗时间分春季和秋季投苗，春季投苗即上年人工培育的苗种，经室内越冬后于翌年 3～4 月投放的参苗或在当年 3～4 月直接从海中收取的自然刺参苗种进行投放。秋季投苗即于 9～10 月投放参苗。

采取轮捕轮放的方式，每年捕大留小，采捕规格为 150 克 / 只以上。根据刺参的存池量和放养密度，每年应补充一定数量的参苗。收获的刺参产品符合 GB 18406. 4—2001 的要求。

8. 投饵要求。日投饵量是刺参体重的 1% ～3%，可根据刺参排便多少、确定其投饵量。在快速生长的适温期应多投，夏眠和水温 5 ℃以下时不投饵，日投饵一次，通常在黄昏时进行。

9. 日常管理。按时巡池，通常上、下午各一次，巡池时要注意观察水色、水位、水温、盐度等参数的变化。 有自然纳潮条件的要掌握涨潮纳水，落潮排水。无自然纳潮条件的，可用水泵提水进行水交换。当水温达 18 ℃后，由添加水而调整为日换水量 20%，当水温达到 20 ℃以上时，水位应尽量保持高水位，日交换量为 50% 以上，大雨过后水体交换应大排大灌，先排表层水，以防盐度过低影响刺参的正常生长。有条件的可用增氧机增氧，用水泵进行内循环，增氧和内循环每日 2～3 次。每次 2～3 h，以夜间为主。

标准十五　无公害食品　刺参养殖技术规范

（渔业地方标准 DB 37/T 442—2010）

1. 适用范围。本标准规定了刺参人工育苗、稚参培育及围塘养殖、海底沉笼养殖、工厂化养殖等无公害养殖技术和饲料要求，适用于刺参的无公害养殖。

2. 育苗设施要求。人工育苗设施主要包括沉淀滤水设施、增氧设施、育苗室和饵料室。

在没有污染和淡水注入的育苗室旁建立自然海水沉淀池。沉淀后的海水再经过砂滤（或其他过滤设施过滤）后使用。增氧设施一般用充气泵增氧。育苗室要求窗户大，通风条件好，室内光线控制在 1 000～2 000 lx 以内，避免直射光入室。培育池以长方形为宜。单池水体容积 10～50 m^3，池深 80～150 cm。育苗室主要用于亲参蓄养和幼体培育。饵料培育室应具备独立的保种室和生产车间。海参幼体培育池的体积与饵料培育池的体积比例以 4∶1～3∶1 为宜。

3. 亲参采捕要求。亲参采捕以自然海区采捕的刺参为好。采捕时间：海水底层水温达到 15 ℃～16 ℃时，亲参产卵前 5～8 d，集中采捕。选择体长 20 cm 以上、体重 250 g 以上、生殖腺指数10%以上、无损伤的个体作为亲参。

4. 蓄养培育要求。亲参蓄养培育主要要求见表1。

表1 亲参培育的基本水质要求

项目	要求
水温(℃)	15～20
盐度	29～33
溶氧(mg/L)	≥53

蓄养密度以15～30只/立方米为宜。日早上倒池和换水，清除粪便和污物；晚上再换水一次，每次换水1/3～1/2，换水温差小于1℃。

早繁苗，可提前采捕升温促熟，这时蓄养时间较长，需要投饵，饵料为鼠尾藻碎屑或人工配合饵料，日投饵量为刺参体重的4%～7%。在蓄养3～7 d后，亲参在蓄养池中自然排精产卵。

5. 诱导产卵方法。诱导产卵一般采用阴干升温或阴干流水刺激法。后者在蓄养7 d左右，19点以后进行，将池内海水放干，使亲参在池内阴干40～60 min，然后用海水冲击30～45 min，同时洗刷蓄养池，再注入过滤的新鲜海水，亲参一般在当日或第二天产卵。

6. 人工采卵受精。在雌参产卵前将其移入产卵箱(透明的玻璃、有机玻璃水族箱或塑料水槽)进行产卵受精，可人工添加精液(每个卵周围3～5个精子为宜)并不断搅动水体。一般100 L的产卵箱可放8～14只亲参，采卵密度80粒/毫升左右。

亲参产卵受精后及时将亲参移出，并用过滤海水洗卵数次，一直到池水变清为止。受精卵直接在蓄养池孵化或移入孵化槽、培育池中孵化。在产卵箱产卵受精的，计数后立即将受精卵移入孵化槽内或培育池内孵化。直接在产卵的蓄水池孵化密度为20粒/毫升左右为宜，若密度过大需充气和搅动。孵化槽孵化密度为30～60粒/毫升，孵化过程中要经常充气和搅动水体。培育池孵化密度为1×10^5～5×10^5粒/立方米，可静水孵化。

7. 初耳状幼体培育要求。初耳状幼体产生后，稀疏、分池进行幼体培育。幼体培育期间全部使用二级砂滤水。日换水1～2次，每次1/3～1/2，换水温差小于2℃。基本水质要求见表2。

表2 幼体培育的基本水质要求

项目	要求
水温(℃)	19～25
盐度	27～33
溶氧(mg/L)	5～7
pH	7.8～8.3
氨氮(mg/L)	≤0.5
光照(lx)	500～1 500

孵化 36～48 h，初耳状幼体消化道形成后，即可投饵。饵料主要为培养的藻类，盐藻、牟氏角毛藻、三角褐指藻、小新月菱形藻、骨条藻等。某些大型藻类的鲜藻粉碎滤液也有很好的培育效果。

8. 投饵要求。藻类的日投饵量在初耳状幼体期为 1.5×10^4 cells/mL，中耳状幼体期为 2×10^4～3×10^4 cells/mL，大耳状幼体期为 4×10^4～5×10^4 cells/mL。每日分 2～4 次投喂，每次投饵量的标准以投饵 1 h 后大多数幼体满胃即可，下次投饵要接近半胃为准。

用孔径 70 μm 左右的筛绢过滤磨碎的大叶藻或鼠尾藻等，用其滤液投喂，日投喂量 10～25 mL/m^3，每日 2～4 次。根据培养幼体的大小，可调整投喂量。

一般每 2 h 充气 30 min。也可用 100 号或 120 号散气石连续微量充气。日换水 2～3 次，每次水量为 1/2～1/3；日吸底清污一次，发育到中耳状幼体时要彻底清污一次，将池底的残饵、排泄物、原生动物等彻底清除干净；清除的污物先倒入大桶，若桶内有上浮的幼体应移入池内继续培养。

9. 樽形幼体培育要求。樽形幼体出现的比例占整个幼体的 10%～20%时开始采苗。

10. 水质要求。培育水质符合 NY 5052 的要求。流水培育，一般每日流水 3～4 次，日循环量控制在 2～3 个量程，保持充气增氧，及时清池或倒池。基本水质要求见表 3。

表 3　稚参培育的基本水质要求

项目	要求
水温(℃)	20～27
盐度	27～33
溶氧(mg/L)	≥4.5
pH	7.5～8.5
氨氮(mg/L)	≤0.5
光照(lx)	<2 000

投饵所用饲料应符合 NY 5072 的要求。人工配合饲料日投量 0.01～0.04 克/只，日 1～2 次。鼠尾藻磨碎液日投饵量：2 mm 以下稚参，20～40 mL/m^3；2～5 mm 稚参，80～120 mL/m^3；每日投喂 2～4 次。随着稚参不断长大，增加投喂量。

流水培育(日流水量为培育水体的 3～4 倍)或连续微量充气培育；2～3 d 吸污一次；10 d 左右倒池一次。

对培养用水进行二级沙滤，防止桡足类进入培育池。5～7 d 用土霉素(2×10^{-6}～3×10^{-6})或其他药物对池水进行消毒处理一次。药物使用应符合 NY 5071 要求。

11. 稚参培育要求。稚参培育一直是在原来的幼体培育池中培育，当投放采苗器 10～15 d，幼体全部变态发育成稚参后，需要倒池并将附着基吊挂于孔径为 150～400 μm 的网箱内流水培育。

12. 分段培育法。稚参由 0.4 mm 左右培育至 3 mm。网箱孔径 200 μm 左右。饵料以附着基上底栖硅藻为主，日投喂量与附着藻量有关，每日投喂鼠尾藻磨碎液 2 次，每次

20～30 mL/m^3。

随着个体的成长更换网箱、调整密度，网箱孔径由前期的 200 μm 左右转换为 900 μm 左右；密度由 5 000 只／平方米调整为 500 只／平方米。鼠尾藻日投喂 4 次，每次 30～40 mL/m^3。最好是人工配合饲料，日投喂量为体重的 10%左右。

盐度稳定，水交换量较大，无污染且野生海藻丰富的岩礁底质或泥沙底质的海区，能够自然纳水、排水方便的潮间带水域。

13. 养参池塘要求。养成池根据海区条件因势建池，池塘规模依实际情况而定，一般单池面积 1～10 hm^2，池深以大潮时纳水能达到 2. 0 m 以上，换水量 30%以上，池水能经常保持 1. 2 m 以上。池坝要高出大潮水面 30 cm 以上。

在风浪大的潮间带建参池，需修建防浪主堤。主堤应有较强的抗风浪能力，一般情况下堤高应在当地历年最高潮位 1 m 以上，堤顶宽度应在 6 m 以上，迎海面坡度为 1∶3～1∶5，内坡度为 1∶2～1∶3。

在集中的刺参养成区，需要建设进、排水渠道，进水口与排水口尽量远离。排水渠的宽度应大于进水渠，排水渠底一定要低于各相应养参池排水闸底 30 cm 以上，能自然排水。

养参前，应将养成池、沟渠等积水排净，封闸晒池，维修堤坝、闸门，并清除池底的污物杂物。沉积物较厚的地方，应翻耕曝晒或反复用抽水泵冲洗干净。

清污整池之后，应清除刺参的敌害生物、致病生物及携带病原的中间宿主。常用生石灰或漂白粉进行清池除害。池子进水 30～40 cm 后，全池泼洒生石灰或漂白粉，用量分别为 800 kg/hm^2 和 15 kg/hm^2 左右。

清池后，应在池内排放块石、瓦片或海参礁，排成垄形，垄底宽 1. 5～2 m，上宽 0. 5～0. 8 m，高 0. 5～0. 6 m；排间距 0. 5～1 m；垄向不能顺着进排水闸门，以避免参苗被冲走。石块以 5～20 kg 为宜。

石块投放后，应移植大型海藻（如鼠尾藻、裙带等），保证池内有丰富的藻类资源，为刺参提供天然饵料和避所。必要时可施化肥、有机肥培养大型海藻类和基础生物饵料。施肥要符合 NY/T394 的规定。

表 4　围塘养殖放苗的基本水质要求

项目	要求
水温(℃)	5～12
盐度	27～33
溶氧(mg/L)	≥4. 5

池中底栖硅藻已繁殖起来，池水水温、盐度、pH 比较稳定。在天气晴朗无风或微风时可放苗，注意放苗的温差和盐度差应小于 2；大风、暴风雨天不宜放苗。主要环境指标见表 4。

14. 投放苗种要求。大规格苗种（5 cm 以上）宜采用人工下水直接放苗，将苗种均匀撒播在石块上。小规格苗种（小于 5 cm）宜采用网袋沉入水底，让苗种自行爬出。

15. 换水要求。在进水渠道应设立2～3道拦污防油网。多雨季节要提前纳高水位。一般养殖前期(6月以前)日换水量为10%～30%,并逐渐使池塘水位达到2 m以上的最高水位;养殖中期(6～9月)尽可能保持池水最高水位;养殖后期(9月以后)日交换水量10%～20%,最低水位1.5 m。在养殖期间,根据水质情况,可酌情追肥,透明度保持1.0 m以上。

16. 投饵要求。人工配合饲料或海藻粉日投喂量为刺参体重的2%～10%;磨碎的鲜海藻,日投喂量为刺参体重的10%～15%,日1～3次。实际操作中应根据池中饵料情况适当增加或减少投喂量。

夏眠期(6～9月)和冬季(1～2月)不投喂。一般3～5月,10～12月水温5 ℃～20 ℃为人工喂养期。最佳摄食水温为10 ℃～16 ℃。

放苗初期,主要摄食池中繁殖的底栖硅藻和有机碎屑,视情况日投喂1～2次。夏季,水温逐渐升高,刺参逐渐进入休眠期,应逐渐减少投饵量直至停止投喂人工饲料。秋季与第二年春季,是刺参生长最快的季节,要增加投喂量。10 ℃～17℃期间应加强投喂人工配合饲料,日投喂2～3次,每次应全池均匀投喂,且白天喂日投饵量的40%,晚上喂60%。

养殖人员应每日清晨及傍晚各巡池一次,注意清除养参池周围的蟹类、海星类等敌害生物。注意发现吸附在干露石壁上的刺参要及时捡到水中,尤其阴雨天气时。

不得纳入发病参池或其他发病养殖池排出的水,不得投喂变质及带有病原体的饵料。

17. 刺参采捕。刺参的采捕时间一般在4～5月,11～12月,也可视市场情况,潜水捞取,采大留小。6～9月为繁殖季节,不宜采捕。采捕规格100 g以上。一般春季放养的5 cm左右的苗种,第二年春季可达140 g以上,2 cm左右的苗种,需要再养一年。

18. 海底沉笼养殖要求。

表5 海底沉笼养殖的基本水质要求

项目	要求
水温(℃)	1～30
盐度	25～34
溶氧(mg/L)	≥4.5
pH	7.2～8.6
氨氮(mg/L)	≤0.5

用直径10 mm的钢筋制成70 cm×30 cm的圆形网笼或4 m×2 m×0.6 m的长方形网笼,外罩网衣,内放石块(3～5千克/块)若干。每平方米养殖笼养殖体长2～5 cm的幼参100～200只。

2～4 d投喂一次,饵料为人工配合饲料或海藻粉;注意网衣是否破损;根据海参生长的快慢,及时疏散密度。

增殖点选择选择潮流畅通,水质清澈有大量海藻,无污染、无大量淡水流入的海区。一般要选择底层水温1 ℃～28 ℃、盐度27～34、特别是有自然刺参资源、水深2～15 m

的海区，更适宜海底增殖。底质条件一般是有大型海藻、底栖硅藻、原生动物等繁生的岩礁乱石底或泥沙底质。

19. 工厂化养殖要求。海水深井、冬暖夏凉的坑道、工厂化养鲍车间等，有水温能常年保持在 10 ℃～16 ℃的条件，均可进行人工控温工厂化养殖。

养殖池为多层或单层水泥池，水泥池规格最小为 200 cm×80 cm×40 cm。多层池层间距 50～60 cm；每个池还可用有孔塑料波板再隔为上、下两层。

流水设施需日流水量 3～8 个量程，达到流水养殖。

水质符合 NY 5052 的要求。其基本水质要求见表 6。

表 6　工厂化养殖的基本水质要求

项目	要求
水温(℃)	7～20
盐度	27～34
溶氧(mg/L)	≥4. 5
pH	7. 4～8. 5
氨氮(mg/L)	≤0. 6

单养单层放养密度，1～2 cm 幼参 60 只 / 平方米左右；3～4 cm 幼参 40 只 / 平方米左右；5 cm 以上幼参 20 只 / 平方米左右。调节水温在 10 ℃～16 ℃之间；投饵早晚各一次，日投饵量为刺参体重的 3%～10%，饲料符合 NY 5072 的要求；流水管理；10～15 d 清池一次。

鲍鱼混养刺参，4 cm 鲍鱼 100 只 / 平方米可混养 4 cm 左右幼参 5 只 / 平方米左右。刺参一般不需投饵。

20. 运输方法。

（1）参苗运输时，体长 1 cm 以下的，体色尚未达到正常体色（黑褐色）的稚参常与饵料板（附着基）一起充氧运输。运苗密度为 5×10^4～10×10^4 只 / 立方米。该方法可运输 10 h 以内。

（2）幼参运输在 9 月以后，体长 1 cm 以上的幼参可分装在网袋（网目 0. 5～2 mm）中，0. 5 kg 左右一袋，先用流水暂养使幼参充分附着在袋上后，采用帆布桶或其他容器低温（用冰块控制 15 ℃以下）充氧水运法，密度为 1×10^4 只 / 立方米以内，该方法可运输 24 h 以内。另外，还可采用干运法，在低温（加冰块）保温箱底部铺上湿润的海绵后，将幼参倒入（注意温差要小于 2 ℃），密度为 2 000 只 / 平方米以内，上面覆盖多层浸透海水的湿纱布，该法可在 15 h 以内运输。

21. 越冬保种。越冬保种将 2 cm 左右的幼参放入室内或大棚内越冬，培育大规格（5 cm 以上）的幼参。

日投饵量为刺参体重的 3%～5%，流水养殖或日换水 1/2 左右，定期排污，注意防病。

标准十六　胶东刺参底播增殖技术规程

（渔业地方标准 DB 37/T 1564—2010）

1. 适用范围。本标准规定了胶东刺参底播增殖的环境条件、亲参和苗种质量、运输方法、计数方法、增殖密度、增殖方法和捕捞等技术要求，适用于胶东刺参的底播增殖。

2. 胶东刺参特点。胶东刺参指产自山东省沿海及岛礁周围的天然刺参、增殖刺参，以及利用这些刺参作为亲参进行人工繁育的苗种在烟台市、威海市、青岛市、日照市、东营市等山东省沿海进行人工养殖或增殖的刺参，具有个大体壮、肉质厚实、营养丰富等特点。

3. 环境条件要求。底播增殖指将健康的胶东刺参苗种或亲体播撒在适宜的海域或经人工改良的海域，使其依靠天然的环境和饵料进行繁殖、生长，达到增加资源量、提高自然海区产量的生产方式。

（1）环境条件要求海况为避风的湾口、内湾及类似海域，无污染，水质清净，潮流畅通，最好有涡流。海水盐度在 27～35，底层水温 1 ℃～28 ℃，水深 2～15 m，无大量淡水注入。符合 GB/T 1840704 的要求。底播增殖海区的使用要符合《山东海洋功能规划》。

（2）底质为岩礁、砾石或砂泥底质。软泥底质不宜。水质肥沃，水体中浮游生物特别是底栖硅藻、原生动物丰富，大型藻类如鼠尾藻、马尾藻等繁盛。

4. 水质要求。水质符合 GB 11607 的规定。具体要求见表 1。

表 1　胶东刺参底播增殖区域水质要求

项目	要求
盐度	26～34
溶氧(mg/L)	≥4. 5
pH	7. 6～8. 5
氨氮(mg/L)	≤0. 5

人工建设、改良增殖场要选择适宜的海区，投放石块等构筑海参礁，培植或移植大型藻类或底栖硅藻，营造适宜的刺参栖息、生长的环境。

5. 质量要求。

（1）亲参符合 SC/T 2003. 1 的要求，符合胶东刺参的特征，体重 200 g 以上，体长 20 cm 以上，无畸形，体表干净，无伤残，无排脏。

（2）苗种符合 SC/T 2003. 2 的要求，产于自然海区的苗种或由刺参原良种场、具有苗种生产许可资质的育苗场人工培育的一类、二类苗种，大小均匀，体态伸展粗壮，颜色正常，体表有光泽，离水后收缩正常，在水中头尾活动自如，伸展自然，疣足坚挺。应达到表 2 的要求。提倡使用大规格苗种进行增殖。

表 2　胶东刺参底播增殖苗种质量要求

项目	一类苗(体长≥3. 0 cm)	二类苗(体长≥2. 0 cm)
规格合格率(%)	≥90	≥90

续表

项目	一类苗（体长≥ 3.0 cm）	二类苗（体长≥ 2.0 cm）
畸形率（%）	≤ 1	≤ 2
伤残率（%）	≤ 1	≤ 3

6. 运输方法。运输亲参用水应符合 NY 5052 的要求，盐度 28 ～ 35。干运法运输容器（如帆布桶等）应无毒、无污染。刺参与经海水浸泡的海带草（或马尾藻）相间放入运输容器内，防止日晒、风干、雨淋。按容器容积计，运输密度不宜超过 150 只 / 立方米。若温度控制在 11 ℃～ 15 ℃，运输时间可长达 10 h；若温度控制在 6 ℃～ 10 ℃，运输时间可长达 20 h。

（1）水运法。亲参放入盛水 2/3 的无毒塑料袋内，塑料袋内充氧并置于盛水的玻璃钢桶或帆布桶内。按塑料袋内水体计，运输密度不宜超过 150 只 / 立方米。若温度控制在 11 ℃～ 15 ℃，运输时间可长达 8 h；若温度控制在 6 ℃～ 10 ℃，运输时间可长达 15 h。

刺参苗种运输用水应符合 NY 5052 的要求，盐度不低于 28。装运过程中，防止风干、雨淋、日晒。

（2）不剥离干运法。苗种不经剥离，随附着基一起运输。装运时，应防止附着基相互挤压，上盖篷布或塑料布，下铺塑料布；运输途中，温度控制在 20 ℃以下，每隔 4 h 淋海水一次。运输时间 10 h 以内可用此法。

（3）剥离后干运法。剥离后的苗种与用海水浸湿的海带草（或鼠尾草）分层放入玻璃钢桶等硬质容器内运输，或将剥离后苗种直接装入经海水浸湿的多层专用泡沫箱中运输。温度控制在 20 ℃以下。运输时间 10 h 以内可用此法。

干运法装运过程中，防止风干、雨淋、日晒。

7. 计数方法。亲参采用逐个计数法。苗种采用以下几种方法。

（1）苗种数量较少时可用逐个计数法。

（2）苗种数量较多时采用重量计数法或附着基计数法：将苗种按规格表 2 分类，对各类苗种抽样称重计数，分别计算单位重量的苗种数量，然后对各类苗种称总重，求出各类苗种的数量。

（3）附着基的计数法，在育苗池不同位置随机抽取 3 个以上的附着基，计数测算每个附着基的苗种平均数，并根据附着基的总数，求得苗种总数。在附着基结构相同、大小相等、苗种规格一致的情况下可采用此法。

8. 增殖密度。

（1）亲参增殖密度根据海况、水质、底质和生物环境的不同，增殖放养密度控制在 2 ～ 5 只 / 立方米。

（2）苗种根据海况、水质、海域和生物环境的不同，一类苗种（体长 3 cm）为 30 000 ～ 50 000 只 / 公顷，二类苗种（体长 2 cm）为 50 000 ～ 70 000 只 / 公顷。

（3）亲参增殖时选择无风浪的天气，退潮时机，将增殖用亲参用船运至预定海区，由潜水员携带装有亲参的容器（塑料袋、纱窗网制成的包装袋等）潜入指定海底增殖区，打开容器口将亲参按要求密度缓缓散放在海底或让刺参自行爬出散开。

（4）苗种增殖时选择无风浪的天气，退潮时机，用船只将苗种运输至预定海区，由潜水员携带装有苗种的容器潜到指定海底增殖区，首先选择有礁石或大型藻类的地方，打开容器让苗种自行爬出散开，或散放在礁石或藻体上。

9. 收获条件。当刺参规格达到 100 克 / 只以上时即可进行收获。捕捞期一般春季从清明到芒种前后，这时期收获的刺参称为春参；秋季从寒露或大雪前后，收获的刺参称为秋参。捕捞时由潜水员潜入增殖海底进行采捕。增殖区水较浅直接下水捡拾。

标准十七　刺参工厂化养殖技术规程

（渔业地方标准 DB 37/T 1186—2009）

1. 适用范围。本标准规定了刺参工厂化养殖的环境条件、放养规格、放养密度、饲料投喂、日常管理、收获规格等技术要求，适用于刺参工厂化养殖。

2. 工厂化养殖概念。刺参工厂化养殖是利用陆上室内水泥池或其他大型水槽等工厂化养殖设施，通过人工控制养殖水质理化环境、投喂饲料和防治疾病等措施，为刺参提供最适宜的生活、生长环境，解除刺参的夏眠，加快生长速度，缩短养殖周期，提高经济效益，使刺参健康快速生长并最大限度地提高刺参品质，将幼参养成至商品规格的生产过程。

3. 选址要求。选择场址要求水质稳定，水源充足，无大量淡水流入、风浪较小、无赤潮频发的开放、半开放式海域附近。通讯、交通运输方便，电力充足，海水或地下海水资源丰富，盐度稳定，有淡水水源。环境符合 GB/T 18407. 4 的要求。远离工业区或港口，周边没有对养殖环境构成威胁的污染源（包括工业“三废”、农业废弃物、医疗机构污水及废弃物、城市垃圾和生活污水等）。自然海水水质应符合 GB 11607 的要求。养殖海水应符合 NY 5052 的规定。水温 10 ℃～20 ℃，盐度 27～34，溶解氧≥ 5. 0 mg/L，pH 7. 4～8. 5，氨氮浓度≤ 0. 6 mg/L。陆上室内水泥池或各种工厂化养殖设施均可进行刺参工厂化养殖。

4. 设施要求。进排水系统应有泵房、沉淀池、砂滤池、蓄水池及海水深水井、供水管道等；使用自然海水需有砂滤池、预热调温池；排水应有排水渠道，排水口远离进水口。充气设施可采用充气泵空气增氧，或使用纯氧、液态氧增氧。控温设施冬季可采用锅炉升温，也可利用电热、地热、地下海水、太阳能等进行升温。夏季可采用深井海水或其他制冷设施降低水温。养殖车间为室内水泥池或大型玻璃钢水槽，单池养殖池面积 20～50 m^2，池深 0. 8～1. 0 m，圆形、方形或八角形均可，池底排水顺畅，以长方形为宜，水交换率高，便于操作。养殖池内设置聚乙烯波纹板、聚乙烯薄膜、网笼、瓦片、石块等材料制成的参礁作为刺参栖息的隐蔽物，并按照幼参培育的要求繁殖基础饵料生物。配套小型发电机组、水质和生物检测设备、通信设备、生活设施等。

5. 运输方法。幼参运输时可采用水运法和干运法。

（1）水运法。体长 1 cm 以上的幼参可分装在网袋（20 cm×30 cm，网目 0.5～2 mm）中，0.5 kg 左右一袋，先用流水暂养使幼参充分附着后，装入帆布桶或其他容器降温（用冰块控制水温在 20 ℃以下）充氧带水运输，密度 1×10^4 只/立方米以内，运输时间 24 h 以内。运输前 1 d 停止投饵。

（2）干运法。一般采用 5～8 层专用泡沫箱，泡沫箱用海水浸泡后将幼参倒入，并加冰块降温，每层放幼参 1.5～2.5 kg。也可用装有冰块隔层的保温箱，底部铺上湿润的海绵后，将幼参置于箱内（苗种培育池水温与保温箱温度的温差要小于 2 ℃），密度 2 000 只/平方米以内，上面覆盖多层用海水浸透的湿纱布，该法适于气温低于 20 ℃、运输时间 15 h 以内。运输前 1 d 停止投饵。

6. 放苗条件。3～4 月放养越冬幼参，9～10 月放养当年培育的幼参。刺参工厂化养殖实行轮捕轮放，全年均可放苗。适宜放苗水温 9 ℃～15 ℃。根据养殖条件和产量要求、收获的规格，可放养体长 1～2 cm、2～3 cm、3～5 cm、5 cm 以上的幼参，也可放养个体重 20 克/只以上的大规格苗种。刺参苗种的放养密度可根据幼参的规格不同合理控制，按大苗少投放、小苗多投放的原则调节。通常将幼参直接均匀撒于池底附着基上，在离水面 20 cm 左右处，用容器将幼参均匀放入池内，使幼参自行附着或爬行至附着基上。也可采用网袋投放法，网袋微扎半开口，投放于池底均匀设置 2～4 个点的参礁上，让参苗自行从袋中爬出。投放幼参的水温差不超过 3 ℃，盐度差不超过 3。

7. 饲料要求。专用商品配合饲料和自制配合饲料、海藻粉、底栖硅藻类生物饵料（新鲜海泥）等均可。提倡使用配合饲料，配合饲料应符合 NY 5072、SC/T 2037 的规定。日投饵量为刺参体重的 3%～10%，并根据刺参生长及摄食情况及时进行调整，一般每 10 d 左右调整一次投饵量。专用商品配合饲料按使用说明进行投喂；底栖硅藻（新鲜海泥）要经过消毒，加拌少许配合饵料，每 7 d 投喂 2 次；自制配合饲料、海藻粉等用海水浸泡 1～2 h 后均匀泼洒于池内。投饵后停气 1～1.5 h，4 h 后方可微循环水。5 cm 以下苗种日投喂 2 次，5 cm 以上苗种日投喂 1 次。

8. 病防措施。坚持以防为主、防治结合的原则。提倡用微生态制剂、免疫制剂和中草药防治病害，改善池内生态环境。

9. 收获要求。根据市场要求，当养殖刺参达到商品规格（活体湿重量≥150 克/只）时即可进行收获。一般收获前 1～2 d 开始停食。收货时，池水排放至最低水位，以刺参不露出水面为宜，人工捡拾；或将轻便附着基取出将商品刺参取下，收获时注意采大留小，对未达到商品规格的刺参继续进行养殖。

标准十八　刺参苗种生产技术规程

（地方标准 DB 37/T 685—2007）

1. 适用范围。本标准规定了刺参人工育苗、稚幼参培育等无公害苗种培育技术和饵料要求，适用于刺参苗种的培育。

2. 人工育苗设施。人工育苗设施主要包括沉淀滤水设施、增氧设施、育苗室和饵料室。

在没有污染和淡水注入的育苗室旁建一自然海水沉淀池。沉淀后的海水经砂滤（或其他过滤设施过滤）后使用。

育苗室一般用充气泵增氧，要求窗户大、通风条件好，室内光线控制在 1 000～2 000 lx 以内，避免直射光入室。培育池以长方形为宜。单池水体容积 10～30 m^3，池深 80～150 cm。育苗室主要用于亲参蓄养和幼体培育。

饵料培养室应具备独立的保种室和生产车间。刺参幼体培育池的体积与饵料培育池的体积比为 4∶1～3∶1 为宜。

3. 亲参要求。亲参符合 SC/T 2003. 1 的要求。以自然海区增养殖的刺参为好。采捕时间：海水底层水温达到 15 ℃～16 ℃时，亲参产卵前 5～8 d，集中采捕。选择体长 20 cm 以上、体重 250 g 以上、生殖腺指数 10% 以上、无损伤的个体做亲参。

4. 亲参蓄养要求。亲参蓄养水质水源符合 GB 11607 的规定，培育用水符合 NY 5052 的规定。主要要求见表 1。

表 1　亲参培育的基本水质要求

项目	要求
水温（℃）	15～18
盐度	29～33
溶氧（mg/L）	≥ 5

蓄养密度以 15～30 只 / 立方米为宜，每日早上倒池和换水，清除粪便和污物；晚上再换水一次，每次换水 1/3～1/2，换水温差小于 1 ℃。

早繁苗，可提前采捕升温促熟，如蓄养时间较长，需要投饵，饵料为鼠尾藻碎屑或人工配合饵料，日投饵量为刺参体重的 4% ～7%。

4. 诱导产卵方法。诱导产卵采用阴干流水刺激法，亲参蓄养 7 d 左右，19 点以后进行，将池内海水放干，使亲参在池内阴干 40～60 min，然后用海水流水冲击 30～45 min，同时洗刷蓄养池，再注入过滤的新鲜海水，亲参一般在当日或翌日凌晨前产卵。

在刺参产卵前将其移入产卵箱（透明的玻璃、有机玻璃水族箱或塑料水槽）进行产卵受精，人工添加精液（每个卵周围 3～5 个精子为宜），并不断搅动水体。一般 100 L 的产卵箱可放 8～14 只亲参，采卵密度 80 粒 / 毫升左右。

亲参产卵受精后及时移出，并用过滤海水洗卵数次，一直到池水变清为止。受精卵直接在蓄养池孵化或移入孵化槽、培育池中孵化。在产卵箱的受精卵，计数后立即将受精卵移入孵化槽内或培育池内孵化。

5. 培育孵化要求。培育池孵化密度为每毫升 10 粒以下，连续微量充气 1 h 并搅动水体一次。

饵料孵化 36～48 h，初耳状幼体消化道形成后，即可投饵。饵料主要为小金藻、盐藻、牟氏角毛藻、三角褐指藻、小新月菱形藻、骨条藻等。某些大型藻类如大叶藻、鼠尾藻等鲜藻粉碎滤液也有较好的饵料效果。

6. 藻类投饵量要求。日投饵量在初耳状幼体期为 1.5×10^4 cells/mL 中耳状幼体期为 $2\times10^4\sim3\times10^4$ cells/mL，大耳状幼体期 $4\times10^4\sim5\times10^4$ cells/mL。每日分 2～4 次投喂，每次投饵量的标准以投饵 1 h 后大多数幼体满胃即可，下次投饵要接近半胃为准。

投喂大型藻类滤液，须将鲜藻磨碎用孔径 70 μm 左右的筛绢过滤，用其滤液投喂，日投喂量 10～25 mL/m^3，每日 2～4 次。根据培养幼体的大小，可调整投喂量。

7. 充气要求。一般每 2 h 充气 30 min。也可用 100 号或 120 号散气石连续微量充气。每日换水 2～3 次，每次换水量为 1/2～1/3；每日吸底一次，发育到中耳状幼体时要彻底清污一次，将池底的残饵、排泄物、原生动物等彻底清除干净；清除的污物先倒入大桶，若桶内有上浮的幼体应移入池内继续培养。

幼体培育期间全部使用二级砂滤水。每日换水 1～2 次，每次 1/3～1/2，换水温差小于 2 ℃；樽形幼体出现的比例占整个幼体的 10%～20%时开始采苗。用水应经沉淀、过滤等处理后使用。水质符合 NY 5052 的要求。基本水质要求见表 2。

表 2　幼体培育的基本水质要求

项目	要求
水温（℃）	19～25
盐度	27～33
溶解氧，mg/L	5～7.6
pH	7.8～8.3
氨氮（mg/L）	≤0.5

8. 采苗聚乙烯薄膜要求。一般大小为（40～50）cm×（30～40）cm，10～20 片（间距 5～7 cm）持 60° 斜度固定在一个采苗架上。0.5‰～1.0‰的氢氧化钠溶液浸泡 1 d 消毒，再用 10～20 mg/L 的高锰酸钾溶液洗刷，最后用过滤海水冲洗干净。要符合 NY 5071 的要求。

每平方米投放已接种底栖硅藻的聚乙烯波纹板或聚乙烯薄膜 60～100 片，投放前要用干净的海水冲去污物并与池底呈 60° 角或 45° 角摆放。

9. 稚参培育要求。稚参培育密度 0.1～0.6 只 / 平方厘米。体长 2～3 mm 的稚参为 0.5 只 / 平方厘米；5～6 mm 的稚参为 0.2 只 / 平方厘米为宜。

流水培育，一般日流水 3～4 次，日循环量控制在 2～3 个量程，保持充气增氧，及时清池或倒池。基本水质要求见表 3。

表 3　稚参培育的基本水质要求

项目	要求
水温（℃）	20～27
盐度	27～33

续表

项目	要求
溶解氧(mg/L)	≥4.5
pH	7.5～8.5
氨氮(mg/L)	≤0.5

10. 投饵要求。所用饲料应符合NY 5072的要求。人工配合饲料日投喂量0.01～0.04克/只，日1～2次。鼠尾藻磨碎液日投喂量：2 mm以下稚参，20～40 mL/m^3；2～5 mm稚参，80～120 mL/m^3；每日投喂2～4次。随着稚参不断长大，增加投喂量。

稚参培育一直在原来的幼体培育池中培育，当投放采苗器10～15 d，幼体全部变态发育成稚参后，需要倒池并将附着基吊挂于150～400 μm的网箱内流水培育。

分段培育法的前期培育要求稚参由0.4 mm左右培育至3 mm。网箱孔径200 μm左右。饵料以附着基上底栖硅藻为主，日投喂量与附着藻量有关，每日投喂鼠尾藻磨碎液2次，每次20～30 mL/m^3。

后期培育指随着个体的生长更换网箱、调整密度，网箱孔径由前期的200 μm左右转换为900 μm左右；密度由5 000只/平方米调整为500只/平方米。鼠尾藻日投喂4次，每次30～40 mL/m^3。最好是人工配合饲料，日投喂量为体重的10%左右。

11. 稚幼参运输方法。稚幼参苗均采用干运法运输，运输前停止投饵1 d，将参苗按不同规格浓缩，冲洗干净后，放入充氧袋内充氧，每袋参苗占袋内可利用容积的1/4～1/5，然后装入泡沫保温箱加冰控温15 ℃左右，可运输15 h以内。

12. 苗种越冬方法。将1～5 cm左右的幼参放入室内或大棚内越冬，培育大规格(5 cm以上)的幼参。养殖密度：1～2 cm幼参60只/平方米左右；3～4 cm幼参40只/m^2左右；5 cm以上幼参20只/平方米左右。

标准十九　地理标志产品 烟台海参

（渔业地方标准 DB 37/T 1186—2008）

1. 适用范围。本标准规定了烟台海参的地理标志产品保护范围、术语和定义、产品分类、要求、试验方法、检验规则及标志、标签、包装、运输、贮存。

本标准适用于地理标志产品保护管理部门批准保护的地理标志产品烟台海参。

加工工艺见图1。

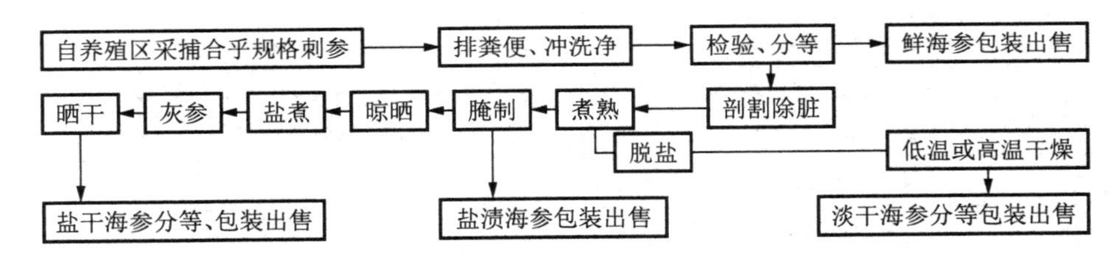

图1　地理标志产品烟台海参加工工艺

2. 活海参要求。活海参按大小分等的要求见表 1。

表 1　规格

规格	特等	一等	二等	三等
体重（克/个）	≥ 400	≥ 300	≥ 200	≥ 125

感官要求应符合表 2 的规定。

表 2　感官要求

项目	要求
色泽	体表为黄绿色、土黄色、暗红色或微黑色，带有正常色斑，亮洁
组织形态	体形肥满，肉质厚实、有弹性，4 列不规则的圆锥状疣足挺直。表面无溃烂现象，无肿口、形体萎缩等现象。管足吸附力强，伸缩、爬动自如
气味	具有海参正常的气味，无异味
杂质	体表无可见泥沙等杂质

安全指标应符合表 3 的规定。

表 3　安全指标

项　目	指　标
无机砷（以 As 计）（mg/kg）	≤ 1. 0
甲基汞（以 Hg 计）（mg/kg）	≤ 0. 5
多氯联苯（以 PCBs 计）（mg/kg）	≤ 2. 0

3. 盐渍海参要求。盐渍海参按大小分等的要求见表 4。

表 4　规格

规格	个体重（g）	每 500 g 中不达标个体数
特等	≥ 50	≤ 2
一等	≥ 35	≤ 3
二等	≥ 20	≤ 3
三等	≥ 15	≤ 3

感官要求应符合表 5 的规定。

表 5　感官要求

项目	要求
色泽	体表为黑色或褐灰色。
组织形态	形状呈纺锤、无瘪扭，富有弹性，口部触手内缩，圆锥状疣足实挺，体表完整，肉质肥满，无溃烂斑点；背部刀口齐直，外翻，白色；体腔紧缩，空隙小；内层纵环肌白色
气味	具有海参正常的气味，无异味
杂质	无可见泥沙等杂质

理化指标应符合表 6 的规定。

表 6　理化指标

项目	指标
盐分(%)	≤ 22
水分(%)	≤ 65

安全指标应符合 SC/T 3215 中的规定。

4. 干海参要求。干海参是指自然晒干的海参，也可用机械烘干和低温冷冻干燥等方法处理。其大小分等的要求见表 7。

表 7　规格

规格	个体重(g)		每 500 g 中不达标个体数
	淡干参	盐干参	
特等	≥ 10	≥ 15	≤ 4
一等	≥ 7.7	≥ 12.5	≤ 6
二等	≥ 6.25	≥ 8.3	≤ 6
三等	≥ 5	≥ 6.25	≤ 8
四等	< 5	< 6.25	≤ 8

感官要求应符合表 8 的规定。

表 8　感官要求

项目	要求	
	淡干参	盐干参
色泽	黑色或黑灰色	黑色或灰白色
组织形态	体形肥满，肉质厚实，肉刺挺直无残，切口整齐，无盐霜	体形肥满，肉质厚实，肉刺挺直无残，切口整齐，有盐霜
气味	具有海参正常的气味，无异味	
杂质	无盐霜，无混杂物；体内洁净，无泥沙，无杂质	体表附着草木灰少，无混杂物；体内洁净，盐不呈明显晶粒。无泥沙，无杂质

理化指标应符合表 9 的规定。

表 9　理化指标

项目	要求			
	淡干参		盐干参	
	特级	一级	一级	二级
盐分(%)　≤			40	
水分(%)　≤	10	10	12	
水发后与水发前重量比　≥	8	7	6	5

安全指标应符合表10的规定。

表10　安全指标

项目	指标
无机砷(以As计)(mg/kg)	≤1.0

5. 检验方法。产品中仅允许使用食盐,食盐应符合GB 5461的规定,不允许使用糖、其他物质及食品添加剂。

净含量应符号国家质量监督检验检疫总局令第75号《定量包装商品计量监督管理办法》的规定。

水发后与水发前重量比检验应称取干海参100.0 g在无油污的容器中用水将海参浸泡至回软,用水洗净后加入足量的水煮沸,再慢火煮5 min,然后离火焖泡6 h,剪开腹部,取出嘴部石灰质骨环,洗净,换上足量清水煮沸,再慢火煮15 min后离火焖泡6 h,待冷却后换蒸馏水置2 ℃～8 ℃冰箱内12 h左右换水,重复换水三次,使海参得到充分发涨,沥干30 min后称重量。

将发好、沥干、称重后的海参磨碎测定其水分含量,计算出其实际比值。

$$X=\frac{(93\%-W)\times m_1+m_1}{m} \tag{1}$$

式中:

X——水发后与水发前重量比;

93%——水发完全时的水分含量;

W——实测得的水分含量,%;

m_1——沥干后重量,g;

m——以干基计样品重量,g;

6. 鲜活海参检验。活海参检验同一养殖场或同一海域、同一天收获的同一种规格的海参归为同一检验批,分为出厂检验和型式检验。

(1)出厂检验。产品需经生产单位质量检验部门检验合格,并附有合格证方可出厂。

出厂检验项目:规格,感官要求,净含量。

(2)型式检验。检验项目为本标准中规定的全部项目。在下列情况之一时,应进行型式检验。

新建海参养殖场;

海参生长环境发生变化,可能影响产品质量时;

出厂检验与上次型式检验有较大差异时;

正常生产时,每年至少一次;

国家质量监督机构提出型式检验要求时。

安全指标若有一项检验结果不合格,则判该批产品不合格,不得复检。

7. 盐渍海参、干海参检验。需同一产地、同一条件下加工的同一品种、同一等级、同一规格的产品组成检验批；或以交货批组成检验批。检验也分为出厂检验和型式检验：

（1）出厂检验。每批产品需经厂质量检验部门检验合格后，出具合格证后，方可出厂。检验项目为感官、水分、盐分、净含量。

（2）型式检验。检验项目为本标准中规定的全部项目。在下列情况之一时，应进行型式检验。

a）正常生产时，每半年进行一次；

b）停产一年，恢复生产时；

c）原料变化或改变生产工艺，影响产品质量时；

d）出厂检验与上次型式检验有较大差异时。

8. 判定标准。盐渍海参或干海参 500 g 中不达标的个体数应符合表 4、表 7 的规定，达不到规定则规格等级下调或判为不合格。

感官要求检验合格率不低于 95%，判整批合格；否则判不合格。

安全指标若有一项检验结果不符合规定，则判该批产品不合格。

理化指标若有一项检验结果不符合规定，可加倍抽样对不合格项进行复验，若仍不合格，则判该批产品不合格。

附录 A（规范性附录）

烟台海参地理标志保护范围

地理标志产品烟台海参保护范围位于东经 119°33′～121°56′，北纬 36°16′～38°23′之间的长岛县、莱州市、龙口市、招远市、蓬莱市、经济技术开发区、芝罘区、莱山区、牟平区、海阳市、莱阳市所辖行政区域。

标准二十　海参胶囊通用技术条件

（渔业地方标准 DB37/T 1093—2008）

1. 适用范围。本标准规定了海参胶囊的产品术语和定义、要求、试验方法、检验规则、标志、标签、包装、运输和贮存，适用于以海参为主要原料，经加工制作的海参胶囊。

2. 产品要求。海参胶囊感官指标应符合表 1 的规定。

表 1　感官指标

项目	要求	
	海参硬胶囊	海参软胶囊
色泽	胶囊颗粒均匀，表面光滑，色泽一致，胶囊无杂质，内容物为微黄棕色或黄褐色干海参粉末	胶囊颗粒均匀，表面光滑，色泽一致，胶囊无杂质，内容物为微褐色黏稠状液体
组织形态	内容物微松散粉状、无结块	内容物为微悬浮性油状物
气味	内容物具有本品特有的气味，无霉变味，无异味	内容物具有本品特有的气味，无酸败味，无异味

理化指标应符合表 2 的规定。

表 2　理化指标

项目	指标	
	海参硬胶囊	海参软胶囊
蛋白质(g/100 g)　≥	50.0	15.0
海参多糖(以干物质计)(g/100 g)　≥	5.0	1.5
水分(g/100 g)　≤	10.0	/
无机砷(mg/kg)　≤	0.5	
铅(mg/kg)　≤	0.5	
甲基汞(mg/kg)　≤	0.5	
镉(mg/kg)　≤	0.1	
酸价(以脂肪计)(KOH)(mg/kg)　≤	/	1.0
过氧化值(以脂肪计)(g/100g)　≤	/	0.2

微生物指标符合表 3 的规定。

表 3　微生物指标

项目	指标
菌落总数(cfu/g)　≤	1 000
大肠菌群(MPN/100 g)　≤	30
霉菌(cfu/g)　≤	25
致病菌(沙门氏菌、志贺氏菌、副溶血性菌、金黄葡萄球菌)	不得检出

3. 检验方法。抽样应每批抽取样品从提交检验批中随机抽取，批量小于 1 000 kg 时应抽 5～8 个运输包装，批量在 1 000 kg 以上时，应抽 20 个运输包装，从上、中、下各个位置抽样，抽样量不少于 300 g（且不少于 6 个包装）。检验分为出厂检验和型式检验。

（1）出厂检验。产品出厂前，应经生产企业的质量检验部门按本标准规定逐批进行检验。检验合格后，出具产品合格证书，在包装箱内（外）附有质量合格证书的产品方可出厂。

出厂检验项目为感官、水分、净含量、菌落总数和大肠菌群。

（2）型式检验。型式检验是对产品进行全面考核，本标准规定的所有项目均为型式检验项目。一般情况下型式检验每半年进行一次，有下列情形之一时进行检验：

a）新产品投产鉴定时；

b）正式生产后，原材料及工艺有较大改变时；

c）停产半年以上又恢复生产时；

d）监督检验与上次出厂检验结果有较大差异时；

e）质量监督部门提出进行型式检验的要求时。

4. 判定标准。出厂检验项目全部符合本标准要求，判该批产品为合格品；出厂检验项目有一项（菌落总数和大肠菌群除外）不符合本标准，可以加倍随机抽样进行该项目的复验。复验后仍不符合本标准，判为不合格品；菌落总数和大肠菌群中的一项不符合本标准，判为不合格品，不应复验。

型式检验项目全部符合本标准要求，判为合格品；型式检验项目不超过三项（菌落总数、大肠菌群和致病菌除外）不符合本标准，可以加倍抽样复验，复验后有一项不符合本标准要求，判为不合格品。超过三项不符合本标准要求，不应复验，判为不合格品；菌落总数、大肠菌群和致病菌中的一项不合格本标准要求，判为不合格品，不应复验。

5. 包装要求。包装材料应符合国家相关标准的规定。包装必须牢固、严密。

6. 运输方法。运物工具应符合食品质量安全的要求，运输时不得与有毒有害、有异味、有腐蚀性的货物混放、混装。运输中防挤压、防晒、防雨、防潮，装卸时轻搬、轻放。

7. 贮存环境。产品贮存环境应阴凉、干燥、清洁、卫生、无异味，防止外来污染，不得与有毒、有害、易挥发、易腐蚀的物品同处贮存。

附录 A（规范性附录）

海参多糖的检验方法

1　原理

海参多糖与次甲基蓝特异性结合呈蓝紫色，在波长 560 nm 处有最大吸收，在浓度比较低时，颜色的深浅与海参多糖的含量成正比，相应可得出试样中海参多糖的含量。

2　仪器和试剂

2. 1　仪器

实验室常规仪器及下列各项：

a）分析天平（感量 0. 001 g）；

b）恒温水浴锅；

c）搅拌器；

d）离心机；

e）分光光度计。

2. 2　试剂

所用试剂均为分析纯（AR），试验用水应符合 GB/T 6682 中的三级水规格。

2. 2. 1　木瓜蛋白酶（100×10^4 U/g）；

2. 2. 2　5 mmol/L 乙二铵四乙酸二钠（EDTA）溶液：以 0. 1 mol/L 乙酸钠缓冲溶液（pH 6. 0）为溶剂配制；

2. 2. 3　5 mmol/L 半胱氮酸溶液：以 0. 1 mol/L 乙酸钠溶液（pH 6. 0）为溶剂配制；

2. 2. 4　0. 1 mol/L 乙酸钠缓冲溶液：pH 6. 0；

2. 2. 5　岩藻聚糖硫酸酯（Fucoidan）标准溶液：0. 2 mg/mL；

2. 2. 6　磷酸缓冲溶液（PBS）：pH 5. 0；

2. 2. 7　次甲基蓝溶液：0. 4 mmol/mL；

2. 2. 8　丙酮。

3　样品处理

3. 1　前处理

取海参胶囊若干粒，将内容物称重，在 4 ℃于丙酮中浸泡 24 h 晾干，称干物重量。

3. 2　提取

取 1. 000 g 干物，分别加入 30 mL 0. 1 mol/L 乙酸钠缓冲溶液、100 mg 木瓜蛋白酶、10 mL EDTA 溶液和 10 mL 半胱氨酸溶液，置于 60 ℃下振荡反应 24 h 之后，反应混合物离心（2 000 r/min，15 min 10℃）。收集上清液，用乙酸钠缓冲溶液定容至 100 mL，待测定用。

4　测定

4. 1　标准曲线的绘制

分别取 0、0. 2、0. 4、0. 6、0. 8、1. 0 mL 岩藻聚糖硫酸酯标准溶液于 10 mL 具塞试管中，用 PBS（pH 5. 0）溶液补至 5 mL，混匀加 1 mL 次甲基蓝溶液，用 PBS（pH 5. 0）溶液定容至 10 mL，混匀，30 min 内于波长 560 nm 处比色。以岩藻聚糖硫酸酯含量为横坐标，以吸光值为纵坐标绘制标准曲线。

4. 2　样品测定

取一定体积 3. 2 得到的酶解液，按标准曲线的测定方法测定其吸光值，以试样的吸光值查标准曲线得到岩藻聚糖硫酸酯的浓度 C，按式（1）计算样品中海参多糖的含量。

5　计算

从试样的吸光值查出标准曲线的标准岩藻聚糖硫酸酯的毫克数，按式（1）计算出样品中海参多糖（X）的含量。

$$X=\frac{C\times 10^{-3}\times W_1}{W\times W_2\times \frac{V}{100}}\times 100 \qquad (1)$$

式中：

X——样品中海参多糖的含量，单位为 g 每 100 g（g/100 g）；

C——从标准曲线上查得的海参多糖的毫克数，单位为 mg；

W_1——浸泡后干物质总质量，单位为 g；

W——称取内容物质量（g）；

W_2——称取浸泡后干物质质量，单位为 g；

V——测定用酶解稀释液的体积，单位为 mL。

6　精密度

两次平行测定结果绝对差值不得超过算术平均值的 10%。

标准二十一　即食刺参加工技术规范

（渔业地方标准 DB 37/T 1781—2011）

1. 适用范围。本标准规定了即食刺参加工企业的基本要求，产品分类，原辅料、加工技术及生产记录等要求，适用于以刺参的鲜活品、干制品或盐渍品为原料，经过预处理、蒸煮、调味（或不调味）、杀菌、检验、包装等工艺生产的，打开包装可以直接食用的刺参产品。

2. 原料处理。在加工过程中，需进行原料预处理，按不同原辅料需进行如下不同操作处理：

（1）鲜活刺参处理。将鲜活刺参自腹部中央剖开，去除内脏及口器，用淡水或海水洗净泥沙等杂质；将洗净的刺参用 90 ℃～100 ℃淡水漂烫 1～10 min。

（2）干刺参处理。选取相同规格的干刺参，用淡水浸泡 12～24 h，去除口部的白色石灰质骨片，清洗干净。

（3）盐渍刺参处理。选取相同规格的盐渍刺参，用淡水漂洗 1～2 次，洗去表面盐分。用淡水浸泡 24～48 h，去除口部的白色石灰质骨片，清洗干净。

蒸煮过程中，依据刺参质量、大小，将处理好的刺参蒸煮 0.5 ～1.5 h。含盐量高的刺参，需进一步浸泡去盐。

（4）硬包装产品处理。应将经处理的刺参放入清洗干净的包装容器，加水，水量应至少没过刺参。排气，然后 121 ℃杀菌 15 min。

软包装产品应将经处理的刺参进行充氮气、调料或加水包装，然后 121 ℃反压杀菌 15 min。

3. 存放环境。产品宜存放在 0 ℃～5 ℃的环境，并置于垫架上；不同批次、规格的产品应分别堆垛，排列整齐并挂牌标示。严禁与有害、有毒、有异味的物品存在一起。进出货时，应做到先进先出。

4. 加工注意要点。大型加工设备应为不锈钢，小型设施可使用其他食品级材质；加工过程中所有工器具均应洁净无油污；鲜活刺参原料应即时加工；加工过程应连续进行。

标准二十二　即食海参通用技术条件

（渔业地方标准 DB 37/T 1095—2008）

1. 适用范围。本标准规定了即食海参的术语和定义、要求、试验方法、检验规则、标志、标签、包装、运输和贮存，适用于以海参为主要原料，经加工制成的即食海参。

2. 产品要求。即食海参加工原料感官指标应符合表 1 的规定。

表 1　感官指标

项目	要求
色泽	具有本身固有的色泽
气味	具有本身固有的气味，无异味
组织形态	体形完整，肉质肥满
滋味与口感	具有海参固有的风味，肉质脆嫩，软硬适中

续表

项目	要求
杂质	无泥沙或其他外来杂质

理化指标应符合表2的规定。

表2　理化指标

项目	指标
蛋白质(以干基计)(g/100g)　≥	60
无机砷(mg/kg)　≤	0.5
铅(mg/kg)　≤	0.5
甲基汞(mg/kg)　≤	0.5
镉(mg/kg)　≤	0.1
甲醛(mg/kg)　≤	不得检出

微生物指标符合表3的规定。

表3　微生物指标

项目	指标	
	冷藏型	冷冻型
菌落总数(cfu/g)　≤	3 000	30 000
大肠菌群(MPV/100g)　≤	30	
致病菌(沙门氏菌、志贺氏菌、副溶血性弧菌、金黄色葡萄球菌)	不得检出	

色泽、组织形态、杂质等用目测法位验。气味、滋味与口感的检测用鼻嗅和口尝的方法检验。

3. 检验方法。抽检时,每批抽取样品从提交检验批中随机抽取,批量小于1 000 kg时应抽5～8个运输包装,批皿在1 000 kg以上时,应抽20个运输包装,从上、中、下各个位置抽样,抽样量不少于500 g(且不少于6个包装)。产品检验分为出厂检验和型式检验两种。

(1) 出厂检验。产品出厂前,应经生产企业的质量检验部门按本标准规定逐批进行检验,检验合格后,出具产品合格证书,在包装箱内(外)附有质量合格证书的产品方可出厂。出厂检验项目为感官、蛋白质、净含量、菌落总数和大肠菌群。

(2) 型式检验。型式检验是对产品进行全面考核,本标准规定的所有项目均为型式检验项目。一般情况下型式检验每半年进行一次,有下列情形之一时进行植验:

a) 新产品投产鉴定时;

b) 正式生产后,原材料及工艺有较大改变时;

c) 停产半年以上又恢复生产时;

d) 监督检验与上次出厂检验结果有较大差异时:

e）质量监督部门提出进行型式检验的要求时。

4. 判定标准。出厂检验项目全部符合本标准要求，判该批产品为合格品；出厂检验项目有一项（菌落总数和大肠菌群除外）不符合本标准，可以加倍随机抽样进行该项目的复验。复验后仍不符合本标准，判为不合格品；菌落总数和大肠菌群中的一项不符合本标准，判为不合格品，不应复验。

型式检验项目全部符合本标准要求，判为合格品；型式检验项目不超过三项（菌落总数、大肠菌群和致病菌除外）不符合本标准，可以加倍抽样复验，复验后有一项不符合本标准要求，判为不合格品。超过三项不符合本标准要求，不应复验，判为不合格品；菌落总数、大肠菌群和致病菌中的任一项不符合本标准要求，判为不合格品，不应复验。

5. 包装要求。包装材料应符合国家相关标准的规定。包装必须牢固、严密。

6. 运输方法。运输工具应符合食品质量安全的要求并具备，运输时不得与有毒有害、有异味、有腐蚀性的货物混放、混装。运输中防挤压、防晒、防雨、防潮，装卸时轻搬、轻放。应根据产品特点配备防雨、防尘、冷藏、保温等设施．运输途中应防雨、防潮、防曝晒。运输时间超过 5 h，应考虑冷藏运输。

7. 贮存方法。冷藏型产品贮存温度为 0 ℃～5 ℃，冷冻型产品贮存温度为 −18 ℃；贮存环境应清洁、卫生、无异味，防止外来污染。不得与有毒、有害、易挥发、易腐蚀的物品同处贮存。

标准二十三　刺参池塘生态育苗技术规范

（山东省地方标准 DB 37/T 2293—2013）

1. 范围。本标准规定了刺参池塘生态育苗的环境条件、育苗设施、育苗前准备、亲参、采卵与孵化、浮游幼体培育、附着基投放、稚幼参培育、日常管理、苗种检验等技术要求。

本标准适用于刺参池塘生态育苗生产。

2. 育苗设施。网箱规格长 2. 5～4 m，宽 1. 5～2. 5 m，高 1. 5～2 m。网目产卵时内网为 200 目筛绢网、外套 8 目聚乙烯网，培育后期分别使用 60 目、40 目、20 目筛绢网和 8 目聚乙烯网做内网。用竹桩、木桩、PVC 管等固定于池底，箱口高出水面 30 cm，呈田字形排列，行间距或列间距为 4～5 m，网箱面积占池塘面积 20%～30%。附着基质采用波纹板框、聚乙烯网片、尼龙遮阴网片、塑料薄膜均可。

3. 育苗前准备。育苗前用 20X10−6 漂白粉或 200×10^{-6} 生石灰彻底消毒。亲参入池前 10～15 d无机肥（氮肥、磷肥）、有机肥（经发酵、消毒的鸡粪等）或专用肥水素进行肥水。定期施用微生物制剂调控水质，保持池水油绿色，透明度 25～30 cm，pH 7～8. 5。进水时用 80 目纱网过滤，虾蟹类采用“地笼”网诱捕，肉食性鱼类用粘网、钩钓捕杀，海星要人工拣出池外。

4. 亲参运输。运输用水应符合 GB 11607 的要求，盐度不得低于 28。干运法运输容器（如帆布桶等）应无毒、无污染。刺参与经海水浸泡的海带草（或马尾藻）相间放入运输容器内，防止日晒、风干、雨淋。按容器容积计，运输密度不宜超过150只/立方米。若温度控制在11 ℃～15 ℃，运输时间可长达10 h；若温度控制在6 ℃～10 ℃，运输时间可长达20 h。

湿运法亲参放入盛水2/3的无毒塑料袋内，塑料袋内充氧并置于盛水的玻璃钢桶或帆布桶内。按塑料袋内水体计，运输密度不宜超过150只/立方米。若温度控制在11 ℃～15 ℃，运输时间可长达10 h；若温度控制在6 ℃～10 ℃，运输时间20 h以内。

5. 亲参暂养。亲参采捕后，放在暂养网笼中挂吊于育苗网箱内暂养育肥、待产，密度30头/立方米。定期检测水温、盐度。检测亲参生殖腺发育情况及夜间活动情况，预测产卵时间。

6. 产卵孵化。亲参在网箱中自然产卵，产卵后及时将亲参移出。将精、卵搅动均匀，自然受精，孵化密度10～15粒/毫米。

7. 浮游幼体培育。根据镜检胃含物情况及池水中单胞藻数量适量加投室内培育的高密度单胞藻液或硅藻膏、浓缩藻粉、海洋红酵母、酵母粉等代用饵料。

8. 附着基投放。在草酸溶液中浸泡消毒0.5～1 h后冲洗干净，投放前10～15 d放入育苗池塘中附着底栖硅藻。樽形幼体占幼体总数的15%～20%即可投放附着基。投放时采用波纹板框平铺于箱底，聚乙烯网片、尼龙遮阴网片、塑料薄膜连接成串后吊挂于育苗网箱内，数量占网箱容积的1/2～2/3。

9. 稚幼参培育。稚参阶段10×10^4～15×10^4头/立方米，幼参阶段5×10^4～8×10^4头/立方米。根据摄食情况适量加投海藻磨碎液或配合饲料和海泥。

10. 日常管理。网箱上加盖黑色遮阴网，防止强光照射。定期检查参苗生长、成活等情况适时进行筛苗，并按大、中、小规格分箱培育。及时清理网箱、浮漂及附着基等设施上的附着生物。桡足类等敌害生物较多时可将高效灭溞灵装入塑料瓶，在瓶身扎孔后悬挂于网箱中杀灭。

11. 苗种检验。苗种规格分类、质量要求、检验方法、检验规则、计数方法以及运输方法按照SC/T 2003—2012的规定执行。

标准二十四　非盐渍干海参通用技术条件

（山东地方标准DB 37/T 1094—2008）

1. 适用范围。本标准规定了非盐渍干海参的术语和定义、要求、试验方法、检验规则、标志、标签、包装、运输和贮存。

本标准适用于以海参为主要原料，经加工制作的非盐渍干海参。

2. 术语定义。非盐渍干海参（Unsalted dried sea cucumber）指以新鲜海参为原料，经去内脏、煮熟、再煮、拌灰、干燥等工序加工制成的干海参。

3. 要求。产品规格可以按个体大小分等，也可以混等。按大小分等的规格要求见表 1。

表 1 规格

规格	大	中	小	特小
个体重（克 / 个）	＞15.0	10.1～10.5	7.6～10.0	＜7.6

感官指标应符合表 2 的规定。

表 2 感官指标

项目	一级品	二级品	三级品
色泽	黑灰色或灰色		
组织形态	体形肥厚，肉质厚实，口部石灰环露出少，切口较整齐	体形细长，肉质较厚，口部石灰环露出较多	体形不正，口部石灰环露出较多
其他	体内洁净，附着的木炭粉或草木灰少，无霉变，无杂质，无异味		

理化指标应符合表 3 的规定。

表 3 理化指标

项目	指标
蛋白质（g/100 g） ≥	60
盐分（以 NaCl 计）（g/100 g） ≤	10
水分（g/100 g） ≤	12
无机砷（mg/100 g） ≤	0.5
甲基汞（mg/100 g） ≤	0.5

净含量应符合《定量包装商品计量监督管理办法》要求。

4. 试验方法。规格试验在目测基础上，随机取 10 个海参，用感量为 0.1 g 的天平逐个称量。感官检验将样品平摊于白搪瓷盘内，于光线充足无异味的环境中，按表 2 的要求逐项检验，肉质及内部杂质应水发后剖开检验。

5. 检验规格。以同一批原料、同一班次、同一条生产线、同一包装的产品为一个生产批次。

每批抽取样品从提交检验批中随机抽取，批量小于 1 000 kg 时应抽 5～8 个运输包装，批量在 1 000 kg 以上时，应抽 20 个运输包装，从上、中、下各个位置抽样，抽样量不少于 500 g。

6. 检验方法。

（1）出厂检验。产品出厂前，应经生产企业的质量检验部门按本标准规定逐批进行检验。检验合格后，出具产品合格证书，在包装箱内（外）附有质量合格证书的产品方可出厂。

出厂检验项目为感官、水分、净含量和净含量。

（2）型式检验。型式检验是对产品进行全面考核，本标准规定的所有项目均为型式检验项目。一般情况下型式检验每半年进行一次，有下列情形之一时进行检验：

a）新产品投产鉴定时；

b）正式生产后，原材料及工艺有较大改变时；

c）停产半年以上又恢复生产时；

d）监督检验与上次出厂检验结果有较大差异时；

e）质量监督部门提出进行型式检验的要求时。

7. 判定规则。出厂检验项目全部符合本标准要求，判该批产品为合格品；出厂检验项目有一项不符合本标准，可以加倍随机抽样进行该项目的复验。复验后仍不符合本标准，判为不合格品。

型式检验项目全部符合本标准要求，判为合格品；型式检验项目不超过三项不符合本标准，可以加倍抽样复验，复验后有一项不符合本标准要求，判为不合格品。超过三项不符合本标准要求，不应复验，判为不合格品。

8. 包装要求。包装材料应符合国家相关标准的规定。包装必须牢固、严密。

9. 运输方法。运物工具应符合食品质量安全的要求，运输时不得与有毒有害、有异味、有腐蚀性的货物混放、混装。运输中防挤压、防晒、防雨、防潮，装卸时轻搬、轻放。

10. 贮存环境。产品贮存环境应阴凉、干燥、清洁、卫生、无异味，防止外来污染，不得与有毒、有害、易挥发、易腐蚀的物品同处贮存。

参考文献

[1] 廖玉麟. 中国动物志棘皮动物门海参纲[M]. 北京:科学出版社,1997.

[2] 刘永宏,李馥馨,宋本祥,等. 刺参(*Apostichopus japonicus* Selenka)夏眠习性研究 Ⅰ——夏眠生态特点的研究[J]. 中国水产科学,1996,3(2):41-48.

[3] 隋锡林. 海参增养殖[M]. 北京:农业出版社,1988.

[4] 王春生,张建东. 无公害刺参、鲍养殖技术[M]. 济南:山东科学技术出版社,2005.

[5] 王印庚,荣小军,廖梅杰,等. 刺参健康养殖与病害防控技术丛解[M]. 北京:中国农业出版社,2014.

[6] 王彩理,腾瑜,朱伯清. 刺参的发制和加工[J]. 齐鲁渔业. 2006,23(8):38-40.

[7] 朱文嘉,王联珠. 优劣干刺参的鉴别[J]. 科学养鱼,2011(5):68.

[8] 李丹彤,常亚青,陈炜,等. 獐子岛野生刺参体壁营养成分的分析[J]. 海洋科学. 2009,33(9):25-28.

[9] 刘洪展,郑风荣,孙修勤,等. 氨氮胁迫对刺参几种免疫酶活性的影响[J]. 海洋科学,2012,36(8):47-52.

[10] 许钟. 刺参煮熟冻干品及其加工工艺[J]. 中国水产,2004(10):68.

[11] 苏来金,吴文博,郭安托,等. HACCP 在冻干即食刺参加工中的应用[J]. 水产科技情报,2014,41(6):320-323.

[12] 谭国福,梁陈长生,刘佳仟,等. 刺参的加工及产品质量[J]. 食品与药品. 2007,9(10A):69-71.

[13] 李娟,腾瑜,郝志凯,等. 刺参加工产业化的可持续发展概述[J]. 农产品加工学刊,2012,3(3):124-127.

[14] 陈玉林,王韦,孙家玲,等. 胶原及葡聚糖对小鼠烧伤创面愈合影响的实验研究[J]. 中华整形烧伤外科杂志,1992,8(1):54-56.

[15] 黄添友. 刺五加和海参提取物对 EB 病毒感染鼻咽癌患者外周血 B 细胞的影响[J]. 中国药理与临床,1994,10(1):38-40.

[16] 廖玉麟. 我国的海参[J]. 生物学通报,2001,35(9):1-4.

[17] 李志广,等. 糖胺聚糖对受刺激内皮细胞组织因子和凝血酶调节蛋白表达的影响[J]. 中国血液学杂志,2000,21(4):201-203.

[18] 沈强,臧鸿声,贾连顺,等. 软骨细胞植入胶原蛋白重建类软骨组织的体外培养研究[J]. 中华外科杂志,1994,32(4):252-254.

[19] 许增禄，刘秉慈，尤宝荣，等．医用胶原注射剂矫形作用机制［J］．中国医学科学院学报，1995，17（3）：188-190．

[20] 尹钟洙，邵金莺，张磊，等．刺参提取物药理作用的研究［J］．中药药理与临床，1990，6（3）：33-35．

[21] 王韦，孙家岭，胡云风，等．胶原作为体内支撑材料的研究——戊二醛交联胶原的动物实验［J］．生物医学工程学杂志，1990，7（4）：32-57．

[22] 王韦，郇荣宁，陈玉琳．胶原"人工皮"的特点和烧伤病人创面的应用［J］．生物医学工程学杂志，1992，9（4）：378-381．

[23] 王韦，牟贤龙，赵霞．胶原羟基磷灰石组织埋藏［J］．生物医学工程学杂志，1995，7（2）：197-200．

[24] 王夔．生命科学中的微量元素［M］．北京：中国计量出版社，1996.

[25] 王哲平，刘淇，曹荣，等．野生与养殖刺参营养成分的比较分析［J］．南方水产科学，2012，8（2）：30-35．

[26] 武继民，叶萍，孙伟健，等．胶原海绵及其止血性能的研究［J］．生物医学工程学杂志，1998，15（1）：63-65．

[27] 张春丹，姜李雁，苏秀榕，等．南北养殖仿刺参营养成分的比较［J］．水产科学，2013，1：41-45．

[28] 赵春安，姜绍真，王新民，等．人体真皮胶原膜的制备及临床应用［J］．中华外科杂志，1993，31（4）：240-241．

[29] 中岛伸佳．海洋药物与血栓溶解相关物质［J］．中国海洋药物．1993，8（1）：35-37．

[30] 彭飞．不同饲料搭配及放养密度对大型沉浮式网箱养殖刺参效果的研究［D］．上海：上海海洋大学，2014.

[31] 王磊，王玲，孟霞，等．养殖海参主要疾病及防治技术［J］．河北渔业，2015，1：34-35．

[32] 崔桂友．烹饪原料学［M］．北京：中国商业出版社，1997.

[33] 宋宗岩．刺参养殖与溶解氧的关系分析［J］．水产养殖，2009，12：15-16.

[34] 徐惠州．棘皮动物门种类与分布［A］// 黄宗国．中国海洋生物种类与分布．北京：海洋出版社，1994，631-635．

[35] 萧帆．中国烹饪辞典［Z］．北京：中国商业出版社，1992．

[36] 杨红生，周毅，张涛．刺参生物学——理论与实践［M］．北京：科学出版社，2014.

[37] 姜作真，陈相堂，赵强，等．烟台市刺参产业发展现状与制约瓶颈分析［J］．齐鲁渔业．2014，31（9）：47-50．

[38] 姜作真，陈相堂，赵强，等．刺参产业科学发展的对策与建议［J］．齐鲁渔业．2014，31（10）：41-45．

[39] 姜作真，陈相堂，赵强，等．烟台刺参养殖业健康发展对策研究［J］．中国水产．2014，10：76-79．

[40] 田传远，李琪，梁英．刺参健康养殖技术［M］．青岛：中国海洋大学出版社，2007.

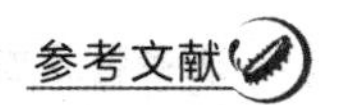

[41] 王春生，宋志乐，等．海水安全优质养殖技术丛书（刺参 鲍 海胆 海蜇）[M]．济南：山东科学技术出版社，2008．

[42] 于东祥，孙慧玲，等．海参健康养殖技术[M]．北京：海洋出版社，2010．

[43] 王鹤，王田田，胡丽萍，等．刺参中国群体与韩国群体杂交子代微卫星标记分析[J]．水产科学，2016，35（1）：60-66．

[44] 王鹤，姜作真，江声海，等．不同地域与养殖模式下刺参的品质评价[J]．中国渔业质量与标准，2016，6（5）：19-26．

[45] 王鹤，姜作真，高雁，等．不同养殖模式与不同地域刺参营养分析比较[J]．水产科技情报，2017，44（3）：123-127．

[46] Yang H, Yuan X, Zhou Y, et al. Effects of body size and water temperature on food consumption and growth in the sea cucumber *Apostichopus japonicus* (Selenka) with special reference to aestivation[J]. Aquaculture Research, 2005, 36 (1): 1085-1092.

[47] Avilov S A, Kalinovsky A L, Kalinin V I, et al. Koreoside A, a new nonholostane triterpene glycoside from the sea cucumber *Cucumaria koraiensis*[J]. Journal of Natural Products, 1997, 60 (8): 808-810.

[48] Burke J F, Yannas I V, Quinby W C, et al. Successful use of physiologically acceptable artificial skin in the treatment of extensive burn injury[J]. Annals of Surgery, 1981, 194 (4): 413-428.

[49] Diaz M L, Blance R E, Garcia-Arraras J E, et al. Localization of the heptapeptide GFSKLY Famide in the sea cucumber *Holothuria glaberrima* (Echinodermata): a light and electron microscopic study[J]. Comparative Biochemistry and Physiology Partc, Pharmacology, Toxicology & Endocrinology, 1995, 110 (2): 171-176.

[50] Kariya Y, Kyogashima M, Ishihara M, et al. Structure of fucose branches in the glycosaminoglycan from the body wall of the sea cucumber *Stichopus japonicus* [J]. Carbohydrate Research, 1997, 297 (3): 273-9.

[51] Satto M, Kunisaki N, Urano N, et al. Collagen as the major edible component of sea cucumber (*Stichopus japonicus*) [J]. Jounal of Food Science, 2010, 67, 4: 1319-1322.

[52] Cheng W, Hsiao I S, Chen J C. Effect of ammonia on the immune response of Taiwan abalone *Haliotisdi versicolor* supertexta and its susceptibility to *Vibrio parahaemolyticus*[J]. Fish & Shellfish Immunol, 2004, 3: 193.

[53] Guler G O, Kiztanir B, Aktumsek A, et al. Determination of the seasonal changes on total fatty acid composition and ω3/ω6 ratios of carp (*Cyprinus carpio* L.) muscle lipids in Beysehir Lake (Turkey) [J]. Food Chemistry, 2008, 108 (2): 689-694.

[54] Jangoux M, Lawrence J M. Echinoderm nutrition[J]. Quarterly Review of Biology, 1982 (4).

[55] Sanchez-Machado D I, Lopez-Cervantes J, Lopez-Hernandez J, et al. Fatty acids, total

lipid, protein and ash contents of processed edible seaweeds[J]. Food Chemistry. 2004, 85 (3) : 439-444.

[56] Schuytema G S, Nebeker A V. Comparative toxicity of ammonium and nitrate compounds to pacific tree frog and african clowed frog tadpoles[J]. Environment Toxicology & Chemistry, 2010, 18 (10) : 2251-2257.

[57] Simopoulos A P. The importance of the ratio omega-6/omega-3 essential fatty acids[J]. Biomedicine & Pharmacotherapy. 2002, 56 (8) : 365-379.

[58] Simopoulos A P. Omega-3 fatty acids in inflammation and autoimmune diseases. Journal of the American College of Nutrition. 2002, 21 (6) : 495-505.

[59] Smith T B, Keegan B F. Seasonal torpor in *Neopentadactyla mixta* (*ostergren*) (Holothuroidea: Dendrochirotida) [J]. Echinoderms, 1984: 459-464.

[60] Sokolowski A, Wolowicz M, Hummel H. Free amino acids in the clam *Macoma balthica* L. (Bivalvia, Mollusca) from brackish waters of the southern Baltic Sea[J]. Comparative Biochemistry and Physiology Part A. 2003, 134 (3) : 579-592.

[61] Wang W N, Wang A L, Zhang Y J, et al. Effects of nitrite on lethal immune response of *Macrobrachium nipponense* [J]. Aquaculture, 2004, 232 (1) : 679-686.

[62] Yanar Y, Celik M. Seasonal amino acid profiles and mineral contents of green tiger shrimp (*Penaeus semisulcatus* De Haan, 1844) and speckled shrimp (*Metapenaeus monceros* Fabricus, 1789) from the Eastern Mediterranean[J]. Food Chemistry, 2006, 94 (1) : 33-36.

[63] Yang H, Yuan X, Zhou Y, et al. Effects of body size and water temperature on food consumption and growth in the sea cucumber *Apostichopus japonicus* (Selenka) with special reference to aestivation [J]. Aquaculture Research, 2005, 36 (1) : 1085-1092.